U0063226

發現之旅

東尼・萊斯 Tony Rice—編著 林潔盈—譯

好讀出版

目錄 Table of Contents

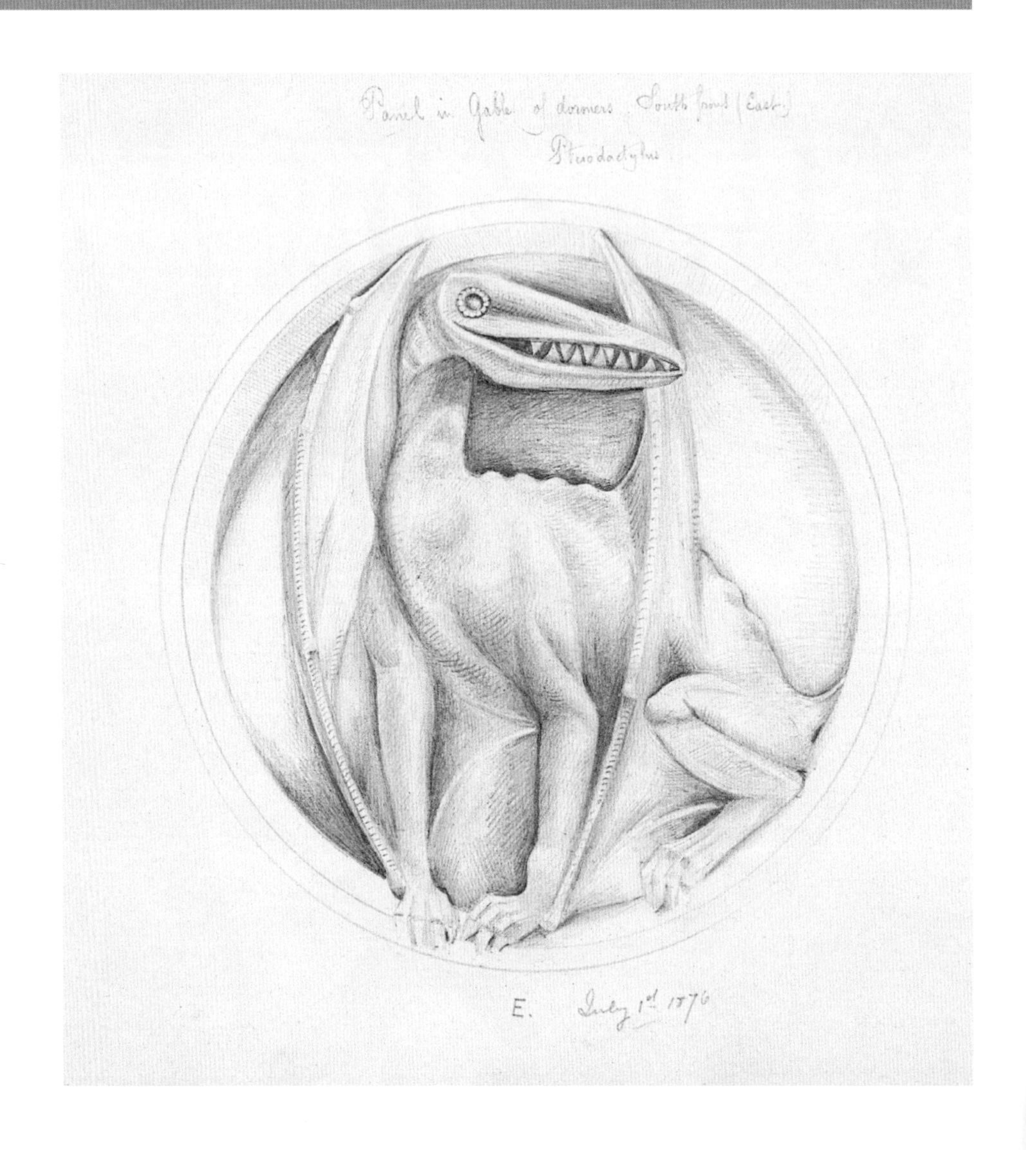

專家推薦

文◎黃文山（美國康乃爾大學生態暨演化生物學博士、國立自然科學博物館動物學研究員兼主任）

十九和二十世紀初歐洲畫家，如莫內、塞尚或畢卡索名畫，不論抽象、印象或實物臨摹，幅幅價值不凡且舉世皆知。但是您知道十七世紀以來存在於倫敦自然史博物館的那些重要且栩栩如生的生物圖畫嗎？這些三百年來描繪世界各地的精緻詳細生物圖甚至還是新種描述的主要來源呢，我相信很少人知道這些水彩圖畫的存在。而這些圖畫是怎麼來的或是如何來的呢？

二十一世紀的現代，不論出國或在國內旅遊或野外研究觀察，每個人的基本配備一定是一台相機，攝影留住人、風景或野生動植物等做為紀念；除了畫家外，鮮少有人利用一隻禿筆畫下所經歷或目擊的各種環境或身邊新奇的動植物。但在沒有簡便相機的三百年前，要留下生物的倩影僅有以筆畫下來了；他必須詳細觀察該生物的外部形態，甚至於行為表現特徵(例如本書第四章巴特蘭的北美洲漫遊對短吻鱷的生殖行為描述；當時的巴特蘭並不知道當時的短吻鱷在幹什麼？)和所生存的自然棲地等，在通盤考量後才下筆描繪。或許直到現今新種的發表仍或多或少用筆臨摹一二，似乎也和此一習慣有關。

十八世紀初以私人探險為主，規模較小；但到十八世紀末以降，世界最強的殖民地國家就以歐陸最盛，如英、法、西班牙和葡萄牙等國家，而國勢宣傳的最佳表現就是派出艦隊到各地測量和宣威；此時的探險隊規模較大，且因異國的風情文物在上流貴族社會蔚為風潮，因此會聘請知名的動植物藝術家隨行，以更精確和嚴謹角度描繪自然生物；例如庫克船長三度探訪太平洋、達爾文的小獵犬號探險都是最佳的例子。若沒有前人的探險及不辭辛勞的繪畫和編輯等工作，或許無法促成達爾文和華萊士在其野外冒險和生物或化石調查成果下所孕育發展而改變世人演化觀念的天擇說(本書第八和第九章)。

本書的所有繪畫皆由倫敦自然史博物館蒐藏，其中史隆爵士、柯林森先生和其他人士出錢出力努力蒐購所得，並全部保存在大英博物館中。本書第一章由史隆醫師牙買加探險為開端，其中最為世人所歡迎的牛奶巧克力就是史隆將牙買加土人難以入口的可可加入牛奶後變得可口；之後的賀曼、洛頓和迪貝維爾等的錫蘭探險、梅里安的蘇利南居游、巴特蘭的北美洲漫遊、庫克船長的三度太平洋探險、弗林德斯和鮑爾的澳大利亞探勘、達爾文的小獵犬號航行、華萊士和貝茲的亞馬遜雨林探險和最後一章的深海探險等。章章都有精緻圖畫留下來。

二十一世紀的現代已鮮少有如此精緻的自然素描，主因是自然生態的破壞和照相技術的發達，這本書的出版在在提醒我們對自然環境保護的重要性及自然藝術家對自然科學演替的貢獻不容忽視；同時我們若有機會到全世界的每一個地方旅行，基本上都是一次新的探險，開啟視野，航向未知的世界。當然最好是隨身攜帶這一本書，在車上或飛機上隨意翻閱，說不定對您有新的領悟與啟示。

前言

文◎麥可・迪克森（英國倫敦自然史博物館館長）

倫敦自然史博物館是世界上最重要的博物館之一。該館由於館藏豐富，在國際上倍受矚目，超過七千萬件的動物、植物、化石、岩石與礦物標本典藏，足以闡述自古至今自然世界的多樣性。姑且不提這批館藏的規模，這些物件不論在科學或歷史上，都具有無與倫比的重要性，其中包括比例相當高的「模式標本」，也就是在新發現物種時，被用來當作形態特徵描述與命名依據的標本。因此，館內聘用的三百多位科學家與約莫八千位訪問學者都非常頻繁地使用這些標本，每年花在它們身上的時間超過一萬四千個工作日。

這座博物館的收藏，同時也包括一間傲視全球的自然史圖書館，以及超過五十萬件藝術品收藏，包括以鳥類、開花植物、哺乳類與昆蟲等為題的精美水彩畫，每件都因為其科學準確性與藝術價值而受到館方珍藏，也因此廣泛受到研究自然史與藝術史的學者運用。此外，由於博物館積極爭取對該館本身與館藏之社會、文化與歷史層面感興趣的人士參與，館藏使用亦因此持續提升。

《發現之旅》一書，以過去三百年間

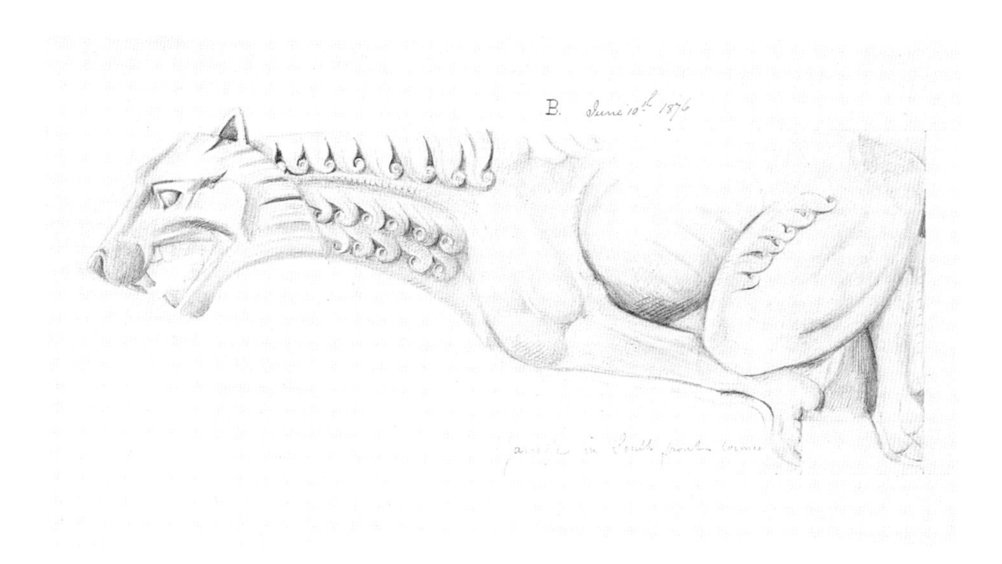

倫敦自然史博物館的建築主體本身就是一件藝術品，館內外美侖美奐的裝飾，完全取材大自然。建築體是建築師艾爾弗雷德．沃特豪斯於1870年代設計，藉此反映出該館包括現存與滅絕物種在內的自然史典藏。沃特豪斯替赤陶裝飾元素繪製的鉛筆素描（上圖與第2、8、13頁），以及完成於1876年的建築完稿（第14-15頁），都屬於倫敦自然史博物館廣大的藝術收藏。

最有趣也最重要的自然科學探索之旅為題，聚焦在這幾次航程中蒐集到的藝術與圖像材料。每一趟旅程都累積了極其重要的標本收藏，產生重要的科學新知。許多在航行期間繪製的精美藝術作品，目前都成為倫敦自然史博物館的收藏。這本書敍述的就是這些航海故事，不論是眾所周知或鮮為人知的、還是戲劇性與宏偉的旅程，再再製作出最罕見也最美麗的圖像。想當然耳，要從館內龐大資源中選擇取捨是相當困難的。本書囊括許多未曾曝光的博物館收藏，它們絕對值得廣大觀眾悉心鑑賞，讀者會像過去一代代的科學家與歷史學家一樣，深深地為這些故事與圖像著迷，從中獲得許多閱讀樂趣。

序論

文◎大衛・貝拉米（英國著名植物學家、暢銷書作者、電視節目主持人）

我初次進入自然史世界的探索之旅，發生於六十多年前，記得那時我爬得好高好高，跟我人生中第一隻梁龍面對面。到底爬了多高呢？好吧，那其實只是從地下樓到倫敦自然史博物館正門的階梯，對我來說，即使到現在，這間博物館仍然是世界上最令人興奮的地方之一。

當然，它有許多競爭對手，例如到人跡罕至的珊瑚礁進行深潛，冒險穿過原始的雲霧帶森林，或是透過顯微鏡觀察北極融冰水滴，不論是哪一項，對人們都具有難分軒輊的吸引力，它們都是個人的探索之旅，讓人因探索未知而由衷感到興奮。儘管如此，穿過自然史博物館赤陶色大門的探索之旅，從許多角度來看，都是更令人驚歎的，因為一旦進入博物館，你便來到真正的史前巨獸面前，這裡不僅有讓展廳增色生輝的恐龍和河馬大象等的厚皮動物，還有地球史上在飛機、冷氣和抗瘧疾藥物出現前就遨遊四方探險的巨大海獸。

這些動物的韌性，不只造就了這間博物館，更是分類學、遺傳學、演化、大陸漂移等理論的基石，改變了人類看待自己的想法，讓人了解人類在地球生命洪流所扮演的角色。牠們的塑像與肖像被收在玻璃櫥窗裡展示，或者，知名採集者如庫克、班克斯、林奈、達爾文等戮力蒐集的文物標本，靜靜地躺在儲藏室裡，隨時供人參考。深入挖掘探究，你還會找到許多無名英雄、英雌的努力成果，倘若沒有他們的嫻熟技能與熱心奉獻，許多重要資訊可能早已流失。這些英雄英雌亦堪稱藝術家，他們所面臨的風險，和那些探險巨星其實是一樣的。

這本讓人著迷的書，考量到歷史記錄所具有的主觀特質，依此做了一些修正，讓讀者能認識那些人類活動的失落環節，了解到這些活動也是演化過程的一部份。這棟偉大的建築，存放著這台聚焦在三百年歷史狂潮的時間機器，述說著此一關鍵時期的故事，讓人了解到，人類對自然事物的好奇如何逐漸轉變成科學，珍稀蒐藏如何轉變成標本文物，每一件標本都替我們的過去賦予新的意義，並強迫我們提問、思考未來。

西元1699年，人們證明昆蟲從蟲卵而非泥土孵化而成的數十年後，德國畫家兼博物學家瑪莉亞·希比拉·梅里安旅行到南美洲蘇利南，繪製了一系列以蝴蝶成長過程為題的畫作，其中包括幼蟲與成蟲的食用植物。她留下的畫作如此精美，讓卡爾·林奈在替所有已知動物進行分類並將研究成果出版成冊時，也將梅里安所記述的物種包括在內。同樣享有此殊榮的，尚有保羅·賀曼和彼得·迪貝維爾這兩位荷蘭藝術家，由於他們的藝術專業，林奈得以寫下斯里蘭卡植物誌。由於威廉·巴特蘭的藝術天賦，北美洲部份地區的動植物寶藏才能留下圖像與文件記錄。

在太平洋地區，則有好幾位藝術家，在幾次重要航行中扮演了至關重要的角色：詹姆斯·庫克船長初次遠征太平洋的奮進號上，有悉尼·帕金森、約瑟夫·班克斯和瑞典博物學家索蘭德共同努力；庫克船長第二、第三次遠征的果敢號上，有喬治·佛斯特為他效命；至於探險家馬修·弗林德斯船長的調查者號上，則有斐迪南·鮑爾這位最優異的自然史畫家。而達爾文在小獵犬號上的一連串經歷，也許是史上最著名的探索發現之旅。儘管如此，倘若沒有前人不辭辛勞的繪圖、素描與編目，達爾文與和他同時代的阿弗雷德·羅素·華萊士與亨利·華特·貝茲，也不可能在天擇的脈絡下思索他們的調查發現結果。

這本書的出現，以及它引以為據的藏寶庫，都幸虧十八世紀晚期英國政府的卓識遠見、當時為集資而舉辦的國家彩券、以及漢斯·史隆窮畢生之力蒐集的收藏品。史隆最重要的收藏之一，是在他初次參與的牙買加探索之旅中累積而來，他就是在牙買加取得可可，將它介紹給全世界，此外，他更仔細寫下牙買加的島嶼自然史，並請當地畫家葛瑞特·摩爾牧師為其繪製標本素描。在科學與藝術相輔相成的三百年探索告終之際，恰伴隨著照相技術的發明，以及人類終極未知，亦即深海探險的到來。挑戰者號上的科學家，在深入海洋深處挖掘深海祕密時，便是透過一個由藝術家與攝影師所組成的團隊協助記錄，因而能名聞遐邇。

人們很容易夢見自己化身成為早期先鋒之一，探索未知，也很容易忘記除了大海深淵以外，人類的足跡早在探險家抵達以前就已遍及各地。我們同樣也很容易忘記，個人所進行的每一趟新旅程，都是前往未知領域的探險。因此，能夠與這些歷史偉人一起遨遊世界，真的是很棒的一件事！

大自然的藝術

文◎湯姆・蘭姆（倫敦佳士得拍賣公司書籍部主任兼自然史藝術專家）

自然史藝術的起源，最早可以回溯到史前人類的岩洞壁畫，它以多樣的形式在不同文化中表現，從羅馬文化中以自然萬物為主角的馬賽克鑲嵌畫、中國漢代以花卉為題的帛畫、中世紀歐洲以彩繪裝飾的手抄書稿、歐洲文化花卉寫生的發展、以至於十六世紀自然史書籍中出現的版刻插圖等，都可歸屬到自然史藝術的範疇。

除了少數例外，早期自然史圖畫的構圖大多很形式化，甚至呈幾何形狀；不過到十七世紀末期，由於牛頓科學與哲學的進展，促使藝術家按有別於前的表達自由，以更自然的手法來處理自然史藝術。本書就是接受了這種興起於十七世紀末的表達自由所帶來的挑戰，領著讀者了解過去三世紀以來最重要的自然史藝術家，各有何為人所稱道的手法與風格。

本書著重在美洲與南極海的航程，其中可見許多歐洲最早的鳥獸花卉圖像，尤其令人興奮，尤其當我們想到這些藝術家在何種環境與狀況下成行，以及他們在旅行世界各地時得忍受何種艱困，這些畫作更是顯得彌足珍貴。自然史繪畫在此一探險時期的發展，反映出藝術家扮演角色的改變，從原本見多識廣的業餘愛好，到訓練有素、對動植物構造具有專業知識的專業人員。讀者可以藉由本書從漢斯·史隆爵士與威廉·巴特蘭委託畫家進行素描，一直到後來挑戰者號報告中慎重且仔細的科學繪圖之中，感受到這樣的轉變。《發現之旅》一書從史隆一直講到挑戰者號，以引人入勝的真知灼見，帶領讀者了解在這段探險發現的重要時期，自然史藝術有著什麼樣的多元性與發展。

十八世紀早期，許多航行都是私人籌資與籌備的。德國畫家兼博物學家瑪莉亞·希比拉·梅里安的蘇利南之行，便屬於這種私人探險之一。她在這趟旅程中，替人們帶回一些精緻的自然史畫作，在她的筆下，植物與昆蟲生活的合作無間，栩栩呈現，儘管偶有錯誤且風格陳舊，不過總是能以絲絲入扣的構圖展現出生物的精力與活力，創作出一種特殊的異國風情，無人能出其右。

到十八世紀下半葉，探險隊的籌備工作，在政府控管下大幅改進，庫克船長遠征太平洋，就是在英國海軍的贊助支持下成行，而且還能聘請知名的植物藝術家如帕金森與佛斯特等隨行，以更精確、更嚴謹的科學手法來描畫自然生物，舉例來說，不論是植物或種子都以實物大小描繪，並針對它們所生長的環境提出說明。

庫克探險隊所獲得的巨大成就，以及太平洋的開放，實在也是因為有這些自然史學家能滿足探險隊的需求，伴隨著庫克進行動植物新種的辨識、描述與描繪。這個傳統在斐迪南·鮑爾隨著弗林德斯船長的調查者號出航時達到巔峰；在調查者號上，這位傑出的植物藝術家替雪梨周圍與澳洲東岸的動植物留下了許多詳細且令人印象深刻的圖像記錄。

鮑爾、帕金森等自然史兼探險家在十八世紀晚期所制定的標準，取代了十七、十八世藝術業餘愛好者的標準。演變到十九世紀早期，自然史兼探險家的角色益形重要，洪堡德、達爾文、華萊士與貝茲等人的作品，使素描藝術更朝著科學準確性靠近。像他們這樣的旅行者，都必須具有畫家的能力與仔細的態度，以期能準確並仔細地記錄下植物或動物的結構。時至今日，科學準確性的標準早已有清楚的規範，拜二十世紀照相技術發展之賜，才得以迎合、甚至超越這些自然史畫家的成就。

到了現代，自然素描的藝術仍舊存在，可惜的是，目前在地球與宇宙上的探險活動，乃透過空中或太空旅行的方式，並不容易以鉛筆和寫生簿作記錄。科技與虛擬世界在很大程度上接管了藝術詮釋的區位，只有富有且耐心等待的收藏家，偶爾才能在商業藝術市場上找到精彩的自然史繪畫作品。我們有幸能擁有倫敦自然史博物館的精緻收藏，提醒著我們自然探險的輝煌過去，這都要感謝約瑟夫·班克斯爵士、漢斯·史隆爵士、彼得·柯林森、英國海軍、以及其他贊助人與機構，願意照料並蒐集這些圖像記錄，同時也幸虧有大英博物館的成立與努力，這些圖像記錄得以保存下來，留給後世子孫欣賞。

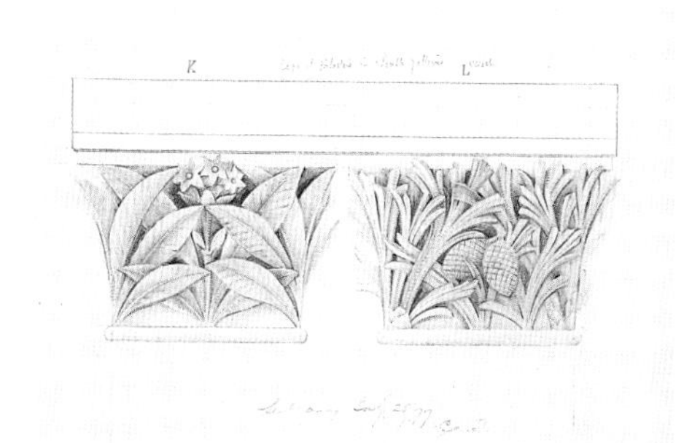

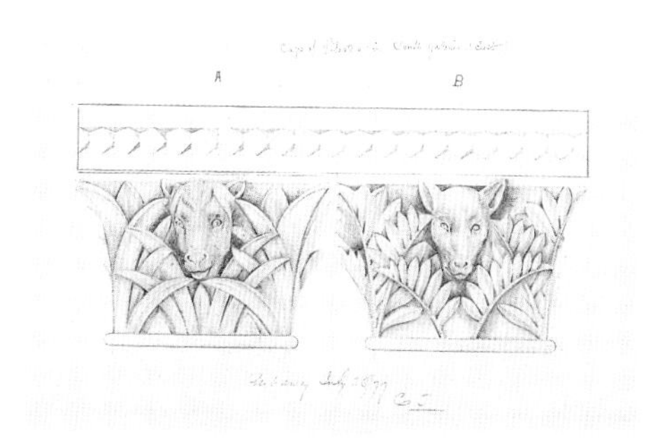

第一章 航向牙買加（1687～1689）

漢斯・史隆爵士

牛奶巧克力愛好者大概無法馬上明白，讓他們為之瘋狂的巧克力，和大英博物館的創建有何關聯。巧克力與大英博物館的奇特關聯，在一位年輕的愛爾蘭醫師身上；這位醫師是位新教徒，在十七世紀末的倫敦，開始了他長久且傑出的行醫生涯。1687年，漢斯・史隆年屆二十七歲之際，已是位聲譽卓越的醫師，在倫敦醫界與科學界打下穩固的根基。

不論從政治、宗教、尤其哲學的角度來看，史隆都生活在一個動盪的世界。當時有許多學者仍然深信，對待自然世界的「正確」手段應該是完全超然且假設性的，而此種信仰，導致人們在詮釋包括動植物在內的自然現象時，往往基於想像而非事實。結果，大多數的自然史出版品，每每以旅人在異世界馬虎且欠缺嚴謹態度的觀察作為根據，處處充斥著饒富幻想的無稽之談。不過，以「推廣自然知識」為使命，往後更成為全世界最受敬重之科學性學會的英國皇家學會，在史隆出生的1660年成立了。

皇家學會所秉持的精神，在於本著仔細觀察與演繹推理的態度來研究大自然。這種理性態度的推手，是兩位革命思想家，一是被尊稱為英國自然史之父的約翰・雷（1627～1705），另一是身兼醫師與哲學家的約翰・洛克（1632～1704），他們都是史隆的好友。這些科學「新鮮人」輕易就接受了當時的標準宗教觀點，亦即上帝創造了世界與生存其間的動植物，萬物永恆不變的概念；然而，他們同時也將自然現象的詳細觀察、記錄與詮釋，視為一種合情合理且值得從事的追尋。史隆堅定地追隨這個風潮，並於1685年獲選為皇家學會會員。

史隆對於目前所謂科學的每一個層面，從物理學、化學到地質學、古生物學以至於自然史，都極感興趣，不過讓他最投入、最始終不渝的卻是植物學。這並不令人意外，因為十七世紀的醫學與「藥用植物」研究有著極為密切的關聯，

圖為鯷梨果樹（Grias cauliflora）。史隆爵士曾寫到，「西班牙人會醃漬這種植物的果實，當成芒果的替代品食用，他們將之視為珍寶，把它從西印度群島送往西班牙本土。」

大部份的藥都來自藥草。早在1673年，英國藥劑師學會便創設了倫敦切爾西藥用植物園，史隆對植物學的興趣，就是在他於這間植物園從事研究的時期受到啟蒙；史隆與倫敦切爾西藥用植物園有極深厚的淵源，後來這間植物園更因為史隆的金援而免於關閉的命運。

世上有許多新藥草尚待發掘，這一點是無庸置疑的，而新大陸早

已向歐洲提供許多有用的農產品，如馬鈴薯、玉蜀黍、橡膠、奎寧與煙草等，因此，當阿貝瑪公爵被任命為牙買加總督，提議由年輕的史隆醫生擔任隨扈醫官時，史隆便迫不及待地欣然接受。阿貝瑪公爵的船隊由兩艘商船及一艘護航艦組成，於1687年9月19日自朴資茅斯港出發，中間曾在巴貝多停留了十天，隨後於該年12月19日抵達牙買加皇家港，在當時可以說是相當平安無事的航程。

在航程中，史隆鉅細靡遺地寫下航海日誌，記錄著他對船上日常生活、自然現象、以及沿途中遇上的鳥類、魚類與無脊椎動物等的觀察。即使是在牙買加停留的十五個月中，他仍然維持著寫日記的習慣，筆記主題包羅萬象，從天氣、地震、地形地貌，到以非洲奴隸為主的地方居民的行為等都包括在內。此外，史隆的足跡亦遍及全島，大量蒐集並記載各種文物與動植物，他尤其著重在植物方面，儘可能地壓製烘乾植物標本，以便帶回英國。在處理植物時，史隆參考的是約翰．雷的《植物誌》第一卷。約翰．雷試著在《植物誌》一書中記下當時所有已知的植物種類，並且先將它們先分為幾個主要的大類別，每個大類別下再分為幾個他稱為「屬」的小類別，每個屬都有特徵概要作為辨識與命名的輔助。與從前的植物誌相較之下，約翰．雷的做法已經向前邁出一大步，儘管如此，它還是有使用不便

圖為十九世紀的吉百利巧克力包裝紙，上面特別標示吉百利採用的是史隆爵士的牛奶巧克力配方。史隆將牙買加的可可豆引進英格蘭，他在牙買加看到土著用可可豆準備一種「純」巧克力飲料，不過西班牙人卻喜歡在他們的巧克力飲料裡加入香料，而且一天可以喝上五到六次。

與查詢困難的問題，等到瑞典科學家卡爾·林奈提出一個較為簡便、容易使用的命名系統時，已經是半世紀以後的事情了。

史隆採集的許多標本，特別是果實，並無法受到適當的保存，因此他雇用了一位名為葛瑞特·摩爾牧師的當地藝術家，隨著他旅行各地，沿途替遇到的新鮮果實、魚、鳥、昆蟲等進行素描。這些素描以及包括約莫七百種植物在內的大部分標本，最後都隨著史隆回到英國。摩爾尚未繪製的標本，在英國由另一位才華洋溢的藝術家艾維哈度斯·齊修斯接手完成，可可就屬於齊修斯繪製的標本之一。史隆在牙買加時發現，當地人由於可可具有療效而廣泛使用之，不過「其味令人作嘔且難消化」，他認為「這應該是來自（可可豆）含油量極高之故。」他更發現，在巧克力飲品中加入牛奶可以讓它變得更可口，而在史隆的一生中，這個專利配方也替他帶來相當可觀的收入。到了十九世紀，史隆過世許久以後，這個配方由吉百利公司取得，時至今日，吉百利在世界上許多地方早已成為牛奶巧克力的代名詞。

史隆在牙買加的主要任務是照顧公爵與其隨扈的健康，不過他顯然也治療了許多其他患者，其中包括原為海盜，後來改過並受到授爵、成為地方官的前牙買加總督亨利·摩根。儘管史隆隨侍在側，阿貝瑪公爵仍在1688年10月英年早逝，之後，公爵夫人決定返英，史隆被迫縮短在牙買加的停駐期，並且履行他身為隨扈醫官的最後一項任務，替已逝的公爵進行屍體防腐處理，以運回英國埋葬。

除了在相當悲傷的情況下啟程返英之外，1689年3月至5月的這段返鄉航程也不如去程平順，沿路衰事連連。首先，史隆帶了許多相當令人驚恐的活動物上船，包括一隻牙買加鬣蜥、一隻美洲鱷、以及一隻身長七呎的巨蛇。然而，牠們沒有一隻活著抵達英國。牙買加鬣蜥不慎跳船溺斃；美洲鱷自然死亡；至於史隆「請印度人馴服，會像狗一樣如影隨形跟著主人」的那隻蛇，某日從大罈子裡溜了出來，驚嚇到公爵夫人的家僕，而被一槍射死。再者，這些返鄉遊子對於自己回到英國時即將面臨何種政治情勢，有著極度的不確定感。他們離開家鄉時，英國是由信奉天主教的詹姆士二世統治，不過空氣中卻瀰漫著一股紛爭的氣息；待船隊接近英國沿岸時，他們才從一位漁夫那兒得知，信奉新教的威廉三世早已登基為王。

一回到倫敦，史隆重拾原本中斷的職業生涯，並迅速在科學界活躍了起來。他在阿貝瑪公爵夫人處繼續服務四年以後，回到私人醫療領域，在倫敦市內時髦的布魯斯伯里區開設了後來相當賺錢的診所，當時的許多富豪名流都是史隆的客戶。由於這間診所，加上他在1695年與同時也是倫敦參事女繼承人的牙買加地主遺孀共結連理，當史隆在1753年以九十三歲高齡辭世時，他早已步入富豪之列。史隆不只是名醫和慈善家，他更因科學家、尤其是「珍奇」收藏家的身分而聲名遠播。

早在青少年時期、以及在倫敦和法國習醫之際，史隆就已開始蒐集植物標本。在牙買加居遊期間，史隆的收藏大量增加，即便在離開牙買加以後，他仍然致力於收藏，尤其著重西印度群島的材料，並準備將他在牙買加期間的見聞付梓出版。1696年，史隆先出版了《植物目錄》，一本232頁的簡單目錄，記錄著他在島上發現的所有植物。在林奈於十八世紀中期提出目前受到普遍接受的二名法之前，生物命名混淆的情形極為常見，然而，史隆在該書中鉅細靡遺地列出所有更早的資料來源，試著避免命名混淆的發生，藉此替此類出版品設下了高標準。至於完整記述其牙買加經驗的《牙買加自然史》一書，則費時更久。

《牙買加自然史》的第一卷以植物為主，於1707年出版，而包括牙買加動物誌的第二卷，卻延宕到1725年才付梓。不論是摩爾牧師於牙買加繪製的插畫，或是艾維哈度斯·齊修斯稍後於英格蘭接手完成的部份，都成了當時最優秀的版畫家之一麥可·凡德古特，替這兩卷書繪製版畫圖解的根據，其中齊修斯的插畫尤其是凡德古特引以為據的重要參考。儘管史隆少有其他科學類著作，不過藉著這兩卷著作大幅替他提高聲望，在1693年至1713年期間曾擔任英國皇家學會秘書的史隆，在原會長艾薩克·牛頓於1727年過世後，就被推選為新會長。史隆一直到1741年高齡八十一歲退休之際才卸下會長一職，並於切爾西安享晚年。

即便退休且年事已高，史隆仍然與科學界保持廣泛接觸，常有許多來自海內外的訪客，慕名前往求訪觀賞史隆的個人收藏。據說在他長壽的一生中，每位值得認識的科

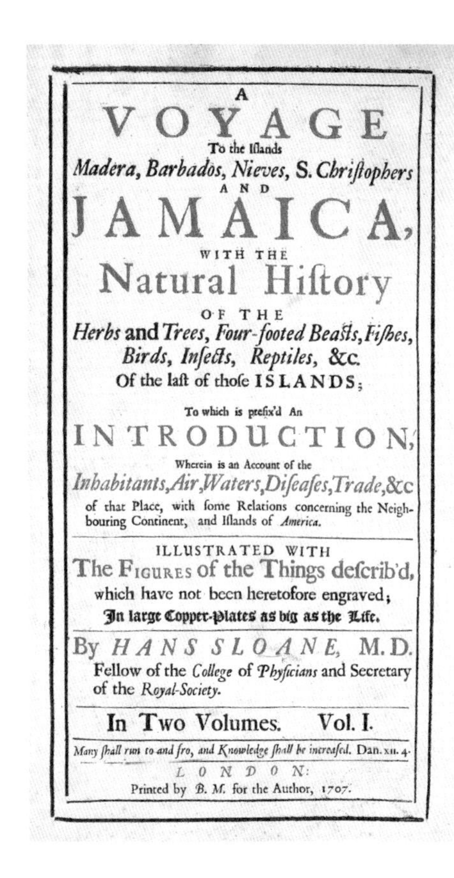

A
VOYAGE
To the Islands
Madera, Barbados, Nieves, S. Christophers
AND
JAMAICA,
WITH THE
Natural History
OF THE
Herbs and Trees, Four-footed Beasts, Fishes,
Birds, Insects, Reptiles, &c.
Of the last of those ISLANDS;
To which is prefix'd An
INTRODUCTION,
Wherein is an Account of the
Inhabitants, Air, Waters, Diseases, Trade, &c
of that Place, with some Relations concerning the Neighbouring Continent, and Islands of America.
ILLUSTRATED WITH
The FIGURES of the Things describ'd,
which have not been heretofore engraved;
In large Copper-Plates as big as the Life.
By HANS SLOANE, M.D.
Fellow of the College of Physicians and Secretary of the Royal-Society.
In Two Volumes. Vol. I.
Many shall run to and fro, and Knowledge shall be increased. Dan. xii. 4.
LONDON:
Printed by B. M. for the Author, 1707.

圖為《牙買加自然史》第一卷的扉頁。史隆這套書共有兩卷，記述著牙買加與鄰近島嶼的自然史。他在該書序言中，對自己為何著手撰寫此一巨著提出解釋：「人們可能會問我，這樣的記述有何用？我會回答道，由於自然史知識是對事實的觀察，與其他事物相較下，是更確鑿無誤的，依個人淺見，它比推論、假說、演繹等更不容易出錯……」

學家，尤其是植物學家，都和他有私交或通信往來。史隆除了自掏腰包進行收藏以外，也會整批取得其他植物學家的個人收藏，因此在史隆辭世之際，其臘葉標本館的收藏，已經拓展到超過兩百六十五冊皮面裝幀本的巨量，其中僅有八冊核心典藏是牙買加時期的收藏品。

儘管這間臘葉標本館聞名於世，它仍舊遭致各種批評。1736年，時年二十九歲的卡爾・林奈去拜訪了當時已七十六歲的史隆醫師。這位多年後名氣遠遠高過史隆的植物學家，在史隆面前表現出必恭必敬的態度，不過待他回到瑞典，馬上公開批評，認為史隆以永久裝訂來保存標本的方式，可以說是雜亂無章。當時的林奈已經開始採用目前已被廣泛接受的標本儲藏方式，將標本固定在未裝訂的單張台紙上，如此以來，在分類系統有所變動時，便能輕易地重新排列，同時也能毫不費力地插入新標本。

當然，史隆豐富的收藏肯定讓林奈留下深刻的印象。除了臘葉標本以外，史隆尚有一萬兩千五百份以上了釉的小盒子保存著的「植物與植物類物質」，分別存放在五大櫃九十個抽屜裡。更何況，史隆的收藏網並不僅限於植物學的範疇。他的動物標本收藏基本上以從牙買加帶回的收藏為起點，後來累積到將近六千件貝殼，超過九千件無脊椎動物標本（半數以上為昆蟲），一千五百件魚類標本，約一千兩百件鳥、蛋與鳥巢標本，以及包括完整剝製標本與數百件骨骼標本在內的三千多件脊椎動物標本，其中更包含一副小象骨骼標本、一副長達五公尺半的鯨魚頭骨標本、以及許多奇異的人體「珍稀」。

而這些仍只是史隆個人收藏的一小部份，他的品味與收藏還包括成千上萬的化石、岩石、礦物、礦石、金屬、貴重寶石與半寶石的原石與首飾、裝飾品與實用物品等。他的古董收藏與人類學收藏橫跨古今，將來自歐陸、新世界與東方的

圖為《牙買加自然史》第二卷的插圖，該書出版於1725年。儘管兩卷書中的大部分版畫以植物為主，第二卷納入了四十一張動物全版插圖。第一卷也包括牙買加島的摺頁地圖（本頁下圖）。

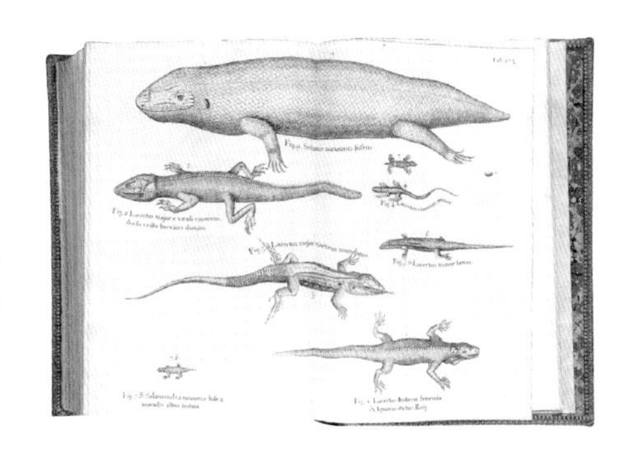

物件一網打盡，更有三萬兩千件動章與錢幣收藏。史隆還有約莫三百件的當代藝術收藏，儘管包括杜勒等名家作品，不過在尺寸或品質上並無特出之處。在史隆的眾多收藏中，最受人稱羨的也許是他將近五萬冊的圖書收藏。這些出版品包括許多插畫精美之作，以其相當龐大的手稿與畫作，主題無所不包，無疑是當時最廣泛、最完整的圖書收藏之一。

晚年史隆愈發關心這些收藏品在他死後的命運。他非常希望，對這些收藏由衷感興趣的任何人，不論其目的為何，都能儘可能地使用這些藏品。在遍訪包括英國皇家學

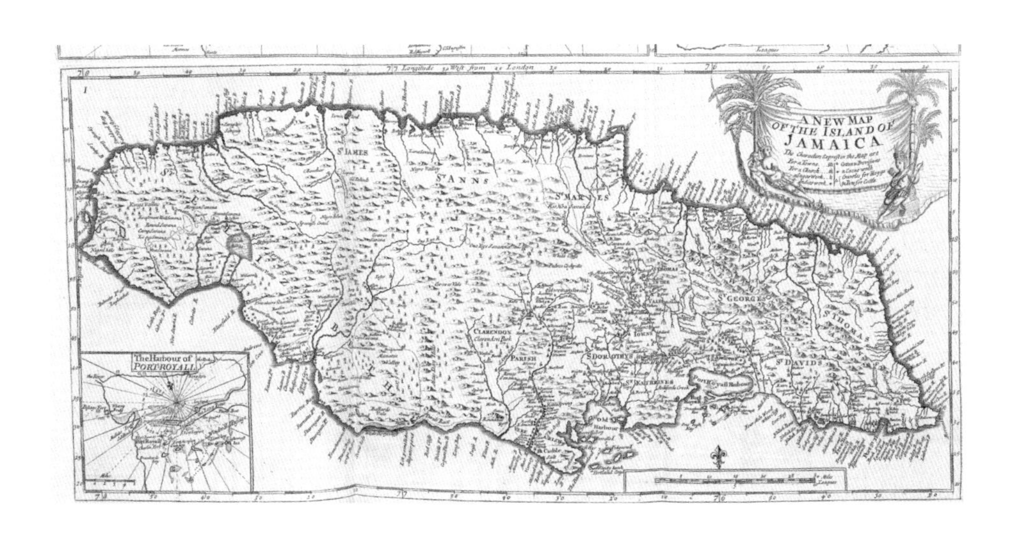

會、醫師學會、牛津阿什莫爾博物館等機構以後，他認定當時沒有任何機構適合存放這些收藏品，因而決心將它們捐贈給國家。除了一些對於物件保存、維護與使用的規定以外，他唯一的要求，是讓他的兩個女兒收到一筆總額兩萬英鎊的款項，這數字遠比他估計自己投資在收藏上的十萬英鎊低了許多。

史隆於1753年1月10日去世，其遺囑無可避免地引發了許多爭議。儘管如此，最終的結果，是英國國會於1753年6月7日立法成立大英博物館，以史隆的收藏及另外兩批分別購置的小規模收藏，作為新機構的核心。英國政府選擇透過國家彩券的方式籌募必須資金，這在十八世紀的英國是很常見的做法。原本的大英博物館，從一開始規模適中的收藏，目前已經發展成三間世界知名的大型機構，包括位於倫敦市布魯斯伯里區、文物收藏總數高達七百萬件的大英博物館，藏書超過六千七百萬冊的大英圖書館，以及位於倫敦市南肯辛頓區、自然史標本收藏達六千八百萬件的倫敦自然史博物館。史隆的可可標本，也就是牛奶巧克力的起源，目前仍完整地收藏在自然史博物館中。

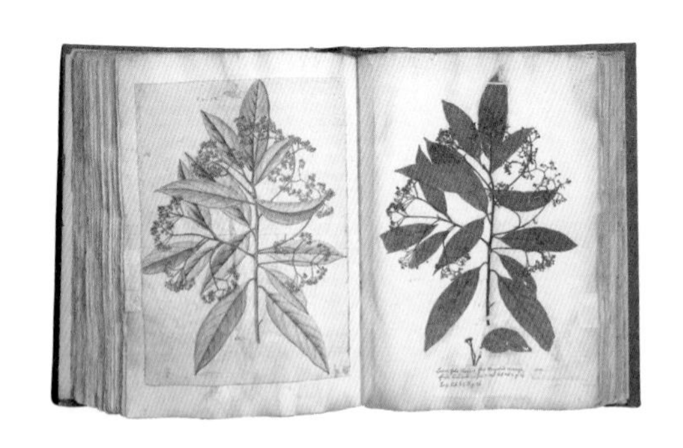

皮面裝幀的標本冊，這些標本是史隆著名的牙買加臘葉標本與插畫的一部份。史隆把這些樟科灌木標本比作歐洲常見的月桂樹，將它命名為Laurus folio longiore, flore hexapetalo racemoso, fructu humidiore，意為「長葉月桂，六瓣花，總狀花序，果實水分含量高」。根據林奈的二名法，它目前被稱為西印度尼克樟（Nectandra antillana），俗名為板樹、甜樹或黃甜樹。在卡爾．林奈確立植物雙名制命名法的標準以前，史隆與其他植物學家通常使用冗長且敘述性的拉丁文句作為植物學名，而這樣的命名方式無可避免地造成了許多混淆，加上許多植物學家並不會去查詢早期研究，看看特定植物是否已經被命名，因而使得情況更加令人困惑。然而，史隆小心翼翼地參考前人研究，使用當時最適當的分類方式，英國植物學家約翰．雷尤其是史隆的參考對象。

上圖為史隆描述薑科植物的「野薑」，學名為Zinziber sylvestre minus, fructu è caulium summitate exeunte，意為「在森林裡的小薑，果實從莖的上端向外生長」，目前這種植物被命名為西印度山薑（Renealmia antillarum）。根據史隆的說法，牙買加人對這種植物的療效評價很高，他說：「將野薑的根磨成泥，當成治療癌症的敷藥來使用……被普遍認為是一種具有奇效的良藥，儘管這東西的發現可能該歸功於我們與土著或非洲黑人建立的關係，這種藥對病況嚴重者一直以來都能發揮絕佳的效果。」在他敍述下圖中這種被他戲稱為「可憐蝗蟲樹」時，特別指出這種植物的果實是可以吃的：「果肉味甜，呈白色，口感粉粉的，包著一個堅硬且呈黑褐色的硬籽，外觀與胡椒粒相似，不過體積比胡椒粒稍大……八月為果實成熟期，果實成熟後落果，當地人會撿果子到市場販賣，供人食用，被認為是可口的甜點。」目前這種植物被稱為西方山柳（Clethra occidentalis），俗名為皂樹。

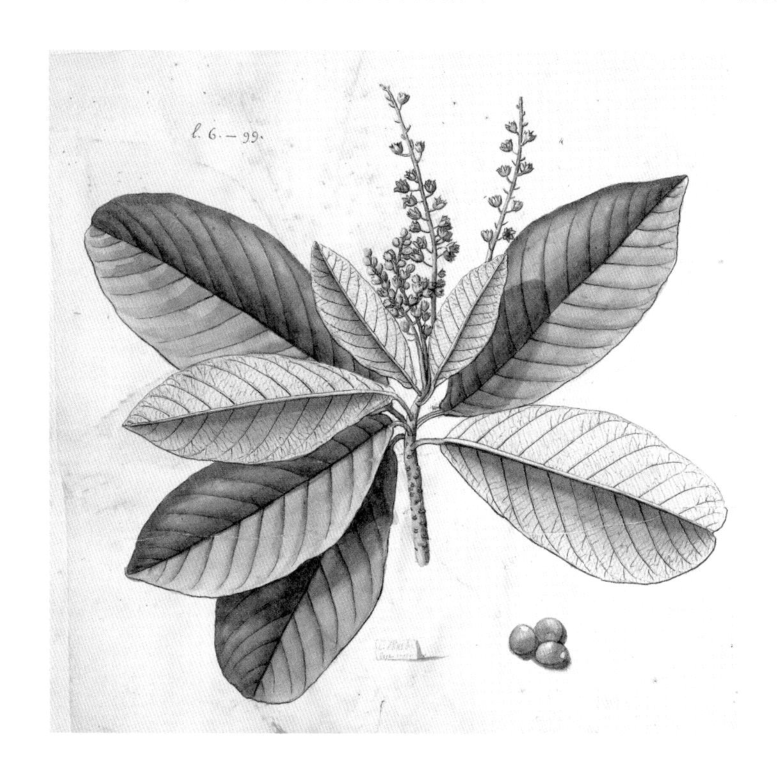

根據史隆替下圖與右頁圖這份茜草科植物標本製作的標籤，其採集地點位於牙買加島北部，史隆稱之為Laurifolia Arbor flore tetrapetalo，意為「葉片狀似月桂的樹，花朵有四片花瓣」。這種樹的樹枝筆直，其上覆蓋著深褐色的平滑樹皮，圍覆著白色木材。樹葉在「細枝末梢」隨意生長，葉長約5公分，最大葉寬約2.5公分，「葉面平滑光亮，葉片厚……」淺黃色簇生花，花瓣有四，果實小且呈圓形，「不如胡椒粒來得大，不過形狀高雅美觀。」這種樹目前被命名為黑火炬樹（Erithalis fruticosa）。

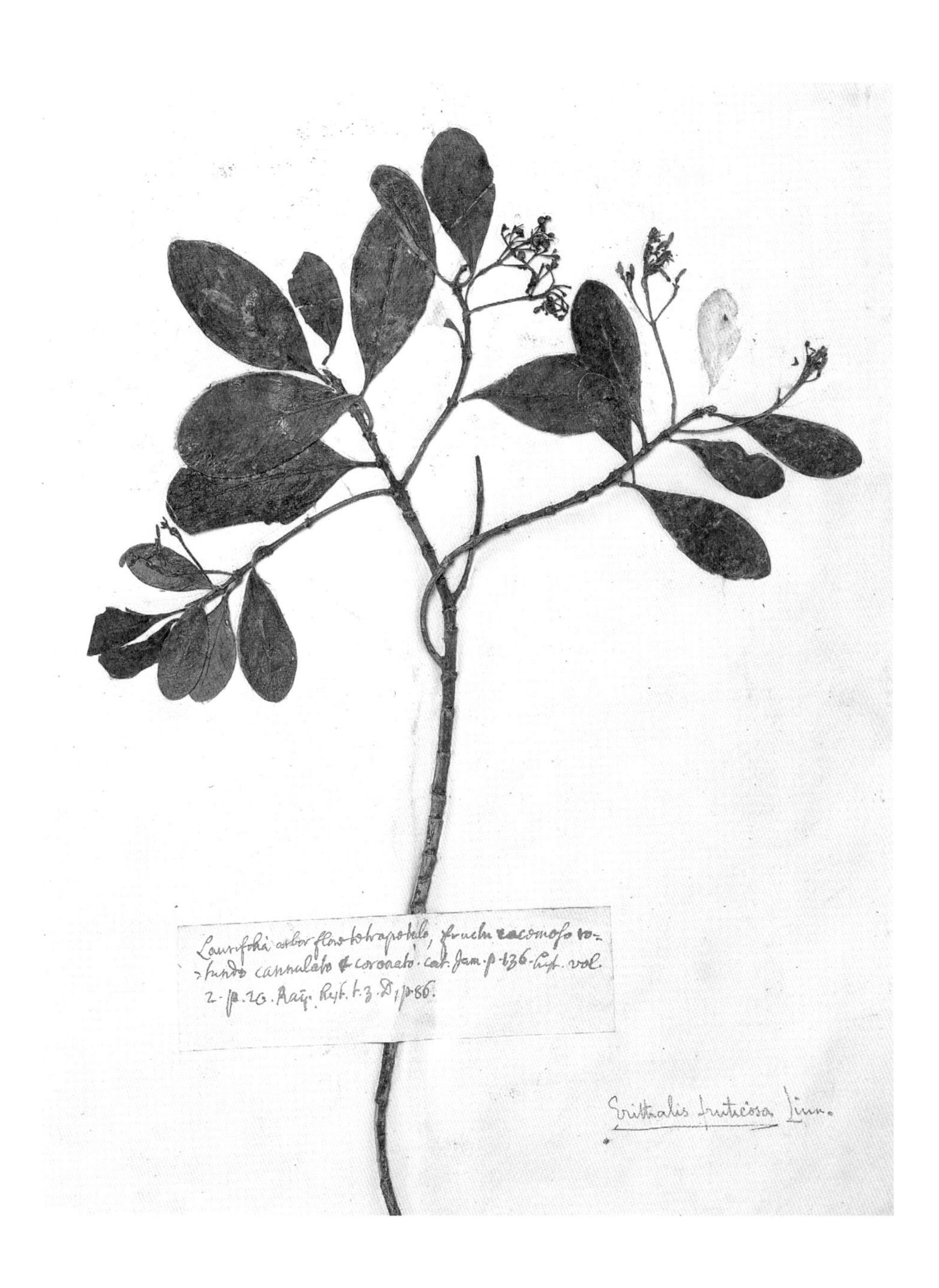
Laurifolia arbor flore tetrapetalo, fructu racemoso ro-
-tundo cannulato & coronato. Cat. Jam. p. 136. Hist. vol.
2. p. 20. Raij. Hist. t. 3. D. p. 86.
Erithalis fruticosa Linn.

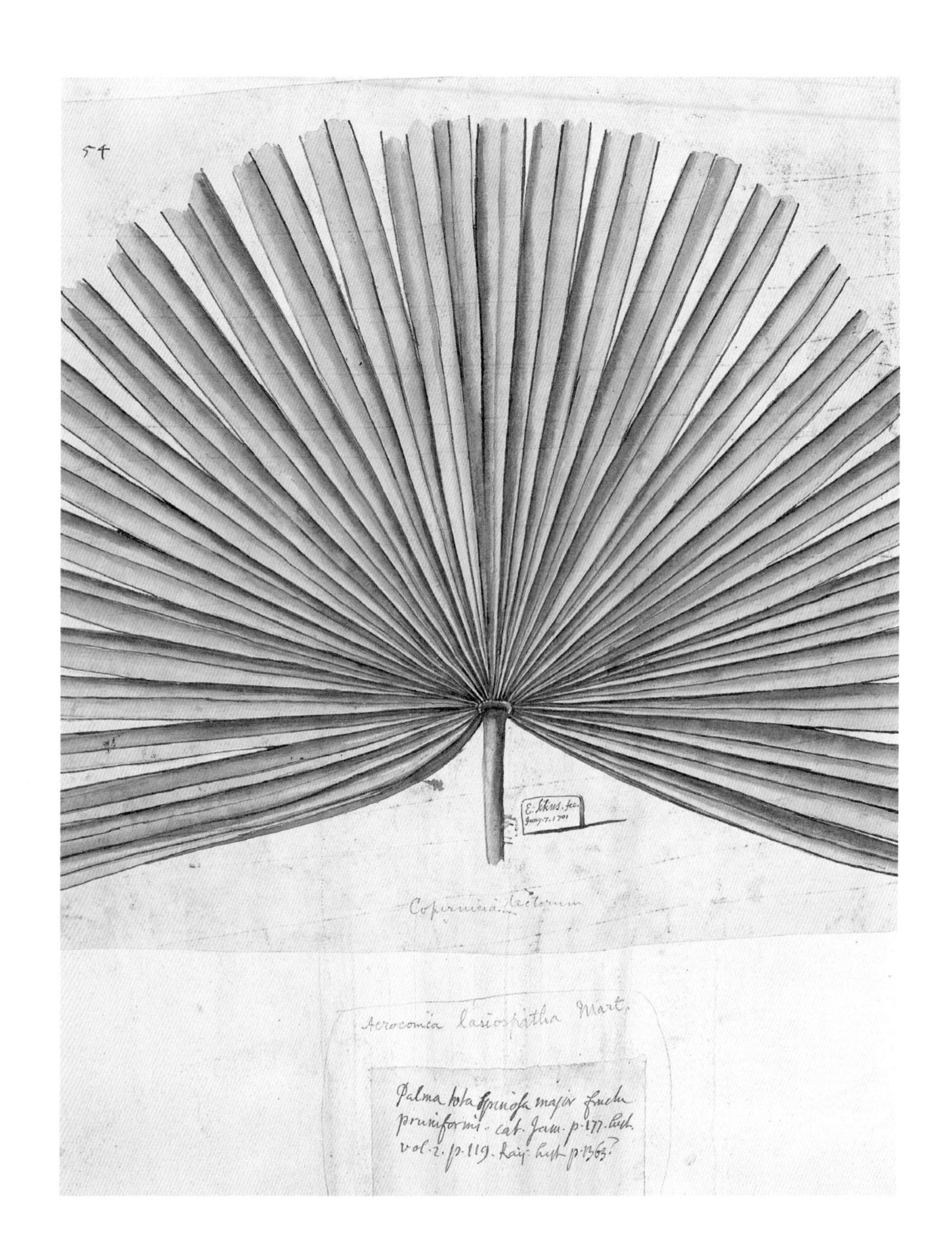
54
Copernicia tectorum
Acrocomia lasiospatha Mart.
Palma tota spinosa major fructu
pruniformi. cat. Jam. p. 177. hist.
vol. 2. p. 119. Raij. hist. p. 1363?

史隆將左頁圖與下圖的這種棕櫚科植物，根據其葉片命名為Palma Brasiliensis prunifera folio plicatili seu flabelli formi caudice squamato，意為「巴西棕櫚，會長出李子狀果實，葉面皺摺或呈扇型，莖上覆鱗片。」根據史隆的分類，它屬於「會長李子狀果實的樹」。這種樹目前被命名為大刺毛櫚（Acrocomia spinosa）。它在牙買加當地被當成原料，有許多種用途，尤其被用來覆蓋屋頂（因此英文俗名為「屋頂樹」）。樹皮通常被拿來製作箱子和籃子，木材則被做成弓箭、棍子、飛鏢、箭頭等。葉子被拿來當成生火用的扇子，是風箱的替代品，此外，也會用來覆蓋鹽以保持乾燥。遇上荒年之際，居民也會食用它的樹根與果實。

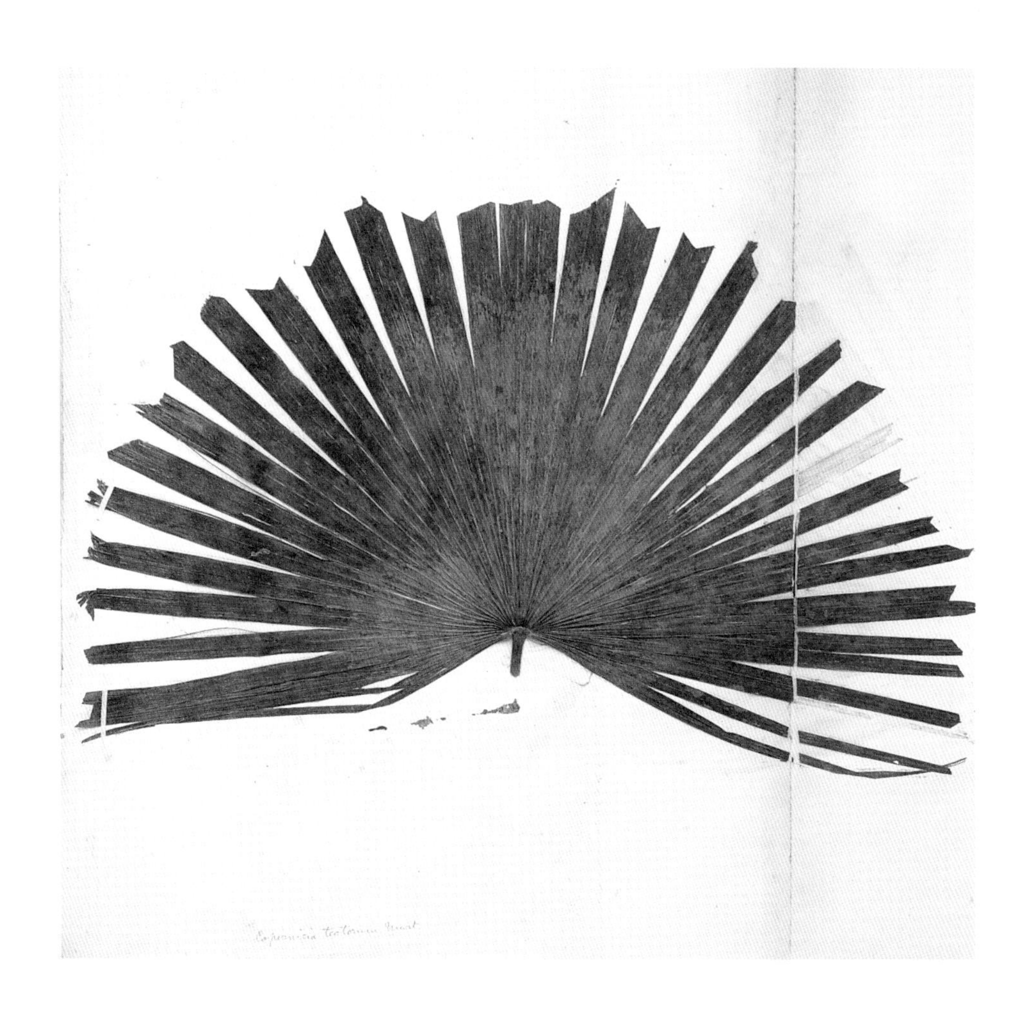

42.

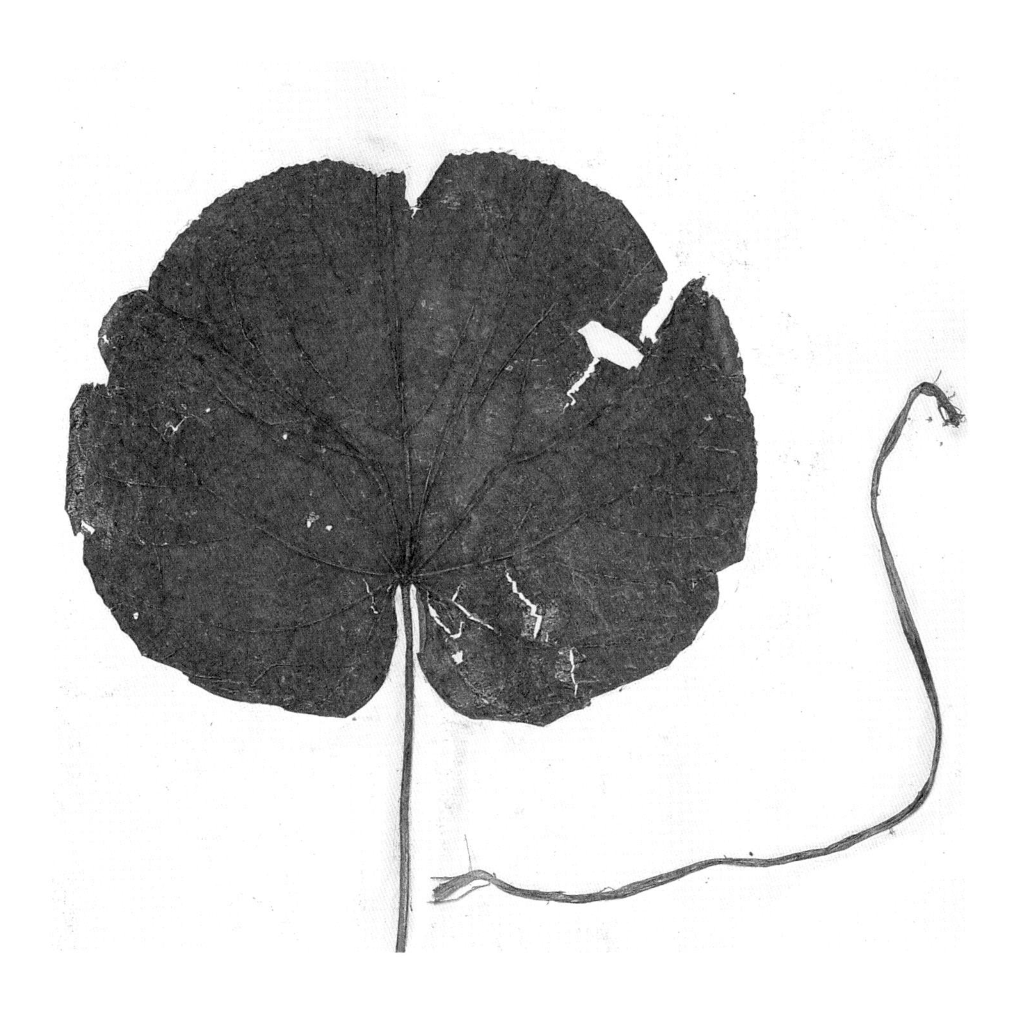

史隆將左頁圖與上圖中的這種錦葵科植物稱為Malva arborea, folio rotundo, cortice in funes ductili, flore miniato maximo liliaceo，意指「錦葵樹，葉圓，樹皮上覆滿延長的線狀物，花朵呈淡紅色至淡紫色」，或稱為木棉或紅樹。這種樹目前被命名為高紅槿（Hibiscus elatus），俗稱方皮木、高槿、山槿、馬霍木槿。這種樹具有圓形葉，花朵有五片花瓣，包圍著紅色「且長度與花瓣相同的花柱，花柱上有許多雌蕊，整朵花狀似紅色的百合花。」樹皮顯然有實際用途。史隆曾經在其他著作中提到，「較厚的樹皮會被用來製成粗線，再製作成馬褲給黑人和奴隸穿著使用。」

TYPE SPECIMEN
Erythrodes plantaginea (L.) Fawc. & Rendl.
Satyrium plantagineum L.
J.D. Ackerman 1987
Erythrodes plantaginea

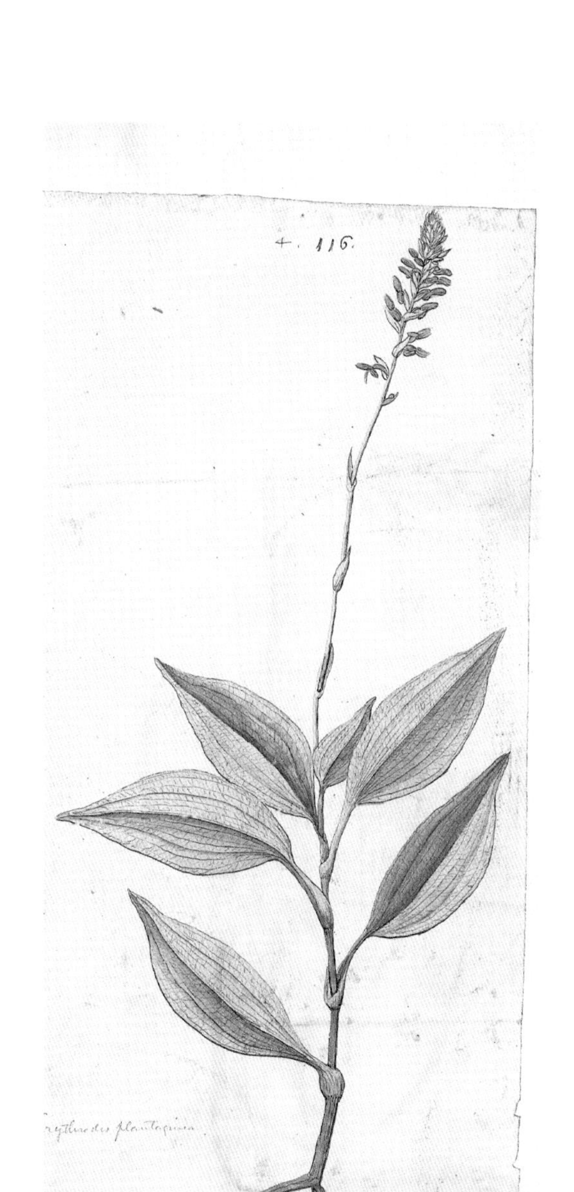

左頁與左圖中的蘭花，被描述成Orchis elatior latifolia asphodeli radice, spica strigosa，意指「長得很高的蘭花，葉寬，與日光蘭相似的根，花穗上有硬毛」，生長在迪亞布洛山的樹林裡。花柄約45公分高，兩側都會長出互生葉，葉長7.5公分，最大葉寬約4公分。花型細長，由花柄頂端向外生長，「花柄彎曲，花距（花蜜儲存處）圓鈍，唇瓣（後方花瓣）小，盔瓣（盔狀唇瓣）大，唇瓣分離，與其他同類蘭花一樣。」這種植物目前被命名為車前細筆蘭（Erythrodes plantaginea）。

Edwd. Kickius fecit.

許多在林奈確立二名法之前的物種學名，在現代植物學命名中仍然繼續沿用。史隆開始研究左頁圖與上圖中的莎草科植物時，把它歸類到所謂「具有草狀葉的草本植物」，命名為Cyperus longus odoratus，指「具有香氣的長莎草」。植物學家約翰・雷也用同樣的字眼來描述這種植物的近親，英國莎草。根據林奈二名法，史隆的莎草最後被命名為Cyperus odoratus，中文稱為斷節莎，而英國莎草則是Cyperus longus，中文稱為香根莎草、甜莎草或高莎草。

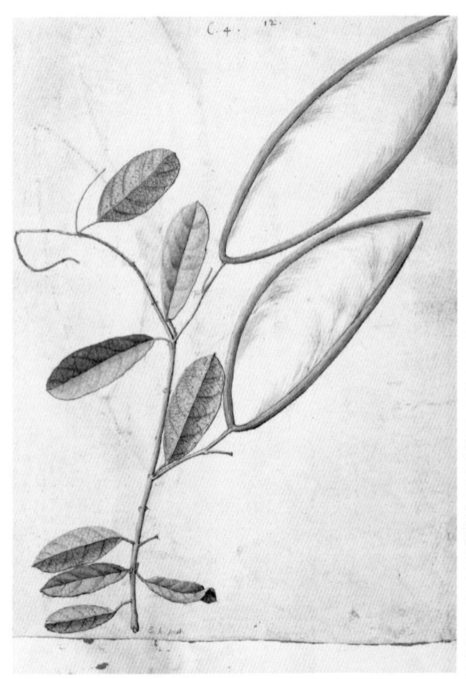

史隆筆下夾竹桃科植物Apocynum erectum fruticosum flore luteo maximo & speciosissimo，指下圖中「筆直的羅布麻灌木，會開出巨大且讓人驚艷的黃色花朵」或是「草原花」，目前被命名為金香藤（Urechites lutea）。根據史隆的觀察，這種植物「在草原裡到處生長」，而且「終年開花，賞心悅目。」右頁圖是另一種更重要的植物，也許是史隆調配牛奶巧克力飲料的來源——學名為Theobroma cacao的可可樹。他在敍述可可樹的果實時寫到：「堅果本身由許多部份構成，狀似牛腎，在敲開硬殼之前就可以看到部份果實線條，內部中空，果肉質地油潤，味稍苦……。」

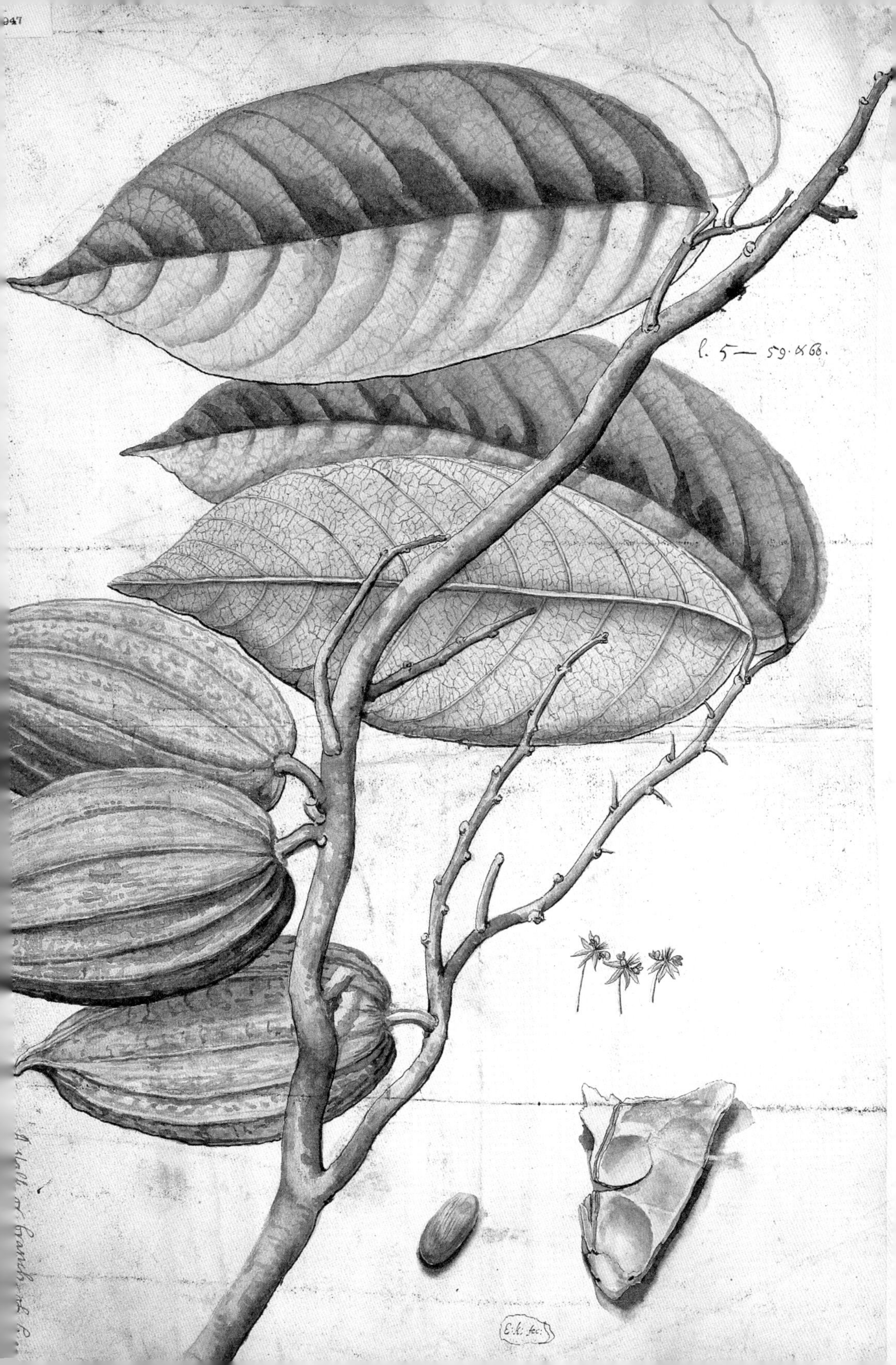

101.
E.k. fecit.

史隆把這種鳳梨科植物描述成Viscum Caryophylloides maximum capitulis in summitate conglomeratis，意指「具有黏性、狀似丁香的巨大花朵聚生植株頂端」。「這種植物有許多細長的深褐色根毛，牢固地附著在樹木的樹皮表面上，細根聚和在一起呈橢圓狀……」綠色與略帶紅色的葉片狀似玫瑰，聚生花柄頂端，其上覆蓋著一層黏液，種子穗被包圍在內。史隆記載道，這種植物生長在巨大老樹樹身上，不過倘若恰巧落在地上，它也能紮根生長。它目前被稱為擎天鳳梨（Guzmania lingulata），別稱黃星鳳梨。

上圖與右頁圖分別為紫草科的一種灌木標本與素描，史隆稱之為Caryophyllus spurius inodorus folio subrotundo scabro flore racemoso hexapetaloide coccineo speciosissimo，意指「假石竹，無臭，葉狀稍圓，葉面粗糙，總狀花序，會長出狀似六瓣、令人驚嘆的紅色花朵。」這種植物目前被命名為賽伯破布或紅花破布木（Cordia sebestena），別稱仙枝花。根據史隆的記載，這種樹有垂直生長的習慣，有許多向上的枝幹，披覆著「黏土色的樹皮」，高度可達2.4至2.7公尺。葉片幾乎呈圓形，表面粗糙，呈深綠色，植株會長出「許多」小巧玲瓏的鮮紅色花朵。史隆說：「我從來沒有找到這種植物的完整果實……它長在巴契勒先生家後方的岩岸上，離黑色大橋不遠，把河岸點綴得賞心悅目。」

Cyperus minimus Linn.
Gramen cyperoides minimum, spicis pluribus compactis ex
oblongo rotundis. Cat. Jam. p. 36. Hist. 120. Raij. hist. t. 3. p. 625.
Voy Jamaica 1:120 t.79 f.3 (1707)

左頁與上圖中的這種微小莎草，被史隆命名為Gramen cyperoides minimum，意指「非常細小的莎狀草」，它只能長到7.5公分高。這份標本的保存狀況極佳，即使細根也仍舊清晰可見。史隆對於青草和灌木在牙買加生態系統裡所扮演的角色感到很困惑：「我原本很懷疑我在美洲島嶼上是否會找到任何青草，認為至少在像是歐洲內地草原的地方才應該找得到，不過等我抵達此地以後，卻找到許多草原，以及與歐洲草原植物相似的青草種類……我們很難理解這些植物在大自然的功用，它們應該不是大型四蹄動物的食物來源，因為在這些島嶼中，只有一種大型四蹄動物存在，而且還是歐洲人抵達以後才引進的動物，除非就像一般所言，種子較大的玉蜀黍是為了提供人類營養，這些植物和它們的成熟種子是為了給鳥與昆蟲當作食物之用。」

下圖與左頁分別為桑科蟻棲樹層的號角樹（Cecropia peltata）標本與素描，這種樹又稱蟻棲樹、蛇木。史隆將它稱為「奧維耶多傘樹」（Yaruma de Oviedo），並表示這種樹木在牙買加與西印度群島的樹林裡分佈極廣。它有許多用途：葉片和多汁的木髓被「當地土著和黑人」用來敷裹傷口，巴西人則將其枝幹當成木柴使用。本頁右方的另一種大戟科植物標本與齊修斯替它繪製的素描，可追溯到1701年5月31日，因為葉子多刺，史隆把它拿來與歐洲的冬青比較，目前被命名為冬青鐵色（Drypetes ilicifolia），俗稱花梨木、黃檀。

下圖這份來自第三冊植物標本冊的天南星科植物標本，被史隆描述為Arum saxatile repens, minus, geniculatum & trifoliatum，意指「在岩石間匍匐生長的海芋，體型小，葉呈膝曲狀，葉片具有三裂」，目前被命名為三裂蔓綠絨（Philodendron tripartitum），別稱三裂喜林芋。這是種攀緣植物，莖具有海綿質的髓，富含白色汁液。沿著主幹有許多莖節，由莖節上長出「五或六個吸根……」藉由吸根牢固地附著在任何鄰近的樹木上。

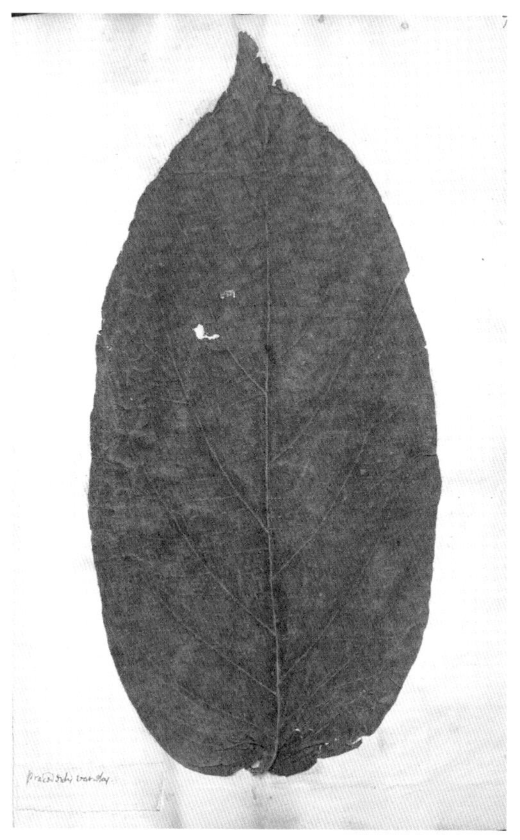

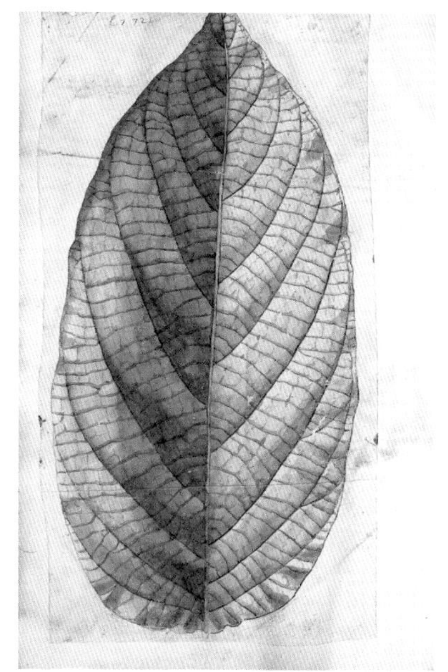

根據史隆的說法，上圖葉片所屬的這種紫草科植物是Prunus racemosa, foliis oblongis hirsutis maximis, fructu rubro，意指「具有總狀花序的櫻桃，葉呈橢圓狀，葉片大且多毛，結紅色果實」，或稱「寬葉櫻桃樹」。在遇上未經辨識的植物時，史隆會據其所知將該植物加以命名，因此他把這種植物歸類到歐洲人熟悉的「櫻屬」。樹葉「灰白且呈波狀，如鼠尾草或毛地黃一般，有毛狀物覆蓋，呈嫩綠色。」這種樹目前被命名為大葉破布子（Cordia macrophylla），俗稱魚葉樹。

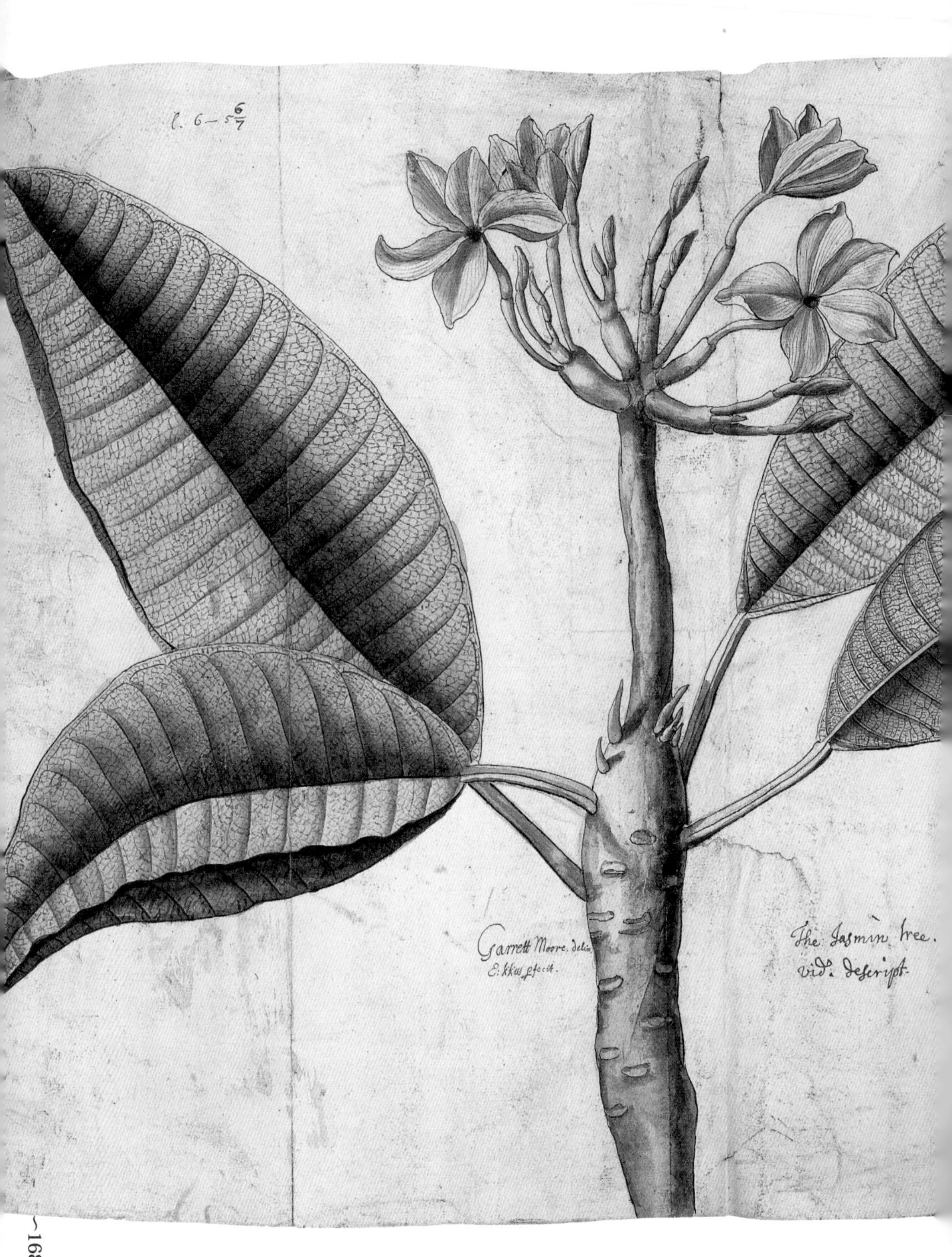
Garrett Moore. delin.
The Jasmin tree.
vid. descript.

左圖中這種夾竹桃科的「茉莉樹」，被史隆形容為Nerium arboreum, folio maximo obtusiore, flore incarnato，指「葉片大而鈍、具有肉質花的夾竹桃樹」（目前的學名為Plumeria rubra，中文名稱為緬梔，別稱紅雞蛋花），大約相當於蘋果樹的大小，具有「顏色美、氣味宜人的花朵」。在牙買加、巴貝多與加勒比海諸島上，這種樹常用做花園裝飾，不過它也有實際用途。史隆說：「這種樹的汁液會讓人產生灼熱感，不過根據當地土著的說法……服用兩英分[1]二十四格令[2]，很容易便能將因梅毒或水腫而起的黏液和黑膽汁[3]排出，尤其是因冷體質而起的問題。」下圖是鴨拓草科紫鴨跖草（Tradescantia zanonia）的標本，出自標本冊第四冊。

1.Scruple是英美藥衡單位，翻為英分，約1.3公克。
2.Grain是最小的藥衡單位，翻為格令，約0.0648公克。
3.古希臘醫學之父希波克拉底斯提出的體液論，認為人體內部具有血液、黏液、黃膽汁和黑膽汁四種體液，它們相互混合的程度決定氣質。

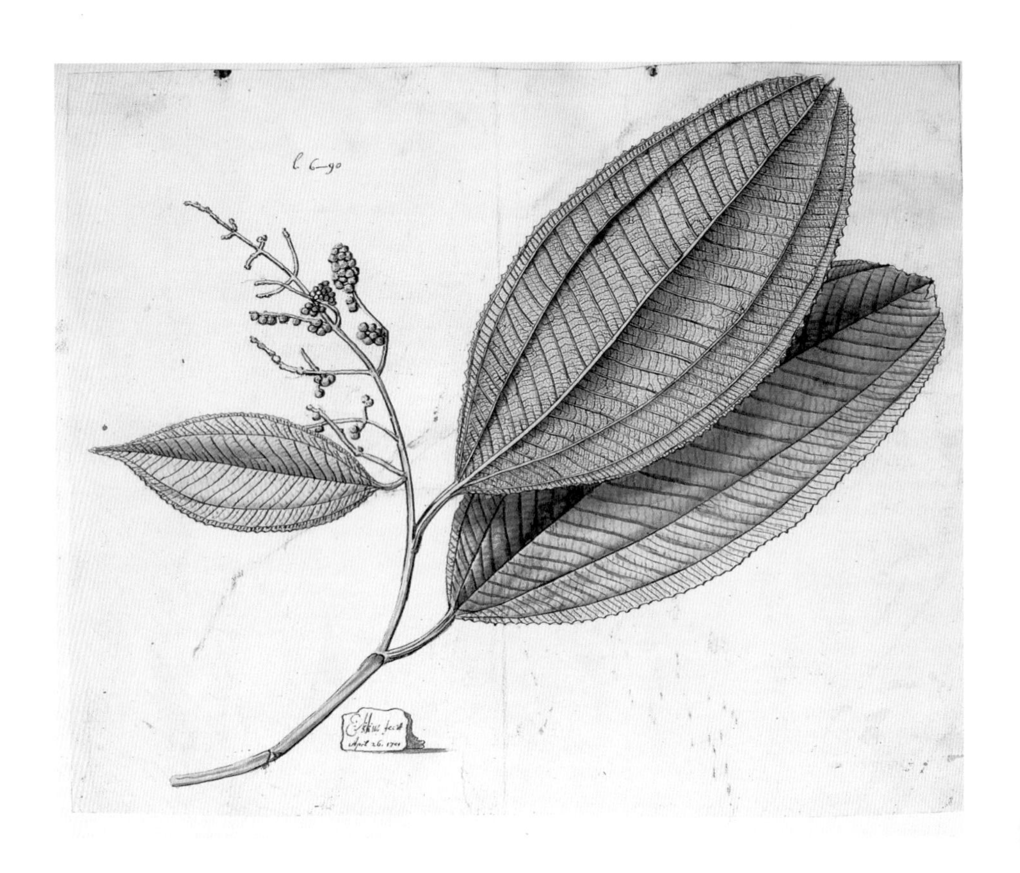

右頁的標本與本頁上方由齊修斯所繪製的素描，在史隆筆下是Grossulariae fructu arbor maxima non spinosa, Malabathri folio maximo inodoro, flore racemoso albo，指「會長出醋栗果實的大樹，無刺，葉形狀似柴桂，葉大，無臭，總狀花序，花呈白色。」（目前學名為Miconia elata，中文稱高野牡丹）。這張素描於1701年4月26日繪製。根據史隆的記述，這種植物的樹幹「與人的大腿一般粗，樹皮呈赤褐色，樹皮幾近光滑，非常高挺，約六公尺高……」史隆對這種植物的結論是：「它生長在內陸山林例如迪亞布洛山的紅山丘上，在柯普上校種植場的另一側，離種植場不遠……在巴貝多也有生長。」

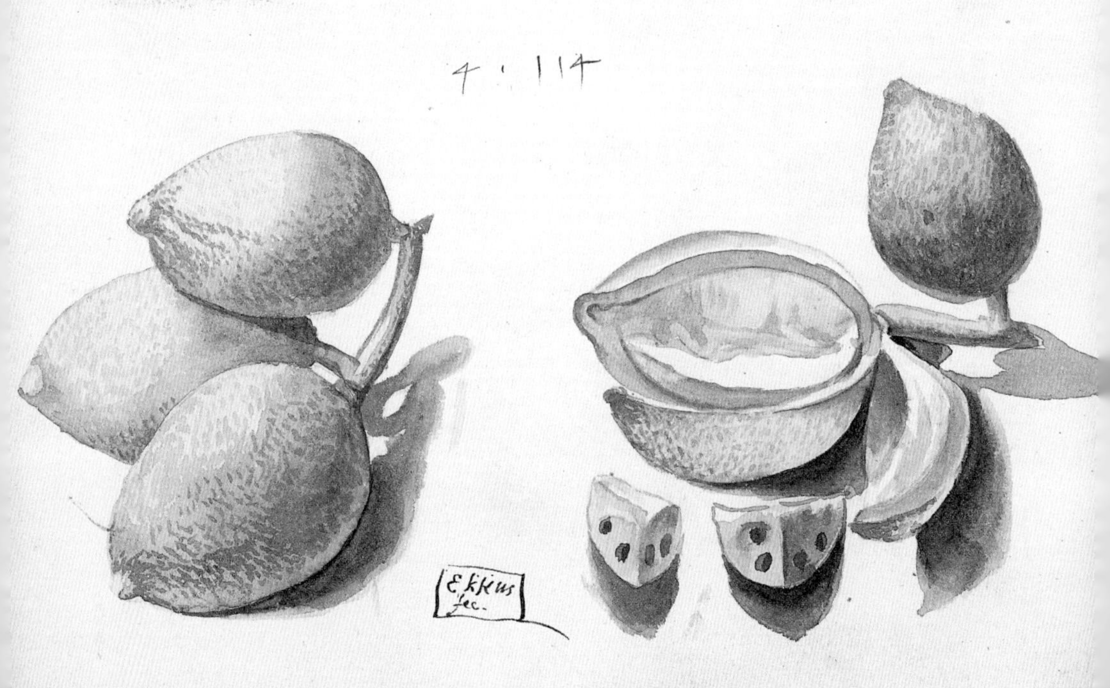

Carag
hyt. 2

長出這些果實(左頁圖)的鳳梨科植物，被史隆命名為Caraguata-acanga，指「多刺的卡拉瓜塔」（目前學名為 Bromelia pinguin，中文稱野鳳梨）。他寫到：「這種植物非常能解渴，當英軍在希斯盤紐拉[4]登陸時非常缺水，許多生命因為它這種多水的特質而獲救。」不過，它也有缺點：「果實具酸味，味道差強人意，吃下以後會讓人感到不舒服，也會造成口腔頂和舌頭脫皮。」與一匙糖一起服用，可以治療寄生蟲、鵝口瘡與口腔潰瘍，同時有助退燒，也是利尿劑。它也能引發流產，「稍具知識的妓女經常利用它來墮胎。」

4.西印度群島中之一島，即目前的海地島。

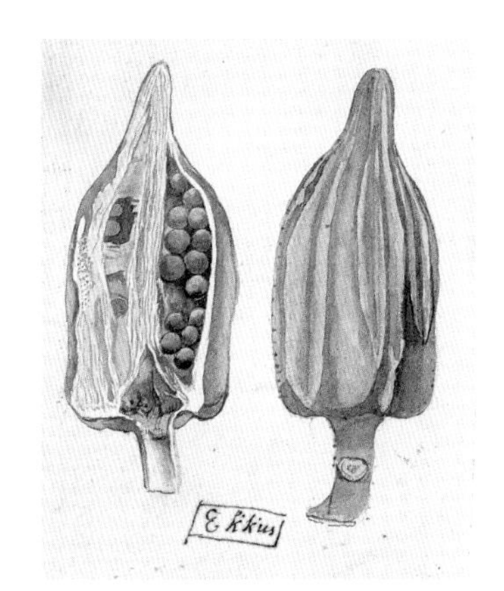

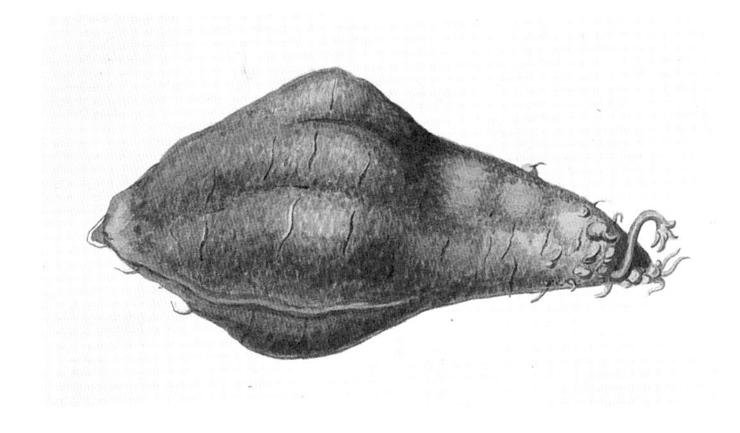

本頁左上圖是錦葵科植物的黃秋葵，目前的學名為Abelmoschus esculentus。上方右圖是仙人掌科刺仙人掌（或稱刺梨）（Opuntia spinosissina）的果實，其果汁可用來染「亞麻……以及嘴巴和手，或是任何和果汁接觸到的東西……」在這些植物中，人們最熟悉的也許是上圖學名為Ipomoea batatas的旋花科甘藷。史隆將它稱為「西班牙馬鈴薯」，他解釋道：「它通常用水煮熟或在灰燼裡烘烤，被認為是絕佳美味且營養極高的食物，加上生長迅速，很快就能收成，一般把它當成獲利最高的根莖類糧食。」

第二章 探索錫蘭（1672～1757）

保羅・賀曼、約翰・吉迪恩・洛頓、彼得・迪貝維爾

倫敦自然史博物館的收藏包含了許多無名英雄的心血結晶。儘管許多知名科學家所提出的概念，在發展時往往受惠於這群無名英雄的努力，不過他們在大多數時候都是受到忽略的一群。館內兩個典型的例子發生在英國勢力尚未染指前的錫蘭，也就是現在的斯里蘭卡。這兩個例子同時也說明，即使像倫敦自然史博物館這間存在已久的機構，有時仍會在材料已經完成蒐集或製作的多年以後，才有機會獲得該收藏，偶爾更會遇到令人出乎意料的機緣，取得第一手的原始資料。

1658年，荷蘭人從葡萄牙人手上搶過錫蘭，佔領該島一百四十年，至1798年錫蘭成為英國屬地為止。荷蘭人統治下的錫蘭，事實上是由一系列行政長官所率領的荷蘭東印度公司來管理。一般可能會以為，錫蘭當地具有科學價值或吸引力的材料，在荷蘭人統治的這段期間，應該會被荷蘭境內諸多傑出的大學與博物館收藏，不過1925年，來自荷蘭海牙市的書商馬提努斯・尼霍夫卻公開出售了一批約翰・吉迪恩・洛頓在1752

至1757年派駐錫蘭期間所蒐集的動植物圖像收藏與少數手稿。當時，原先曾在倫敦自然史博物館動物學部門擔任助理，後來受到封爵並成為倫敦自然史博物館館長的諾曼·金尼爾推薦下，博物館以七十五英鎊的價格購入此批藏品。

洛頓於1710年在荷蘭烏特勒支行政區的聖馬田迪市出生，自1731至1757年間於荷蘭東印度公司任職。他在該公司服務的前二十年，曾被派任至巴達維亞（現在的雅加達）、三寶隴、望加錫（或稱錫江）等地，職位步步高昇，並於1733年和出生於南非的安娜·亨莉耶塔·凡博蒙共結連理。他在1752年被指派為錫蘭行政長官，攜妻移居可倫坡。

在治理錫蘭的那五年，洛頓並不輕鬆。在他抵達錫蘭島時，適逢政治動盪期，當地的僧伽羅人持續在島內引發動亂，而且這種政局不穩定的情勢一直延續到洛頓下任行政長官任職期間，逐步擴大，最終

芭蕉科植物的甘蕉（Musa paradisiaca，或稱粉芭蕉）其蕉苗，出自保羅·賀曼的植物圖畫集。這些蕉苗的重量可達十八至二十七公斤之間，果實只能熟食。

演變成荷蘭人與僧伽羅人之間的全面戰爭，造成慘重的損失。而在洛頓的任期內，情勢就已經非常危急，除了內亂以外，隨時也可能面臨外患侵擾，尤其是法英兩國早就對此地虎視眈眈。雪上加霜的是，洛頓的妻子於1755年去世。

儘管周遭環境不利，洛頓仍然維持著他對科學的熱忱，尤其是自然史的研究，這樣的興趣，其實源

自於他開始派駐海外的早期。洛頓在可倫坡蒐集了許多當地動植物標本，並聘請一位優秀的當地藝術家為這些標本作畫。我們對這位藝術家所知有限，彙整各資料來源更會發現，連他到底姓名為何都有爭議。據信這位藝術家姓迪貝維倫或迪貝維爾，這個姓在荷蘭很普遍，由他的祖父威廉·亨德里克·迪貝維倫，一位與錫蘭當地僧伽羅婦女生下一子的荷蘭軍官所傳下。這位軍官之子，也就是藝術家的父親，叫做威廉茲·迪貝維爾，約在1700年出生於巴達維亞，婚後跟著荷蘭東印度公司移居可倫坡，擔任助理。他的兒子，亦即藝術家彼得·迪貝維爾，於1733年左右出生。在那個年代，祖父與孫輩同名極為常見，因此有人認為他叫威廉·亨德里克，與祖父同名，不過，也有人稱他為彼得·科內利斯，這種對其姓名未有定見的狀況，讓人感到極度困惑。人們對他的青年時期、教育或早期職業生涯一無所知，即使在1757年，時年二十多歲的他隨著洛頓移居巴達維亞之後，人們對他

上左圖是迪貝維爾畫筆下的皇蛾（Attacus atlas）。皇蛾是印度與東南亞的原生種，在分類上屬於天蠶蛾科。天蠶蛾科的昆蟲，以雄性個體身上的梳狀觸角為特徵。對天蠶蛾而言，梳狀觸鬚是敏感的氣味監測器，具有攸關存活的重要功能，雄性個體能藉此偵測到一定距離以外的雌性個體所散發出的性費洛蒙。上右圖的竹蓀（Phallus indusiatus）在熱帶亞洲相當常見，因為外型與氣味之故，通常被稱為面紗菌、網紗菌，國外常以「臭角」稱呼之。

後來的生活仍然全無所聞，只知道他於1781年去世。

然而，他精緻優秀的素描與繪畫卻被保存了下來，這些畫作大多在錫蘭繪製，只有少數是巴達維亞時期的作品。在倫敦自然史博物館的洛頓收藏，共有一百五十四件文物，其中包括九十八幅鳥、五幅哺乳動物、七幅魚類、十七幅各式無脊椎動物、以及十六幅植物繪畫。這些畫作從未被獨立出版，不過在十八世紀自然史學家中卻是非常為人所熟知的，這也許是因為洛頓在巴達維亞停駐一年多以後便退休，並在回到荷蘭以後輾轉來到倫敦，自1759至1765年定居於倫敦市富勒姆區，與英國婦人蕾蒂夏·寇茨結婚。洛頓能操流利英語，在倫敦科學圈中極受敬重，他也在1760年獲選英國皇家學會會員。在這段期間，以及稍後他回到荷蘭以後，他提供迪貝維爾的作品，供當時幾本重要且影響甚鉅的出版品使用。舉例來說，英國皇家醫學院的圖書館員喬治·愛德華茲於1758至1764年間出版的《自然史拾遺》，庫克船長第二次遠征太平洋時的隨船博物學家約翰·福斯特在1781年出版的著作《印度動物學》，以及湯馬士·彭南特於1769年出版的《印度動物學》等，都曾用到迪貝維爾的作品。在讀了彭南特的著作以後，約瑟夫·班克斯爵士在庫克船長初次遠征出航時聘請的繪圖員悉尼·帕金森，便複製了迪貝維爾的作品，這大體是洛頓有生之年，最後一次有人使用迪貝維爾的作品。洛頓於彭南特《印度動物學》出版的該年，歿於烏特勒支。

洛頓把迪貝維爾的畫作遺贈給位於荷蘭哈倫市的科學學會，到1866年為止，這批作品一直都由該學會保管，之後因故散佚。它們似乎了無痕跡地消失了將近二十年，直到1883年，尼霍夫先生在海牙市公開銷售這批作品，而事隔多年後，尼霍夫書店再度經手轉賣，這批作品才在倫敦自然史博物館找到落腳之處。尼霍夫第一次經手迪貝維爾的畫作時，是以三百盾[1]的價格賣給賀頓先生。賀頓針對這批作品的背景進行了相當多的研究，隨後成為哈倫殖民博物館委員會主席。至於它們為何沒有成為該館或其他荷蘭機構的典藏，則是個謎團，也許是因為當時並沒有機構願意開出賀頓心目中的理想價格，收購這批藏品。不論如何，賀頓或他的遺囑執行人顯然在1920年代早期，把它們又賣回給尼霍夫，之後這批作品才來到它們的最終停留處，距離約翰·洛頓在約兩世紀半以前位於富勒姆區住所僅有一到兩公里距離的倫敦自然史博物館。

幾乎在倫敦自然史博物館收購洛頓收藏的一世紀以前，大英博物館收到另一批比洛頓時間更早、不過重要性相當的錫蘭文物。這批文物於1827年與約瑟夫·班克斯爵士的龐大收藏一起來到博物館，不過它們的時間卻可以回溯到荷蘭統治錫蘭的早期。在十七世紀中期至晚期，錫蘭島是荷蘭一重要的戰略據點，不過也因為它身為天然產品的重要來源而備受重視，尤其因為錫蘭盛產當時被歐洲人視如珍寶，據稱能幫助腸道消氣的肉桂。至1664年，錫蘭至阿姆斯特丹的肉桂年出口量，已經從荷蘭東印度公司剛接管種植場時的十一萬三千四百公斤，增加到六十八萬四百公斤。在這個肉桂貿易高峰的數年以後，年輕的保羅·賀曼醫師於1672年抵達錫蘭，擔任荷蘭東印度公司的首席醫療官，任期五年。賀曼關注的不只是肉桂生產，他對整個錫蘭島植物學的所有層面，都表現出極大的興趣。

出生於1646年的賀曼，在抵達錫蘭前才從醫學院畢業沒多久。不過與醫學相較之下，他顯然對植物學的興趣比較高，可能把派駐錫蘭當作絕佳的機會，藉此在這個歐洲人幾乎尚未進行勘查的地區採集植

1.盾為荷蘭在使用歐元以前的貨幣單位。

物。當時的錫蘭島雖然名義上是荷蘭屬地，不過荷蘭人的管控只限於沿海區域，即使在之前葡萄牙人統治時期也是如此；內陸地區仍為當地原住民僧伽羅人所統治，以拉加辛哈國王為領袖，因此想要進入歐洲人足跡罕至的錫蘭島內陸森林區，機會其實是相當受到限制的。

賀曼在停留錫蘭島期間蒐集的植物標本就反映出當時的情況。由於以可倫坡為基地，所以他的標本大部分是可倫坡一帶具有代表性的植物群，同時也有來自當地花園的植物。結果，在賀曼所蒐集到的數百種植物標本中，大約百分之五十是外來種，完全不是錫蘭本地種。在他的標本中，許多都是歐洲本地種，推測起來應該是葡萄牙與荷蘭殖民帶去錫蘭，把它們種在花園裡抒解鄉愁用的。另外有包括牛心梨、蕃石榴、腰果、辣椒和棉等十來件標本，則來自美洲，這些植物都是絕佳範例，讓人們看到物種是如何迅速地從一個相對而言的新探索地傳播到另一個地點。儘管有這些非本地種的存在，標本採集地點也相當受限，賀曼的蒐集量仍然達到四冊壓製植物標本，加上隨附的素描原圖，在當時的植物學家收藏中，成為非常重要的一批。

賀曼在有生之年，很少有替這批收藏公開宣傳的機會。結束錫蘭居遊以後，他在三十二歲那年受到任命，於1679年成為荷蘭萊登大學

圖為賀曼植物圖畫集之原件，這些素描集是其植物標本收藏的一部份。圖中的這兩頁是蓮科的蓮花（Nelumbo nucifera，亦稱荷花）的葉片、花朵與蓮蓬。在中國、西藏與印度的傳統中，荷花是聖潔的象徵。印度人以荷花的梵語名「padma」[2]稱呼之。就蓮花的學名來說，種名「nucifera」是「含有堅果的」之意。如果把蓮子埋到河泥中，即使經過數世紀的時間，仍舊可能發芽。

2.Padma也指印度神像下方的蓮花底座。

身為醫師的賀曼，主要關注於錫蘭的植物種類與這些植物可能的醫療用途上。儘管如此，他還是記錄了島上不少動物，左圖中的紅瘠懶猴[3]（Slender Loris）便是一例。

3.錫蘭島上可以找到兩種瘠懶猴，一為紅瘠懶猴（Loris tardigradus），一為灰瘠懶猴（Loris lydekkerianus）。

植物學系系主任，一直到他1695年英年早逝為止。然而，除了一本出版於1687年的簡易收藏目錄以外，賀曼並沒有其他以錫蘭植物學為題的著述。在他歿世以後，其遺孀將丈夫的標本收藏與手稿筆記送到英國牛津大學威廉・謝拉德教授處，大概希望能藉由任何來自這批標本的出版成果賺點小錢。謝拉德針對賀曼的筆記進行編輯，按照植物在僧伽羅語中的名稱，製作了一份七十一頁的植物目錄，並在1717年匿名出版了這本《錫蘭博物館》。這本書與相關標本收藏並沒有引起太多人的注意，一直到三十年以後，來自丹麥哥本哈根的皇家藥師奧古斯特・甘瑟才重新發現它們的存在。當時，卡爾・林奈已經是相當出名的植物學家，甘瑟知道林奈對來自異國的植物非常有興趣，便把整批標本送到瑞典烏普薩拉，待林奈一收到，便立即著手研究。兩年後，也就是1747年，林奈出版了《錫蘭植物群》，條列出賀曼收藏的六百五十七種植物，其中有四百二十九種已經根據林奈分類法歸屬到各「屬」之下，並且把林奈自己的編號和賀曼的筆記交互參照，以便參考。由於林奈之故，賀曼收藏的重要性大幅提升，在植物學史中於是有了舉足輕重的地位。

林奈出生於1707年，是路德教會牧師之子，他違背父母親希望他繼承父親衣缽擔任神職的期望，到烏普薩拉大學修習醫學。在他二十多歲時，他展開一系列植物研究之旅，前往北歐與西歐許多國家，足跡遍及拉布蘭[4]、德國、荷蘭與英國，並曾在英國與漢斯．史隆會面。之後，在短期於瑞典斯德哥爾摩執業行醫以後，林奈於1741年受任命為母校烏普薩拉大學植物學系系主任。他出版了一系列著作記述植物標本收藏，標本來源要不來自相當受限的地區，例如賀曼的這批標本，要不就是從廣泛來源累積者，《錫蘭植物群》一書不過是此系列著作中的一本而已。這系列著作，代表著林奈發展自身理念的各個重要階段，他的概念在過程中慢慢成形，最終形成了他帶給自然史界的大禮——二名法。

所謂的二名法，就是「兩個名字」的意思，當林奈在十八世紀中期引進這個命名法以後，全世界的植物學家與動物學家，便按照這個方式替植物或動物命名，物種名稱由兩個拉丁文字構成。物種名稱的第一個部份是屬名，所有相似性高到足以被歸納到同一組或「屬」的生物，都有相同的屬名。物種名稱的第二部份是一物種所特有的，搭配屬名，則提供了一個只適用於該物種的獨特組合。因此，人類的物種名稱是「Homo sapiens」，獅子是「Panthera leo」，雛菊是「Bellis perennis」。如此以來，任何科學家都能知道其他同儕在使用此類「二名」時，確切指稱的是什麼。這是個相當大也相當重要的進展，因為在此之前，自然史界並沒有一個普遍受接受的命名系統。在林奈以前的生物命名，通常會使用一長串完整的拉丁文句，敍述物種特徵，儘管如此，這種方式常導致極度混淆與誤解的情況。在出版《錫蘭植物群》之際，林奈尚未發展出這個簡單的二名法，因此書中植物並沒有根據這種先進的方式加以命名。不過當他在1753年出

4.位於斯堪地那維亞北部。

上圖為皇蛾的腹面觀，是迪貝維爾以這種奇異生物為題的系列習作之一。在所有有翅昆蟲中，皇蛾的翼展最寬，至多可達三十公分，它和其他蛾與蝴蝶一樣，具有被一排排微小鱗片包覆的膜狀翼，這些鱗片的排列好比屋瓦或馬賽克鑲嵌畫，形成了人類肉眼所見的彩色圖案。所有的蝴蝶與蛾都屬於「Lepidoptera」，中文譯做鱗翅目，這個希臘名稱的意思就是「有鱗片的翅膀」。

版《植物種誌》時，所有物種都「適當地」受到命名，林奈更仔細地列出這些物種應參閱《錫蘭植物群》的哪些部份，讓物種名稱與賀曼收藏直接結合起來。「模式標本」的概念，也就是植物與動物的物種名稱以特定的定名證據標本為基準的做法，在林奈的年代並不存在，而且是經過許久以後才發展出來的做法。儘管如此，回顧起來，賀曼蒐集的標本就是林奈在替這些植物命名時引以為據的「模式標本」，倫敦自然史博物館也因此將這批標本視為珍寶。目前這批標本與相關圖畫集都在博物館找到落腳之處，不過也真是拜十八世紀收藏家網路之發達，它們才能從林奈手上輾轉來到博物館所在的倫敦南肯辛頓區。

在林奈完成賀曼收藏的科學檢驗工作以後，他把它們送回給甘瑟，而甘瑟又把它們送或賣給來自丹麥，可能住在哥本哈根的莫特克伯爵。在莫特克伯爵死後，同樣來自哥本哈根的崔修教授買下這批收藏，截至當時為止，賀曼這批材料已經在丹麥停留數十年之久。崔修最後以七十五英鎊的價格，將它們賣給當時的知名收藏家，也就是約瑟夫·班克斯爵士。班克斯累積了數量相當龐大的珍品收藏，它們在1827年先抵達大英博物館，稍後終於在1881年來到倫敦自然史博物館。

狀似枯葉的小提琴螳螂（Gongylus gongylodes），是彼得·迪貝維爾替錫蘭行政長官洛頓繪製的圖畫。小提琴螳螂是貪婪的捕食者，善於擬態，會巧妙地偽裝成植物的樹葉或花朵，這種擬態讓它們能夠絲毫不受察覺地靜靜等待昆蟲獵物到來，待距離夠近，便以閃電般的速度突襲，用前肢捕捉獵物。小提琴螳螂在分類上被歸納到Gongylus屬，中文譯為圓頭螳屬，在希臘文中，「Gongylus」是「球」的意思，主要是指這種昆蟲在後肢膝關節與前肢第二節部份明顯增大的外觀。

右圖為棕櫚樹種植場，圖畫為賀曼所收藏，描繪著如何從棕櫚汁製作棕櫚酒的各個階段。在圖片最左邊和中央，有兩個人正在爬棕櫚樹取得樹液；最右邊的是正在用大甕或蒸餾器發酵或蒸餾樹液。圖片中央還有一群歐洲人邊抽煙邊飲酒作樂，而左下角似乎有人在嘔吐，也許是縱情狂飲棕櫚酒的結果。棕櫚酒除了是酒精飲料以外，在印度傳統中，也被用來代替酵母，作為膨鬆劑使用，跟世界上其他地方使用葡萄汁的做法是一樣的。

上圖與右頁圖分別是賀曼植物圖畫集中睡蓮科的柔毛睡蓮（Nymphaea pubescens）葉片與全株植物。一般所謂的「蓮花」，是許多不同屬植物的通稱，柔毛睡蓮與一般常見的白花睡蓮同屬。在東方宗教中，許多不同種的「蓮花」都有重要的象徵意義。柔毛睡蓮會開出白色的花朵，受到印度舞神濕婆尊崇，濕婆與梵天、毗濕奴並列印度教三大主神。

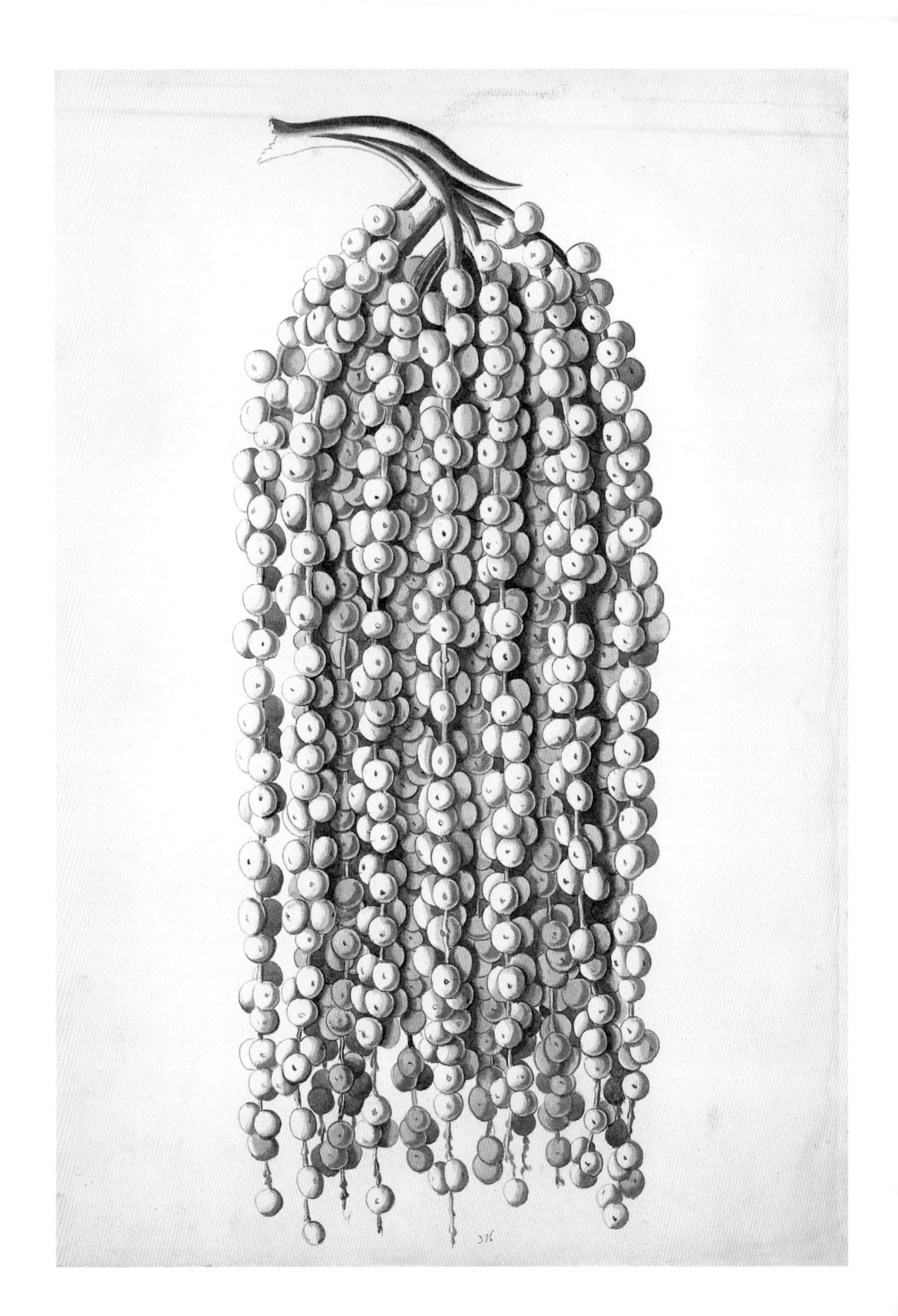

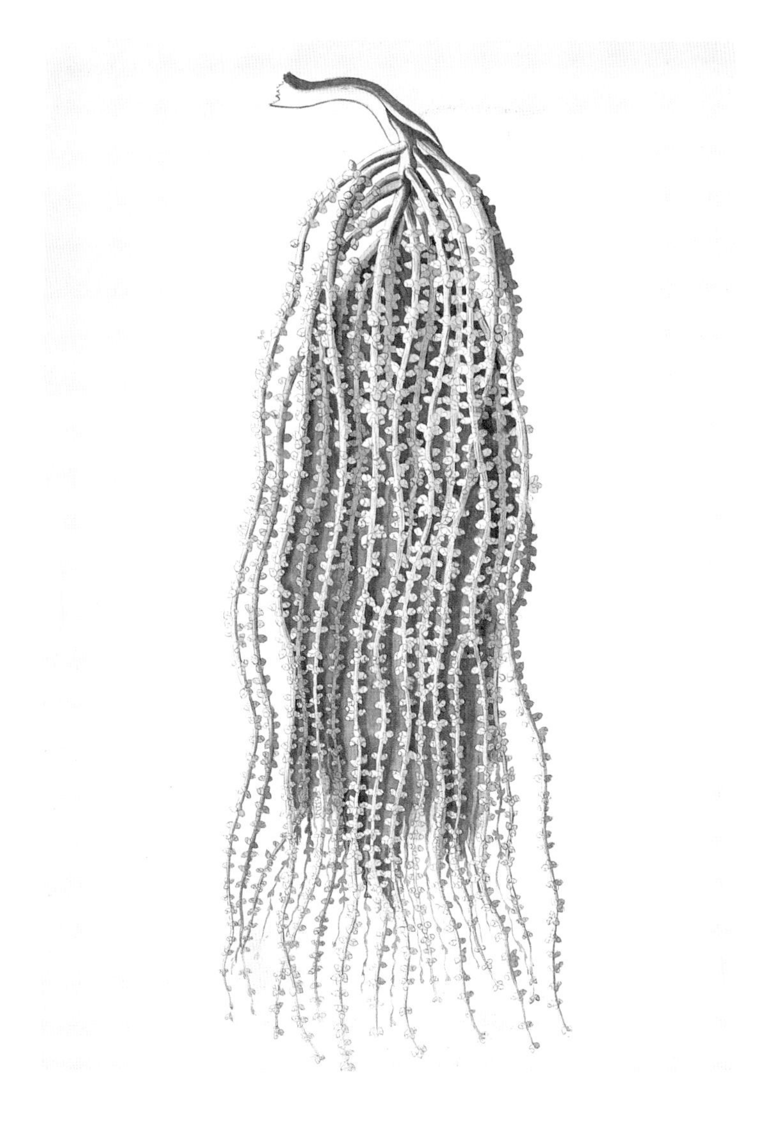

俗稱董棕或印度酒椰子的孔雀椰子（Caryota urens），具有如上圖所示的肉穗花序或流蘇狀的密生花朵。肉穗花序底部葉片形成鋸齒狀的佛焰苞，是人們切口集取汁液的位置，汁液取得後經發酵，製作成棕櫚酒。單一花序每日可生產七至十四公升的汁液，如果在同棵樹上有超過一個以上的切口，至多可取得二十七公升的樹汁。雖然每個結果花序（左頁圖）上球狀的紅色或黃色果實，都含有一種刺激性物質，這種植物的種子還是能夠藉由動物來傳播。野生的孔雀椰子通常在林中空地與雨林亞冠層邊緣生長，也常被當成園地栽植植物。

396

左頁圖為賀曼植物圖畫集中棕櫚科植物的孔雀椰子，或稱董棕、印度酒椰子。這種植物同時也是西谷米、植物纖維與棕糖的來源。孔雀椰子的嫩葉可供食用，木髓被拿來製作成澱粉食品，也就是一般所謂的西谷米，至於它的汁液，則經過脫水處理製成棕糖（一種粗糖），或經發酵製成棕櫚酒。這種植物的葉柄可被製成一種名為「基圖」[5]的纖維，再加工製作成籃子與繩子。根據當地傳統，孔雀椰子亦有醫療用途：未成熟的孔雀椰子會被搗成泥或製成敷劑，以治療蛇咬傷。賀曼植物圖畫集中的其他植物（例如左下與右下圖），就不如孔雀椰子般知名。當卡爾・林奈在1745年左右檢驗這些圖畫時，並無法辨識出這些植物的種類，這也許是因為它們不夠寫實之故。截至目前為止，這些圖畫中的植物仍然未受命名。

5.Kitul的音譯。

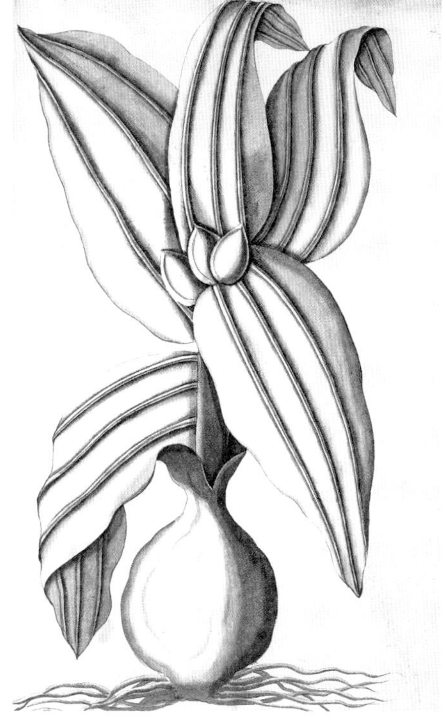

鳥類是洛頓收藏的特色。上圖是彼得・迪貝維爾畫的小金背啄木鳥（Dinopium benghalense），圖中所畫的樹及鳥等圖像，剛好提供清楚資訊以辨識出這種鳥的棲地與行為。在右頁的圖中，褐綬帶鳥（Terpsiphone paradisi）停留在紫腰花蜜鳥（Nectarinia zeylonica）的下方。褐綬帶鳥會在飛行時捕捉昆蟲為食。

上圖是迪貝維爾繪製的九十八幅鳥類圖畫之一，目前這些圖畫全為倫敦自然史博物館的收藏。這幅畫描繪的是一隻死掉的翠鳥躺在樹樁上。圖中這隻是鶴嘴翠鳥（Pelargopsis capensis），這張圖是明確呈現出繪畫題材真實狀況的少數例子之一，當時幾乎所有動物都是在被捕捉或殺害以後，才被拿來繪圖。另外，迪貝維爾替繪畫題材賦予生命力的手法更是令人激賞，例如右頁圖中在樹枝上注視著下方的亞歷山大鸚鵡（Psittacula eupatria）。

右圖的孔雀（Pavo cristatus），是歐洲人眼中異國風情與財富的象徵。孔雀原產於斯里蘭卡與印度，雄性孔雀用來展示以吸引異性的羽毛，實際上並非孔雀的尾羽，而是從下背部長出、向後延長且能夠直立的尾部覆羽。

左頁的這隻領角鴞（Otus bakkamoena）正棲息在開花的樹上，是迪貝維爾的佳作之一。領角鴞有延長的耳羽，像角一樣豎起。上圖描繪的是天蠶蛾（Antheraea sp）的幼蟲在枝葉茂密的莖上爬行的景象，下方懸掛著的繭也是屬於同一種天蠶蛾。天蠶蛾在分類上屬於天蠶蛾科，在結繭時會大量吐絲。

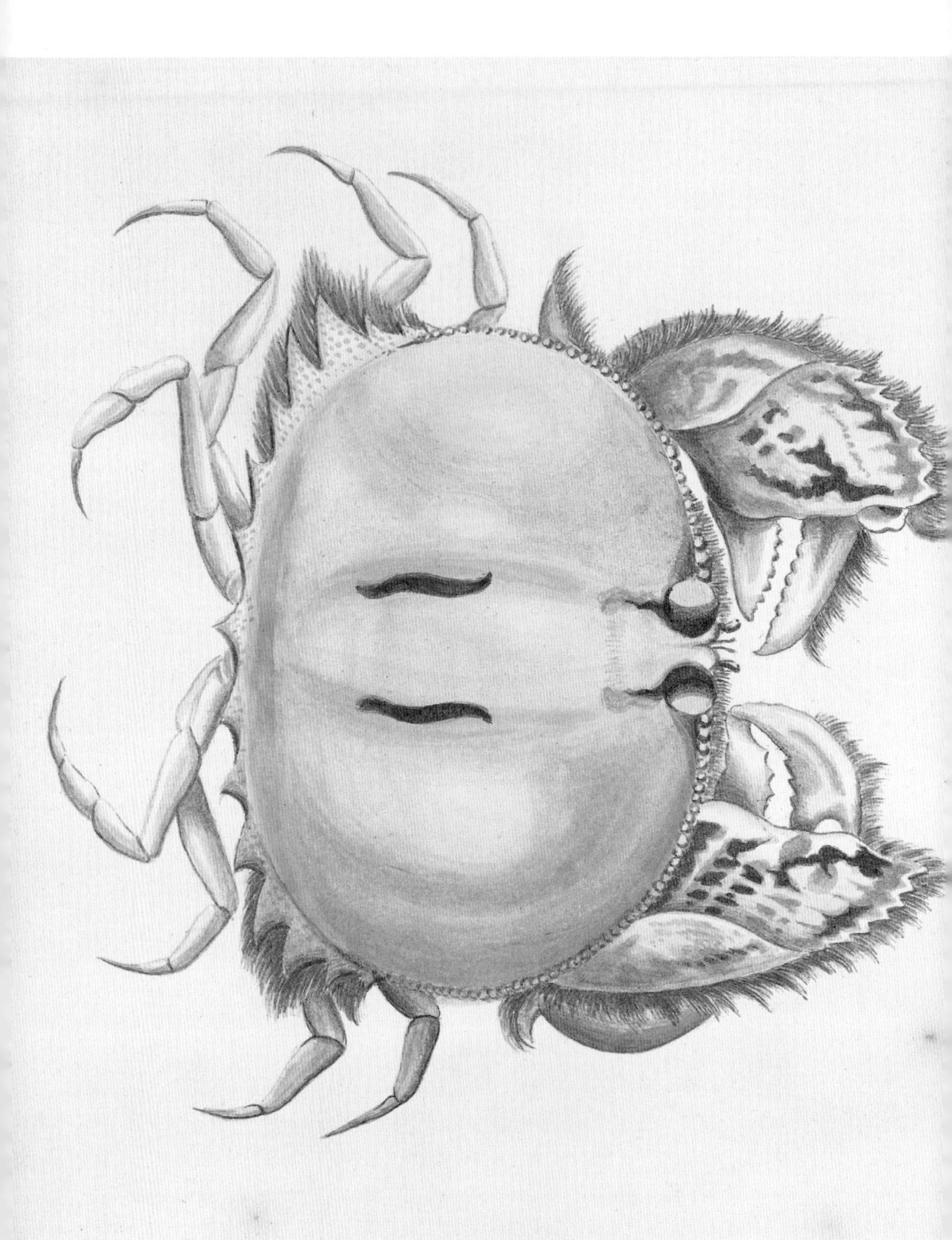

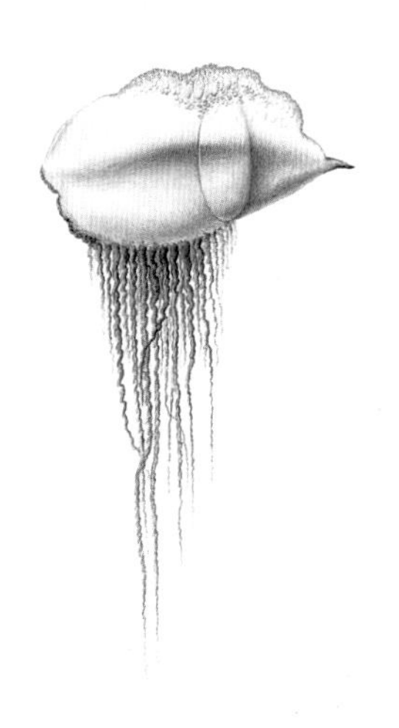

迪貝維爾有許多以魚和海洋生物為主題的繪畫作品，其中包括左頁圖中的逍遙饅頭蟹（Calappa philargius）與上圖的僧帽水母。逍遙饅頭蟹把螯緊貼著甲殼收起時，體型幾呈盒狀，因此在西方常被稱為石蟹或箱蟹，中文俗稱為包蟳、饅頭蟳。俗稱「葡萄牙戰艦」的僧帽水母，並不是單一的水母體，而是漂浮海上的多型性群體動物，成簇的水螅體聚集在大型浮囊下隨波逐流，具有刺胞的觸手形成的保護網，是牠自我防禦的方式。

上圖的長尾巨松鼠（Ratufa macrura）是斯里蘭卡的原生種，不過在印度半島南方的坦米爾那都省也有這種動物的足跡。牠和其他松鼠一樣，具有又長又鋒利的爪子，能在攀爬時緊抓著樹幹，長長的尾巴則在奔跑與跳躍時有助於平衡。上圖是迪貝維爾以哺乳動物為題所繪製的五張圖畫之一，目前，包括右頁的紫臉長尾葉猴（Semnopithecus vetulus）在內的五張圖畫，全部收藏在英國倫敦自然史博物館。

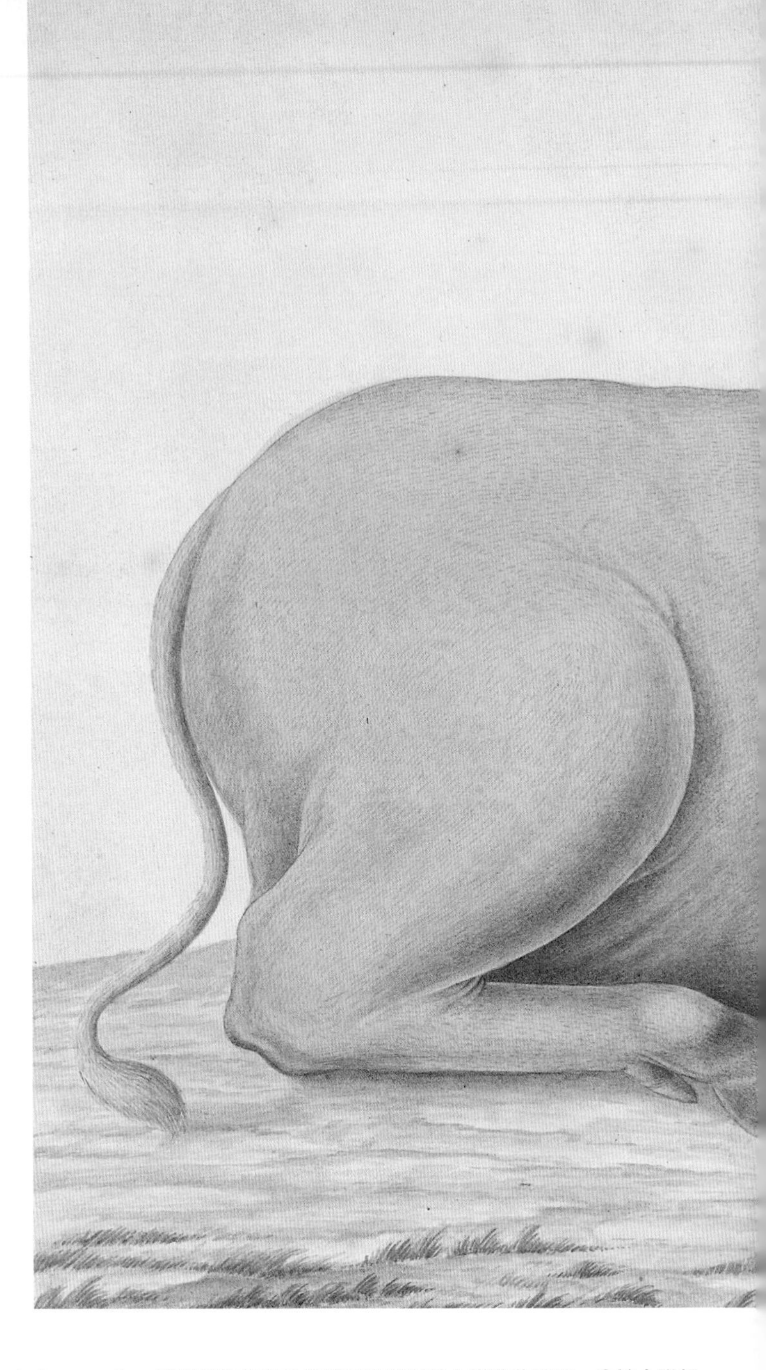

鹿豚（Babyrousa babyrussa）。這種動物的雄性個體具有兩對向上彎曲的獠牙，會讓人聯想到某幾種鹿的鹿角，因而被稱之為「鹿豚」（就其英文名稱「babirusa」來説，「babi」在馬來語中是「豬」的意思，「rusa」則是「鹿」）。鹿豚出沒於印尼東部的蘇拉威西，在鄰近的托吉安島與蘇拉島也可見其蹤跡；牠也分布到布魯島，不過布魯島上的鹿豚可能是被引進的。迪貝維爾在1757年同洛頓移居巴達維亞時所看到並畫下此圖，可能就是這種動物。

下圖是斑鼷鹿（Moschiola meminna）。雖然外表上看起來像鹿，但牠並不是真正的鹿，而是屬於鼷鹿科（Tragulidae）的動物。就英文的字源而言，這種動物在分類學上的科名與牠的俗名都與羊有關；「Tragulidae」一字源自於希臘文的「tragos」，也就是「羊」的意思，而其英文俗名「chevrotain」則源自於法文的羊「chèvre」。這種動物是斯里蘭卡與印度半島的原生種。

第三章 居遊蘇利南（1699～1701）

瑪莉亞・希比拉・梅里安

在漢斯・史隆的收藏中，有一組極為精美的自然史水彩畫原稿，這些插畫於1705年出版，出現在一本以荷蘭殖民地蘇利南的蝴蝶和蛾類為主題的書籍中。不論是書或插畫，都出自瑪莉亞・希比拉・梅里安這位偉大女性之手，這本書讓她獲得當時包括史隆在內的同儕所激賞，也讓後代昆蟲學家及自然史繪畫學生對她推崇至極。這並不只是因為這些作品與附文確實具有藝術與科學價值，同時也是因為梅里安為了製作它們，經歷了一趟非常困難且危險的旅程。就十七世紀晚期的環境而言，一位帶著女兒同行的五十二歲歐洲女性，在沒有男人保護的情況下獨自旅行到新世界，其實是極端激進的作為。

梅里安於1647年出生於法蘭克福，是知名出版商暨雕刻師老馬特烏斯・梅里安之女。梅里安三歲喪父，次年，其母喬安娜・希比拉再嫁給靜物畫家雅各布・馬瑞爾，讓她得以在一個充滿藝術氣息的環境下成長。1665年，梅里安嫁給藝術家約翰・安德烈・葛拉夫，並在1670年舉家遷居紐倫堡後，開始她身為花卉畫家與雕刻師的生涯，於1675至1680年間出版了三本以花卉為主題的版畫作品集。

梅里安從小就醉心於昆蟲學的世界，因此，昆蟲也逐漸成為她藝術活動的焦點。1679年，梅里安出版了一本以歐洲蝴蝶成長過程為題的小書，收錄了五十張銅版雕刻，以匠心獨具的手法呈現出蝴蝶完整生命週期。在自然史繪畫中，這是種極為創新的方式，加上她對細節的敏銳觀察，讓漢斯·史隆對她印象深刻，買下部份版畫作品用來當作水彩習作。

梅里安以歐洲蝴蝶為題的第二本著作於1683年出版，當時，她的丈夫和兩個女兒已經搬回法蘭克福。梅里安的婚姻並不幸福，她在1685年離開丈夫葛拉夫，攜女加入新教的心靈再造團體拉巴第教會，搬到荷蘭菲士蘭行政區內離利瓦頓市不遠的沃爾薩城堡。對當時富有的荷蘭公民來說，收藏自然史標本是很時髦的事，因此沃爾薩城堡的

梅里安在蘇利南停留的兩年期間，繪製了許多以昆蟲與蝴蝶生命週期為主題的美麗圖畫。在這張圖中，天蠶蛾（*Arsenura armida*）幼蟲正在豆科植物褐花刺桐（*Erythrina fusca*）樹上啃食樹葉。

主人科內利斯·阿爾森·索默爾斯戴克也有私人自然史標本收藏，包括來自荷蘭海外殖民地的貝殼、鳥類剝製標本、礦石與蝴蝶等，其中更有許多是索默爾斯戴克在蘇利南擔任行政長官時蒐集的昆蟲標本。

與梅里安熟悉的歐洲蝴蝶種類相比，這批標本不論在尺寸、形狀與顏色上都如此奇異，讓她心神嚮

往，下定決心，有朝一日要看到它們在自然環境裡的形態。她在1691年離開拉巴第教會搬到阿姆斯特丹，由於結識了一些包括當時阿姆斯特丹市市長尼可拉斯・維特森在內的首都權貴，她等待許久的大好機會終於到來。在維特森與其他有力之士的支持下，梅里安在1699年年屆五十二高齡時獲得荷蘭政府的固定津貼，在次女的陪伴下，於該年六月展開為期兩個月的航程，前往蘇利南首都巴拉馬利波。

航程本身並不是個令人愉快的經驗，船艙擁擠、通風不良且鼠患肆虐，船上飲食單調乏味且不新鮮，用水也非常受到限制。不過，蘇利南可能更糟。熾熱的天氣，不是太濕就是太乾，對於不習慣的人是很難受的。更且，蘇利南潛在上是個動盪不安的國度，在此殖民的種植園經營者與監工對待奴隸的非人道態度，使得奴隸反抗事件頻傳。兩年後，儘管當地植被蔥綠且昆蟲遍佈，梅里安仍然決定離開，攜女返回荷蘭。

在停留蘇利南期間，梅里安完成數量相當驚人的工作，她遍尋蝶蛾幼蟲，觀察並描繪它們在植物宿主身上進食的模樣，看著它們化蛹，照顧著這些蝶蛹蛾繭，直到它們羽化成蟲。梅里安的觀察幾乎都是前所未見的，她在回到阿姆斯特丹以後，將她的畫作製作成版畫，與她在蘇利南的觀察一併出版成《蘇利南昆蟲變態圖譜》，在各地受到高度讚譽。

在六十幅版畫中，有部份是以非昆蟲為主題，包括蛙類、蟾蜍、蛇類、蜘蛛、甚至短吻鱷等，不過除了這些以外，其餘全都是蝴蝶與蛾類。每張插圖上有一至兩種於宿主植物上覓食的蝶蛾幼蟲，以及正飛離植物的成蟲。

梅里安在構圖上同時兼顧了藝術美觀與正確性。由於當時這些蝴蝶與蛾類大多未經命名，因此只有植物用標籤標明。由於梅里安優質的觀察成果，後續的辨識工作很少遇到問題。在梅里安出版該書的時代，異地自然史記述的插圖，充其量不過是藝術家以受損或保存狀況極差的動植物標本為參考加以繪製而成，而且絕大部份都是憑空想像，要不就是以斷章取義的二手資料為根據。梅里安替後繼的繪圖員訂下了極高的標準，儘管許多人致力追求這樣的高品質，實際上鮮有人能望其項背。

《蘇利南昆蟲變態圖譜》以荷文和拉丁文出版，在荷蘭境內或國外都有極佳的銷售量，因而在1726年又發行了法文版，只可惜梅里安在法文版問世前的1717年去世於阿姆斯特丹，享年六十九歲。在梅里安過世以前，不論是她針對蘇利南一書繪製的作品，甚至於她早期的畫作，早已開始引起收藏家的注意；她的仰慕者包括俄國沙皇彼得大帝在內，許多作品目前仍然被保存在列寧格勒。梅里安是精明的商人，也是才華洋溢的觀察者與藝術家，她意識到此種收藏興趣的商業潛力，也不反對將自己的獲益提到最高。因此，她針對部份作品製作了有一組以上的「原件」，舉例來說，蘇利南一書的水彩畫原作在倫敦就有兩組，史隆收有一組，英格蘭溫莎皇家圖書館也收藏了一組。

梅里安的畫作與出版品，持續地吸引眾人的興趣與讚賞，不過在她所收到的表揚中，最適切也最恆久不墜者，來自於現代動植物分類學之父卡爾．林奈對其歐洲與蘇利南昆蟲研究成果的仔細研讀與查閱參考。由於梅里安在繪畫與進行相關描述所引以為據的材料，並沒有受到蒐集與保存，林奈無法親自對這些昆蟲進行檢驗，儘管如此，林奈對梅里安在觀察上表現出的正確性極具信心，當他在1758年出版《自然系統》一書，針對當時他所熟知來自世界各地的四千四百種動物，將牠們加以列表、描述並命名時，某些物種就是完全以梅里安的記述作為根據。

S2960.(4)

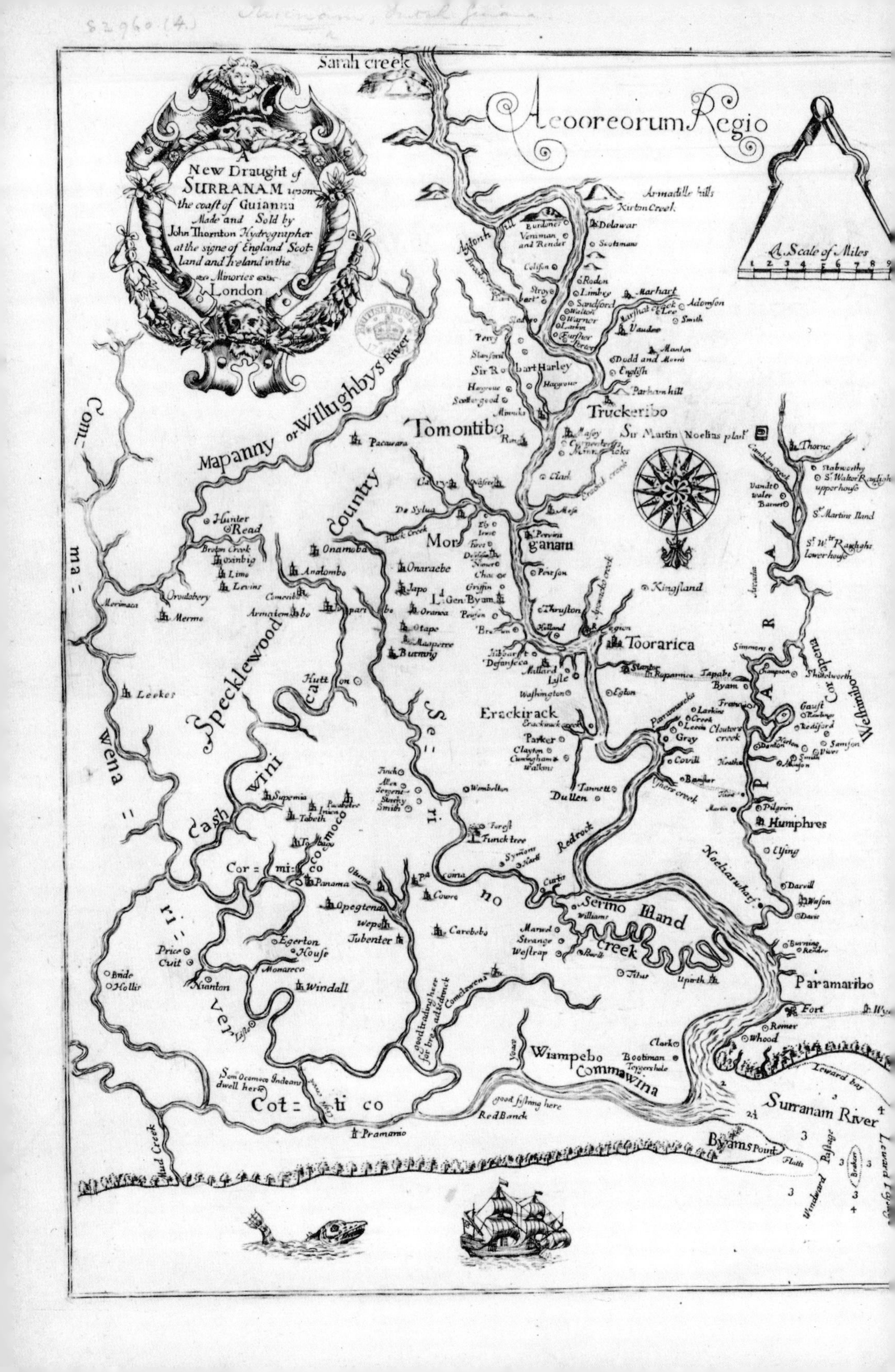
A New Draught of SURRANAM upon the coast of Guianna Made and Sold by John Thornton Hydrographer at the signe of England Scotland and Ireland in the Minories London
Sarah creek
Aeooreorum Regio
A Scale of Miles
1 2 3 4 5 6 7 8 9
Armadille hills
Kirton Creek
Dolawar
Scotsman
Burdones Veniman and Render
Colison
Rodon
Limbey
Sandford
Walton
Warner
Larkin
Marhart
Adomson
Smith
Vaudoo
Manton
Dodd and Morris
English
Parham hill
Perry
Stansford
Sir Robbart Harley
Hargrave
Scotter good
Truckeribo
Tomontibo
Sir Martin Noelius plat
Pacawara
Mapanny or Willughbys River
Thorne
Stabworthy
St. Walter Rauligh upper house
Vandt waler
Barnet
St. Martins Iland
St. Wlr. Raughts lower house
Country
De Sylua
Black Creek
Hunter
Read
Breton Creek
Limo
Levins
Orvdobery
Morimacs
Mermo
Onamoba
Analombo
Comentibo
Armatembo
Mor ganam
Onaraebe
Japo
Lt. Gen. Byam
Griffin
Oranea
Otape
Masperre
Burnny
Peirson
Kingsland
Thruston
Holland
Toorarica
Jibbar Defanseca
Millard
Lysle
Washington
Eglon
Tapabe
Byam
Simmons
Champion
Shuttleworth
Leekes
Specklewood
Hutton
Erackirack
Erackirack creek
Parker
Clayton
Cunningham
Walkins
Larkins Creek
Leeds
Gray
Covill
Clouters creek
Gaust
Redisford
Samson
Westimibo
Tannett
Dullen
Finch
Allen
Smith
Wembelton
Supemia
Tabeth
Cor=mi=co
Panama
Opegtenda
Wepo
Jubenter
Cowre
Carebebo
Forest
Funck tree
Redrock
Pilgrim
Humphres
Lying
Darvill
Wason
Davis
Com= ma= wena
wini
cash
ri= ri
Price
Cuit
Bride
Hollis
Egerton House
Monareco
Nianton
Windall
Serino Iland creek
Williams
Marwd
Strange
Westrap
Titus
Uporth
Burning
Render
Paramaribo
Fort
Reimer
Whood
Clark
Bootiman
Teygershale
Wiampebo
Commawina
good fishing here
Red Banck
Som Ocomoco Indeans dwell here
Cot= ti co
Pramario
Mud Creek
Surranam River
Leward bay
Byams Point
Flatts
Breakers
Windward Passage
Leward Passage

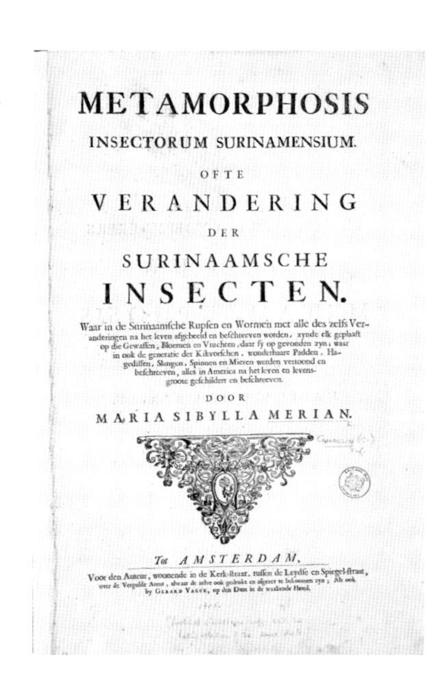

METAMORPHOSIS
INSECTORUM SURINAMENSIUM.
OFTE
VERANDERING
DER
SURINAAMSCHE
INSECTEN.
Waar in de Surinaamsche Rupsen en Wormen met alle des zelfs Veranderingen na het leven afgebeeld en beschreeven worden, zynde elk geplaatst op die Gewassen, Bloemen en Vruchten, daar sy op gevonden zyn; waar in ook de generatie der Kikvorschen, wonderbaare Padden, Hagedissen, Slangen, Spinnen en Mieren werden vertoond en beschreeven, alles in America na het leven en levensgroote geschildert en beschreeven.
DOOR
MARIA SIBYLLA MERIAN.
Tot AMSTERDAM,
Voor den Auteur, woonende in de Kerk-straat, tussen de Leydse en Spiegel-straat, over de Vergulde Arent, alwaar de zelve ook gedrukt en afgezet te bekoomen zyn; Als ook by GERARD VALCK, op den Dam in de wakende Hond.

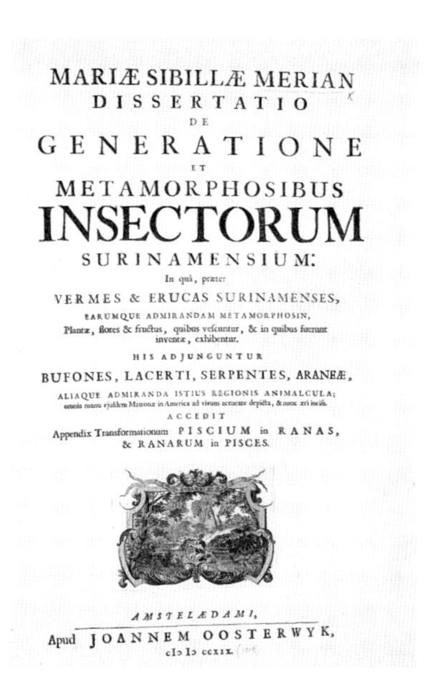

MARIÆ SIBILLÆ MERIAN
DISSERTATIO
DE
GENERATIONE
ET
METAMORPHOSIBUS
INSECTORUM
SURINAMENSIUM:
In quâ, præter
VERMES & ERUCAS SURINAMENSES,
EARUMQUE ADMIRANDAM METAMORPHOSIN,
Plantæ, flores & fructus, quibus vescuntur, & in quibus fuerunt inventæ, exhibentur.
HIS ADJUNGUNTUR
BUFONES, LACERTI, SERPENTES, ARANEÆ,
ALIAQUE ADMIRANDA ISTIUS REGIONIS ANIMALCULA;
omnia manu ejusdem Matronæ in America ad vivum accurate depicta, & nunc æri incisa.
ACCEDIT
Appendix Transformationum PISCIUM in RANAS, & RANARUM in PISCES.
AMSTELÆDAMI,
Apud JOANNEM OOSTERWYK,
cIɔ Iɔ ccxix.

本頁左上圖與右上圖分別為梅里安主要著作《蘇利南昆蟲變態圖譜》1705年與1719年版本之扉頁。這本書的插圖都是梅里安在蘇利南首都巴拉馬利波停留的兩年期間完成的。

讀者可以在左頁這張英文版古地圖上，看到位於蘇利南北部的巴拉馬利波。這本書的出版，是對她堅定意志的一種讚美。梅里安寫到：「我既然回到了荷蘭，幾位自然愛好者在鑑賞過我的畫作以後，便急迫地催促我將它們正式發表。他們認為，在所有以美洲為題的作品中，這些是最重要、最與眾不同的畫作。儘管如此，執行出版計畫所牽涉到的金錢，剛開始讓我感到很猶豫，不過最後我還是決定將它們付梓出版。」

下頁圖為芸香科的來母（Citrus aurantium）枝幹，來母又稱苦橙或塞維利亞橙樹。圖中的幼蟲、蟲繭與成蟲是墨西哥皇帝蛾（Rothschildia aurota），被梅里安認定為極具商業潛能的物種。她寫到：「這種毛蟲很常見，它們長得圓滾滾地，每年會出現三次，吐出來的絲很強韌，讓我覺得可能可以把它們製成絲線；因此我蒐集了不少這種幼蟲送回荷蘭，經評估也認定挺適合的，倘若有人不怕麻煩，願意蒐集這些毛蟲，它們可以是優質絲線的來源，帶來良好的利潤。」下下頁中央的是布袋蓮（Eichhornia crassipes）又稱水葫蘆、鳳眼蓮或浮水蓮花，左上方為南美大田鱉（Lethocercus grandis），右下方是它的若蟲[1]。在布袋蓮底部，可以看到毒雨蛙（Phrynohyas venulosa）的卵，卵的左上方是牠的蝌蚪、幼蛙與成蛙。

1.若蟲指不完全變態之昆蟲幼體，幼蟲與成蟲相似。

J. Mulder Sculp.

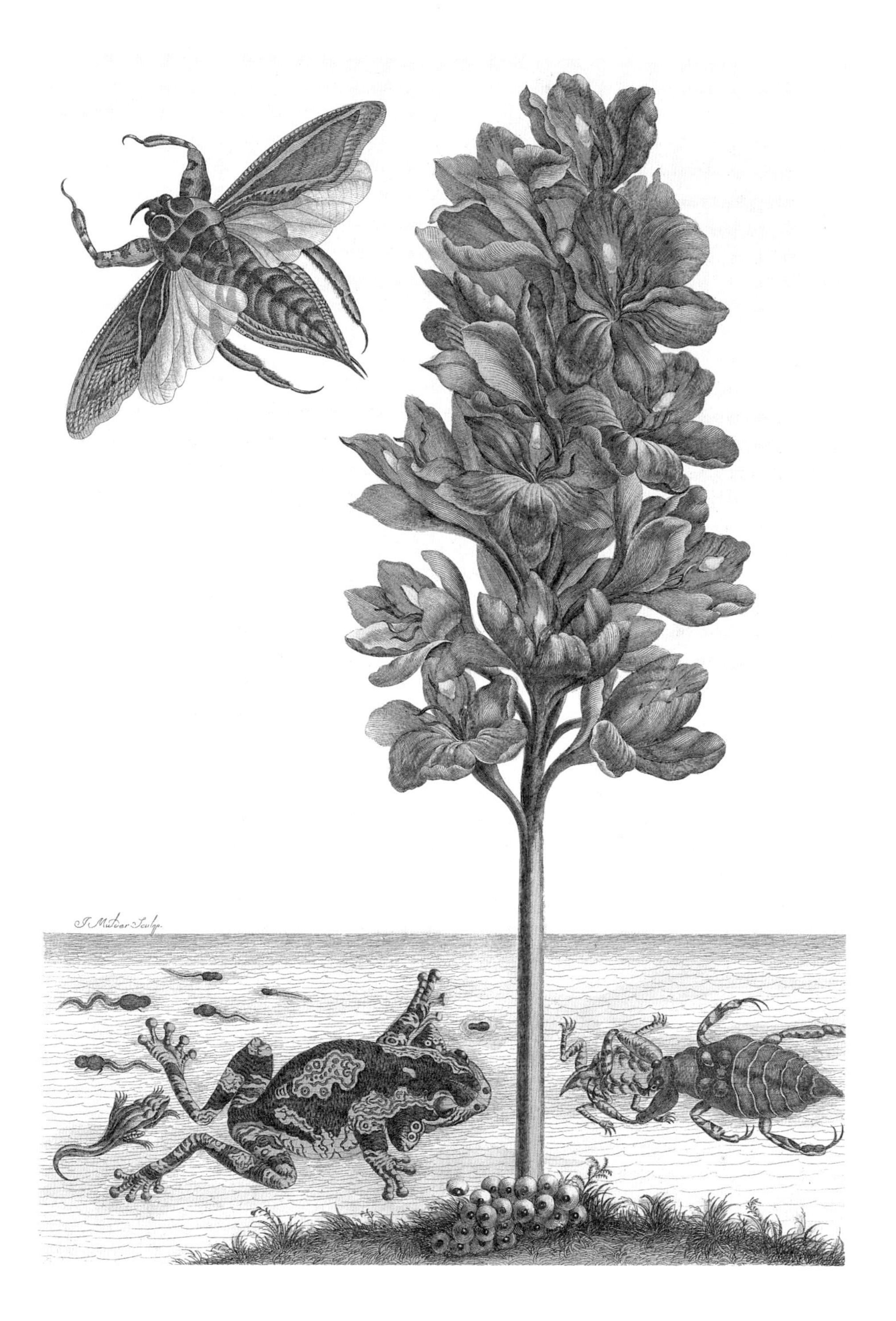
J. Mulder Sculp.

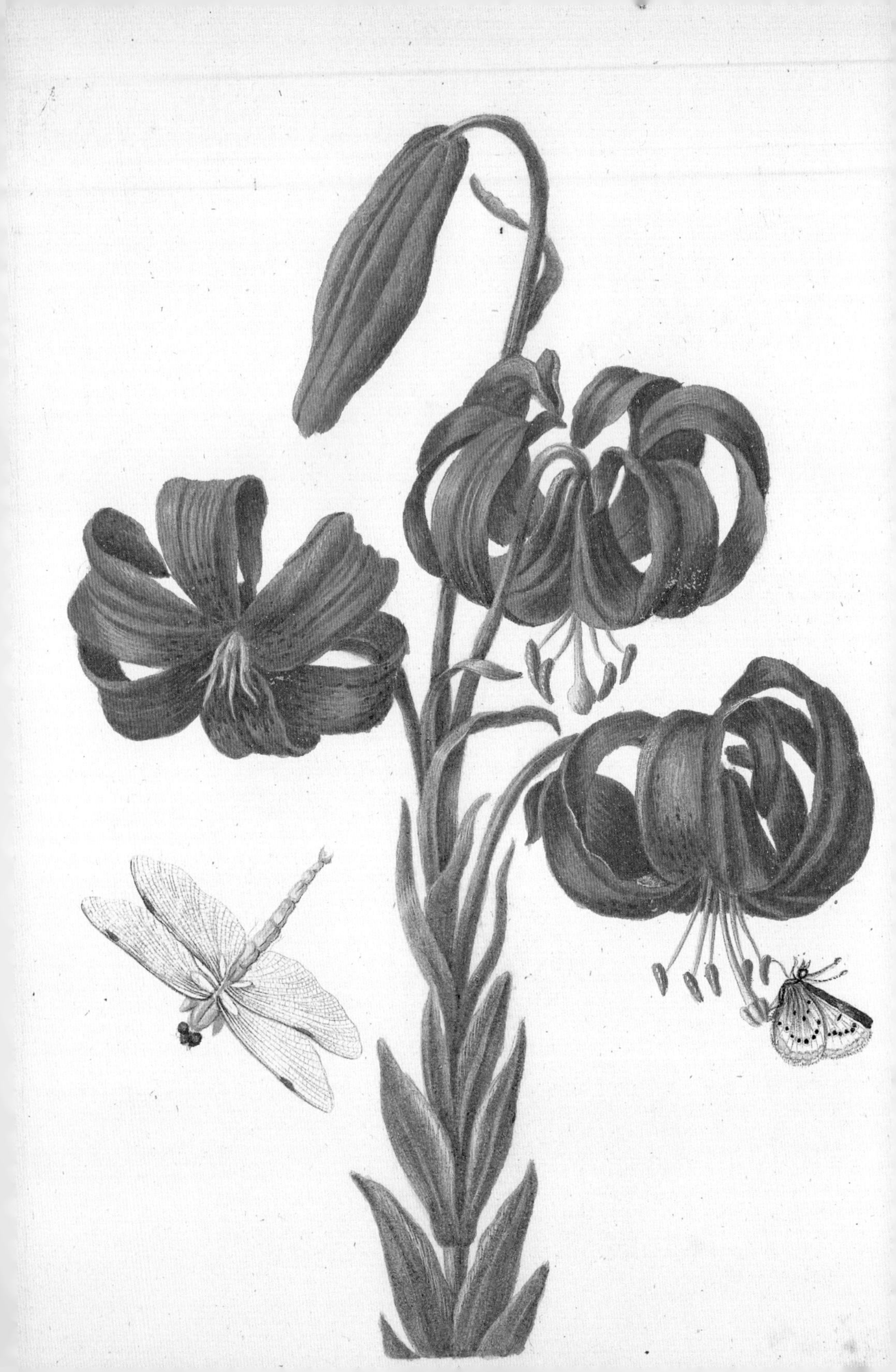

左頁與上圖這兩張手繪插圖出自梅里安的《新花圖譜》，出版於1680年，目前已經極為罕見。她在出版該書時便已展現出高度的藝術天分，不過事實上卻是到出發前往蘇利南之際才逐漸邁向成熟。這些插畫表現出當時的大眾審美觀，然而她將昆蟲納入構圖的做法，多少透露出她後來對昆蟲學這門改變了她一生的學問所展現的熱忱。

上圖中為芸香科的枸櫞（Citrus medica），又名香圓的樹葉與果實，替兩種昆蟲提供了棲息地。梅里安並不知道下方這種「美麗的黑色甲蟲」是什麼，不過因為它極為罕見，仍然把它畫入此圖中。這種蟲後來被命名為長臂天牛（Acrocinus longimanus）。停留在上方樹葉上的是希帕佳刺蛾（Phobetron hipparchia）的成蟲、蛾繭與幼蟲。右頁圖中，野藤天蛾（Eumorpha labruscae）的幼蟲、蛾繭與成蟲停留在葡萄（Vitis vinifera）藤上。梅里安說，這些植物「與它們藍色、綠色與白色的釀酒葡萄」，在蘇利南長得又快又好，在種植後六個月就可以收成，之後便可在當地製酒，再也不必仰賴進口。她認為，把酒出口到荷蘭，甚至可以產生足夠的盈餘。

P. Sluyter sculp.
39

J. Mulder Sculp

左頁的兩種天牛可能是在罌粟科植物的薊罌粟（Argemone mexicana）這種植物上棲息。上方的是桂皮薄翅天牛（Callipogon cinnamoneus），它肥碩的幼蟲位於薊罌粟的正中央。位於左邊葉片和植株下方的則是粉長角天牛（Taeniotes farinosus）的幼蟲和成蟲。上圖以鳳梨科植物的鳳梨（Ananas comosus）為主角，梅里安熱切地敍述著這種水果的味道和香氣時：「……皮和人的手指一樣厚，如果不削皮，果肉上有許多尖銳的茸毛，食用時會有扎舌感，讓人感到非常疼痛。這種水果的味道，好像綜合了葡萄、杏子、紅醋栗、蘋果和梨子的風味，而且入口時馬上可以感受到這些水果的味道……」圖片的左右兩側則是綠袖蝶（Philaethria dido）的成蟲、幼蟲與蝶蛹。

上圖為強喙夜蛾（Thysania agrippina）的幼蟲、蛾繭和成蛾。梅里安曾寫道：「1700年4月，我在索默爾斯戴克女士的普羅維登夏種植場進行各種昆蟲觀察……」她在圖片中這種被她稱為「水滴橡膠樹」的桉樹上發現了這種夜蛾的幼蟲。右頁圖則是一些毫無關聯的昆蟲，其中最醒目的是飛行中的長夾大天牛（Macrodontia cervicornis）。圖片下方未經辨識的蟲繭與長得很像「洗衣刷」的不知名幼蟲，被梅里安誤認為圖片下方蘭蜂的幼蟲與繭。棕櫚象鼻蟲（Rhynchophorus palmarum）的蛆與成蟲則位於圖中央。棕櫚象鼻蟲的蛆被當地人當成美食，根據梅里安的記述，「這些蟲子被放在木炭上烘烤，被當成上等佳肴來食用。」

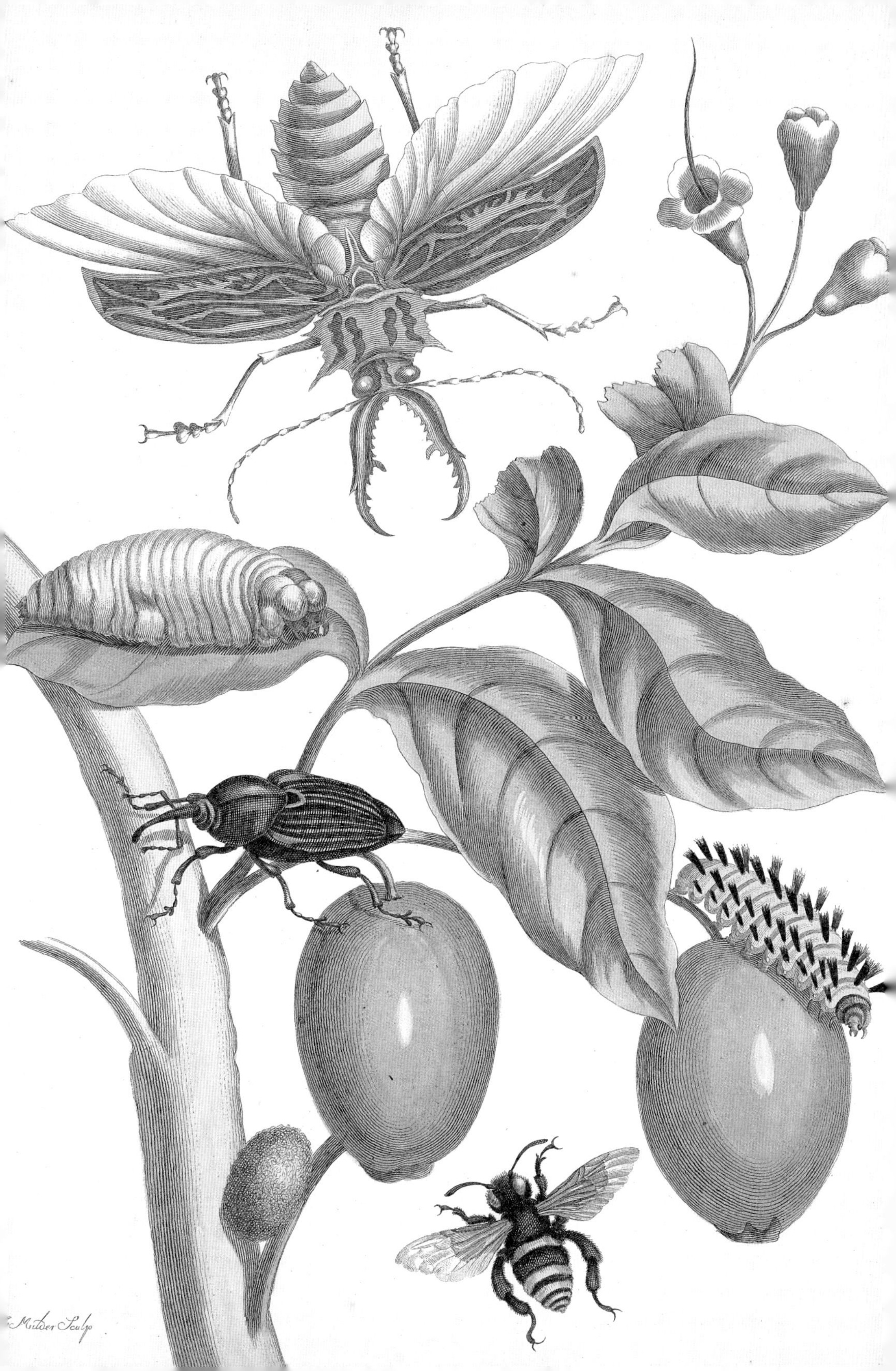
Mulder Sculp

1
1.
1.
2.
P. Sluyter Sculp.

左圖的法國素馨（Jasminum grandiflorum）上停留著木薯天蛾（Erinnyis ello）的幼蟲與成蛾。木薯天蛾的幼蟲以法國素馨和其他植物的葉片為食。梅里安也觀察到，圖片下方的亞馬遜樹蚺（Corallus enhydris）[2]會把身體緊密蜷曲起來，並把頭部隱藏在軀體中。梅里安說，在蘇利南一帶，蛇、蜥蜴與綠鬣蜥等喜歡藏身在生長繁茂的茉莉灌木中，由於茉莉長得茂盛，空氣中充滿著茉莉的芬芳。儘管梅里安在昆蟲的棲息地裡辛苦地進行觀察記錄，《蘇利南昆蟲變態圖譜》中還是出現了一些裝飾性較高的圖畫，例如上圖這幅包括昆蟲、植物與貝殼的風景畫。

2.種名亦作Corallus hortulanus。

1705年版《蘇利南昆蟲變態圖譜》中出現的六十幅圖畫，都是根據梅里安的水彩畫所製作的版畫，右頁便是一例。在這六十幅中，有些甚至由梅里安親自動手製作。下圖出自該書於1981年出版的複製本。右頁圖中左上方的是攜帶著卵囊的白額高腳蛛（Heteropoda venatoria），周圍可看到剛孵出的幼蛛。圖中體型龐大的黑色蜘蛛是粉紅趾（Avicularia avicularia），梅里安說：「當它們找不到螞蟻時，它們會在鳥巢中捕食體型較小的小鳥，把小鳥體內的血吸乾。」最後這段敘述中的奇異情節實際上是不可能發生的，不過梅里安還是畫下了粉紅趾捕食蜂鳥的景象。

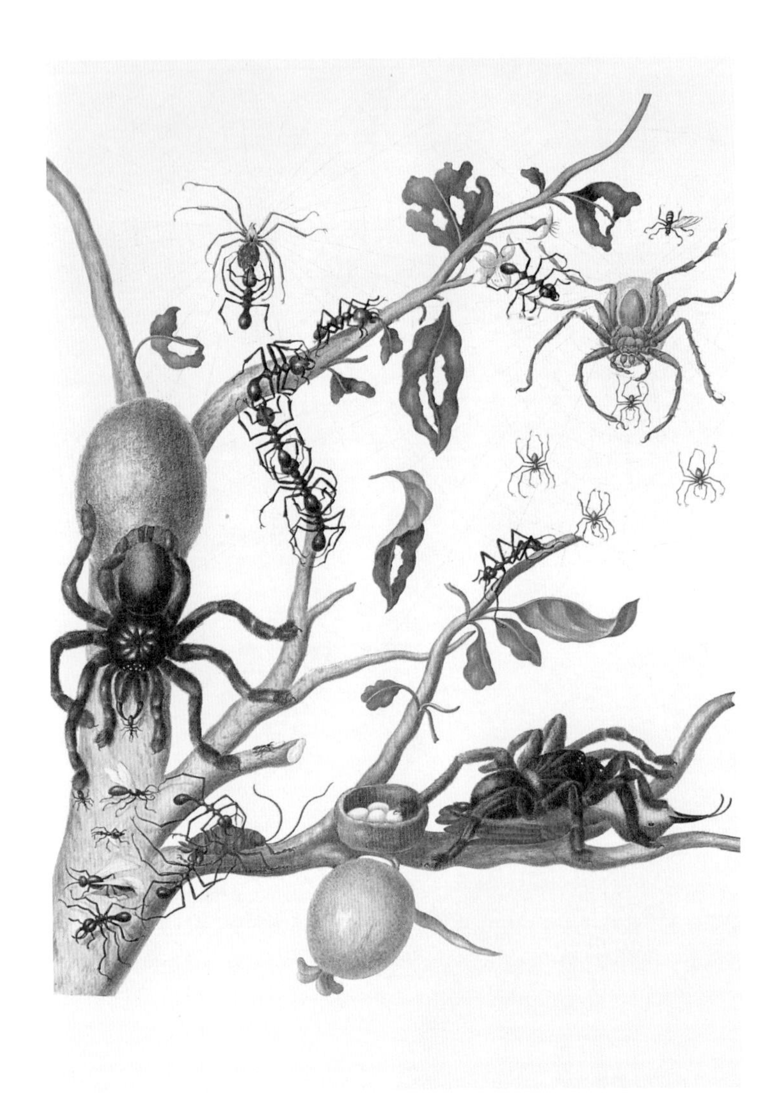

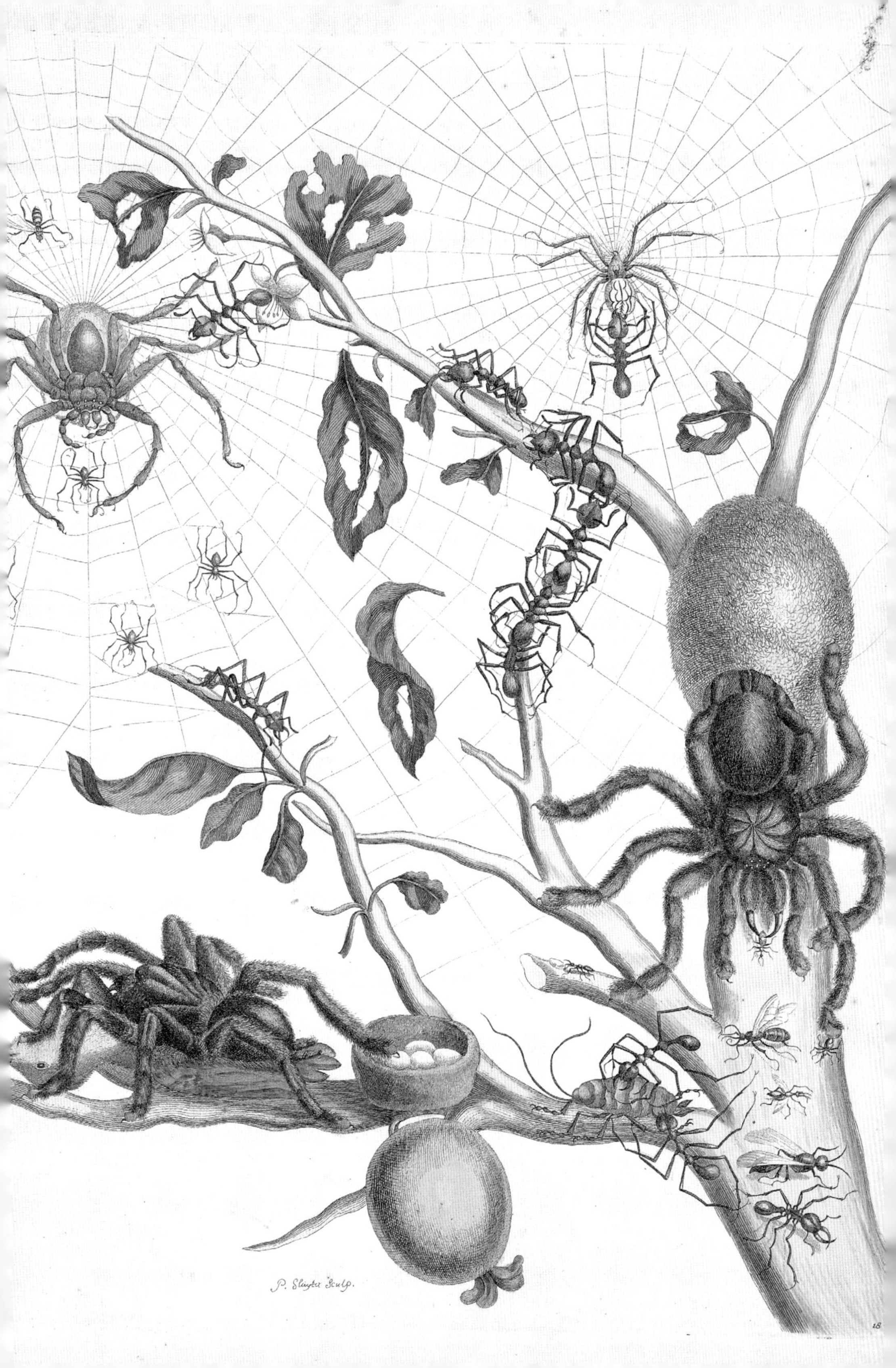
P. Sluyter Sculp.
18

上圖為藍摩爾福蝶（Morpho menelaus）。梅里安把它敘述成「……像是被最美的群青色、綠色與紫色所覆蓋的拋光銀，呈現出一種難以形容的美。這種美很難以畫筆來表現。」儘管如此，她還是試著用細號尖頭畫筆，在以動物未出生雛體製成的上好羊皮紙上塗上寶石般的色彩，把藍摩爾福蝶畫了下來。會採用這種紙，是因為它的表面比一般畫布、木材或手工紙更為光滑之故。右頁圖畫的是在蓖麻（Ricinus communis）上覓食的蓖麻釉蛺蝶（Heliconius ricini）。在蘇利南，蓖麻油被用來治療傷口，也被當作燈油使用。

P. Sluyter Sculp.

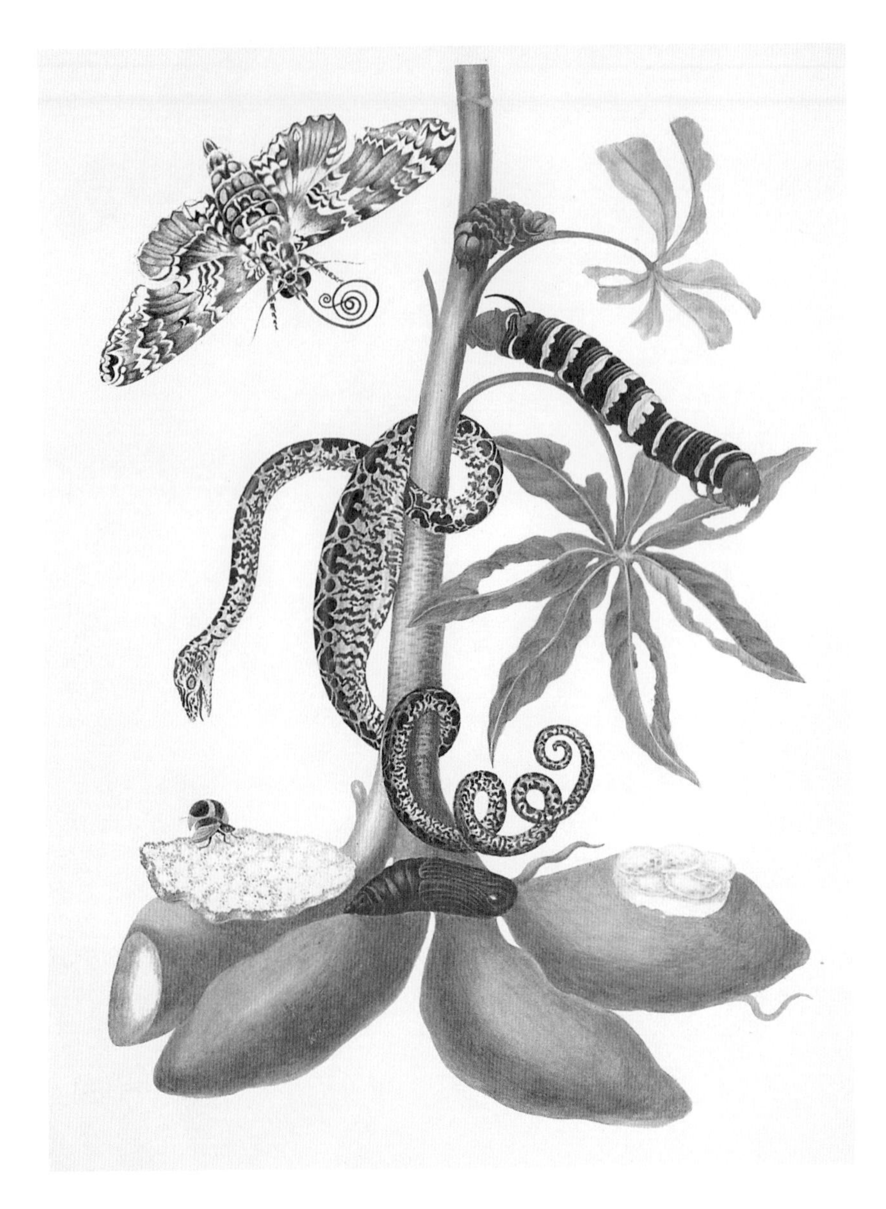

此圖的構圖以大戟科植物木薯（Manihot esculenta）為主要架構。梅里安說：「木薯的根被擦成泥狀後擠壓出汁，這個汁液是有毒的；壓出汁的根泥，被鋪在一個狀似荷蘭製帽師傅所使用的鐵板上，鐵板下以小火加熱，讓根泥裡剩餘的水分蒸發掉；之後，以烤荷蘭圓餅的方式進行烘烤，它嚐起來也很像荷蘭圓餅……」梅里安還說，正在木薯上覓食的條紋毛蟲，是木薯田的重大害蟲。盤繞在樹薯樹莖幹上的是亞馬遜樹蚺（Corallus hortulanus）長度可至兩公尺。

左下圖是正在啃食香蕉的貓頭鷹眼蝶（Caligo teucer）幼蟲與成蝶，一旁的鞭尾蜥（Cnemidophorus lemniscatus）完全是裝飾元素，牠在梅里安家的地板上築巢並產下四個卵，其中三個如圖中莖上所示。在啟程返回荷蘭時，梅里安把這些卵帶著，它們在途中孵化，不過並沒有存活下來。梅里安從美洲印第安人和黑奴身上學到，右下圖大戟科的棉葉痲瘋樹（Jatropha gossypifolia）是藥用植物，它的根可以被用來治療蛇咬傷，樹葉則可當成瀉藥，或拿來灌腸。圖中肥碩的綠色毛蟲、淡紅色的蟲繭、龐大的成蛾、甚至前次蛻皮留下的空殼與莖幹上的圓形糞便等，都是以棉葉痲瘋樹為食的基黃大天蛾（Cocytius antaeus）所有。

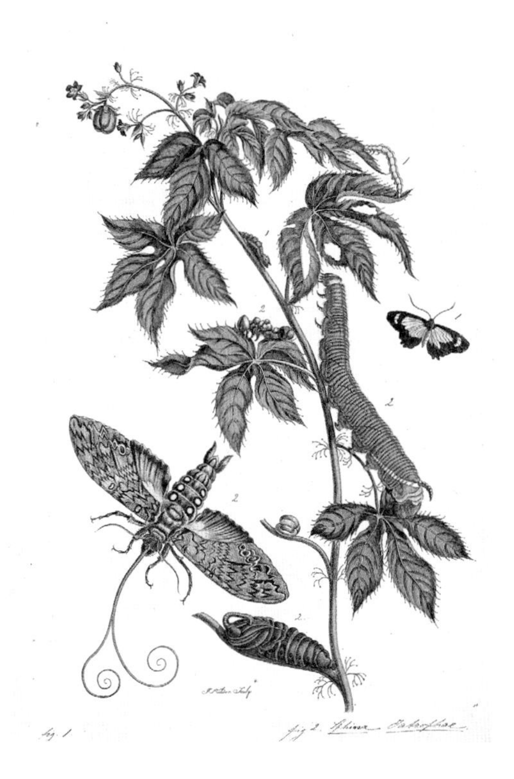

在出版《蘇利南昆蟲變態圖譜》以後，梅里安計畫出版第二卷圖譜，以蘇利南的爬蟲類和兩棲類為主題，然而由於資金不足，終至放棄。梅里安把南美兩點赤螳螂（Stagmatoptera precaria）生命週期的三個階段以畫筆記錄在左頁圖中的樹幹上。樹下背負著幼鼠的動物是梅里安所謂的「森鼠」，事實上牠就是種負子鼠（Didelphys spp）。上圖中狀似水芹的植物是海馬齒（Sesuvium portulacastrum），當地人經常食用。在海馬齒彎曲莖下的是負子蟾（Pipa pipa），「當地人把牠們視為美味」。在講到負子蟾的生殖方式時，梅里安說：「雌性個體會把子代背在背上，好像把子宮放在背上一樣；卵在雌性個體背部受精並發展；當卵成熟時，幼蟾努力穿破卵膜，一隻一隻地向外爬出來，看起來好像全部都從一個卵出生的一樣。當我看到這個景象，我馬上把這隻雌蟾和牠背上的幼蟾丟進白蘭地裡……」

梅里安在研究蘇利南的爬蟲類與兩棲類以後，畫出了這樣的構圖。她畫出可能是鈍吻古鱷（Paleosuchus palpebrosus）的蘇利南凱門鱷正咬著一隻被她稱為「蝰蛇」的動物，後經辨識為筒蛇（Anilius scytale），或稱南美假珊瑚蛇。在鈍吻古鱷後方，有隻未成熟的爬蟲動物從蛋裡爬出來，牠並不是假設中的鈍吻古鱷幼鱷，而是另一種被稱為眼鏡凱門鱷（Caiman crocodilis）的鱷魚。梅里安對眼鏡凱門鱷的成長速度留下深刻的印象，這種凱門鱷的蛋「大約鵝蛋大小」，在短期就能長到蛋的「七至八倍大」。

本頁是金泰加蜥（Tupinambis nigropunctatus），根據梅里安的記載，這種爬蟲動物生活在蘇利南的森林中。梅里安對這種動物的記述不多，只說牠是一種蜥蜴，尺寸介於蠑螈和鱷魚之間。她說，這種動物是卵生，也發現牠以鳥蛋為食。

第四章 漫遊北美洲（1753～1777）

威廉・巴特蘭

對植物學的發展而言，1753年是個好年，因為被視為現代植物命名法起點的卡爾・林奈《植物種誌》，就是在這年出版的。不論植物來自何地，只要以這個新系統來命名，植物的名稱就會是由兩個拉丁文字組成的簡單名稱，植物學家從此就根除了過去植物命名所面臨的混亂與困境。對北美洲來說，新命名法的出現是再好不過了，當時的北美洲有上千種尚待發現的植物，舊世界對它們一無所知，世上沒有其他地方比北美洲還需要這個新的命名系統。

在林奈提出新命名系統的同一年，後來發現許多植物新種的威廉・巴特蘭，第一次從位於賓夕法尼亞州金瑟辛市的住家，跟著父親約翰前往紐約州卡茨基爾山進行植物調查，當時的威廉・巴特蘭只有十四歲。約翰・巴特蘭（1699～1777）是位謙遜的貴格會教徒，他無師自通以務農維生，對自然史懷抱相當大的熱忱。他對植物尤其感興趣，他的幾個兒子，包括威廉在內，也因此受到父親的感染。1729年，約翰在家裡蓋了間植物園，它後來成為專門向歐洲客戶提供北美洲植物與種子的專業園藝苗圃，客戶中包括像是林奈等植物專家，最後也開始向殖民地的客戶提供歐洲植物。撇開美洲植物潛在的藥用與商業價值不談，自十七世紀中期開始，英格蘭地區的富有地主就很愛在自家土地上種滿來自世界各地的異國花草。在十八世紀早期之前，北美洲一直是非常受歡迎的異國花草來源，然而到了十八世紀早期以後，東方逐漸成為新興的時髦焦點，尤其以中國為代表。儘管如此，人們對北美洲自然史的興趣始終不減，更因為馬克・卡特斯比在1731至1747年間出版了圖文並茂的《加州、佛羅里達州與巴哈馬群島自然史》，讓北美自然史的題材更受歡迎。卡特斯比一書的插畫原稿，目前收藏於英格蘭溫莎堡的皇家圖書館中。

上圖約翰與威廉・巴特蘭在探勘時發現的一種山茶科的樹。他們把這種樹命名為富蘭克林樹（Franklinia alatamaha），以此向好友兼顧問班傑明・富蘭克林致敬。

貴格會教徒彼得・柯林森，一位住在英格蘭的毛料商兼園藝家，是卡特斯比的贊助人之一，他後來也擔任起和約翰・巴特蘭類似的角色，居中扮演仲介，替巴特蘭和潛在客戶牽線，並供應歐洲植物給巴特蘭在殖民地區的植物愛好者。在柯林森的協助下，約翰在歐洲的生意發展地相當好，除了植物以外，他在1735至1760年間，每年大約賣出二十組種子，每組售價五基尼[1]，其中包括一百種來自北美洲的不同種植物。

約翰．巴特蘭早在1742年，也就是在他帶著年幼的威廉同行的十多年前，就已經沿著哈得遜河往上游走，針對卡茨基爾一帶的植物進行調查、採集和研究，並且在十多年間多次外出進行植物採集。儘管如此，他大部分的植物收藏都來自他家所在的賓夕法尼亞州，或者是英國在北美東岸範圍相當有限的殖民地，約是從新英格蘭至當時甫成立的喬治亞州之間的沿海地區。在十八世紀前半，英國在北美洲的立足點仍不穩固，上得面對法國對加拿大和北美中西部的強烈興趣，下得應付西班牙對佛羅里達州的垂涎。

而1763年在七年戰爭結束時簽訂的巴黎條約，讓情勢整個改觀，西班牙交出佛羅里達，法國人幾乎從路易斯安那州以外的地方全面撤離。在這個新的表面穩定局勢被殖民地居民打破之前的短暫期間，英國國王喬治三世原本打算對殖民地展現比過去更高的興趣。當時的柯林森認為，儘管約翰．巴特蘭年事已高，他的下一個目標應該是要調查佛羅里達州的植物相。抱著這樣的想法，加上其他有力之士的支持，柯林森在1765年讓約翰成為英王派任在北美洲的皇室專屬植物學家，年薪五十英鎊。在約翰之前，這個職位是由來自費城、同樣從事苗圃業的德國移民威廉．楊擔任。約翰就任時的薪水比前任的威廉少了六倍之多。

當時的約翰已經將近七十歲，老眼逐漸昏花。儘管如此，在1765年7月至1766年4月間，他還是動身前往南卡羅來納州、喬治亞州和佛羅里達州北部進行採集，從喬

1.基尼為舊英國金幣，1基尼時值1.05英磅。

停在上圖左方樹枝上的是北方紅雀（Cardinalis cardinalis），被巴特蘭稱為「紅色麻雀」、「美洲紅鳥」或「維吉尼亞夜鶯」。牠在圖中停留在木犀科植物的美洲木犀（Osmanthus americanus）樹枝上。當巴特蘭看到這種「奇特且具有芳香的灌木」時，說它是「卡特斯比曾描述過的美洲橄欖，葉片呈橢圓長矛狀，會長出深紫色漿果」（Olea Americana, foliis lanceolato-ellipticis, baccis atro-purpureis Catesby），或把它稱為「紫漿果月桂」，這種樹生長在北卡羅萊納州恐怖角河沿岸。畫中游過的那隻魚顯得極不協調，物種未經確認。

治堡沿著聖約翰河往源頭前進，旅行約六百四十公里。威廉自青少年時期就表現出高度的藝術天分，他陪伴父親進行此次採集，除提供協助外，也替沿路遇上的動植物進行素描。這趟採集勘查十分成功，約翰和威廉一起發現了許多前所未見的植物新種，其中最精彩的，無疑是富蘭克林樹（Franklinia alatamaha）這種會開花的樹——名稱來自巴特蘭家族世交班傑明·富蘭克林。巴特蘭只在範圍相當有限的區域找到富蘭克林樹，而且它甚至很快地從這些地區消失；兩百多年來，這種樹從野外絕跡，只有人工種植的樣本存在，其中包括約翰·巴特蘭回到賓夕法尼亞州以後栽種的那些。有些諷刺的是，該次探勘採集的第一盒植物標本，是由柯林森在1768年上呈給英王的，然

「圖為一聖約翰之鱷，此圖表現的是這種可怕的怪獸在春季時大聲吼叫的情景（一種求偶行為）。牠們會用力讓水從喉部湧出，從嘴巴裡流出來的景象好像大瀑布一樣，從鼻孔噴出的蒸汽狀似煙霧。」巴特蘭在寫信給福瑟吉爾時，就是這樣敘述著這張他最有名的作品中出現的短吻鱷。在巴特蘭的手寫日誌《佛羅里達遊記》中，他特別指出，鱷魚「令人畏懼的聲音」迎接著日出。這種鱷魚在1801年被正式命名，稱為美洲短吻鱷（Alligator mississippiensis）。

而沒多久以後柯林森歿世，之後，第二盒標本由班傑明．富蘭克林在美國獨立革命爆發的幾個月前交付。

在啟程前往佛羅里達進行採集時，威廉已經年屆二十六。在此行之前，他一直讓父親很失望。柯林森鼓勵威廉發揮自己的藝術天分，並且在他的英國友人圈裡替威廉早期的作品做宣傳。約翰希望兒子能從事傳統行業，原本把威廉送到費城，在一位商人身邊當學徒。讓威廉從商的計畫失敗了，讓他跟著叔父在北卡羅萊納州恐怖角的貿易站工作，也沒成功。此外，威廉更拒絕班傑明．富蘭克林提議調教他從事印刷貿易的提議，也回絕了富蘭克林鑑於他日益精進的藝術技能而建議他往雕刻之路發展的另一個提議。最後，在佛羅里達之行中，威廉因深受此地吸引，便說服父親協助他在聖約翰河河岸設置木藍種植場，不過這個嘗試沒多久也宣告失敗。

在柯林森去世以後，威廉開始接受另一位英裔貴格會教徒約翰·福瑟吉爾（1712～1780）的照顧，福瑟吉爾是醫師，也是植物學家，還擁有位於埃塞克斯郡厄普頓市、當時全英格蘭最大的私人植物園。自1768年起，福瑟吉爾聘請威廉，替他製作植物、種子與自然史相關題材的繪畫，同時也資助他前往當時已經獨立的美國，在美國東南部進行驚人的探勘採集之旅。此時，威廉的父親已經七十多歲了，因此威廉獨自前往。他在1773年四月離開費城，先前往南卡羅來納州查爾斯頓市，然後經由海路前往喬治亞州的沙凡那港市。在接下來的三年半，威廉不時改變他的根據地，以乘船、騎馬或步行的方式進行了一系列時間長短不一的探勘，有時單獨前往，有時則由被稱為「花獵人」的北美原住民陪同。威廉以這樣的方式走遍了南卡羅萊納州海岸區、恐怖角河、沙凡那河流域，並跨越喬治亞州到阿拉巴馬州摩比港市、路易西安那州巴頓魯治、以及潘特康勃這個繁榮的西屬密西西比法國租界。他在佛羅里達州廣泛遊歷，將他的足跡帶到從前曾與父親一同前往的聖約翰河，以及佛州北部區域，包括卡斯考維拉這個印第安塞米諾族城鎮。威廉對於這些旅行經歷的記述《走過南北卡羅萊納、喬治亞與佛羅里達州東西部》，終於在1791年於費城出版，儘管其中只納入少部份相當乏味的圖片，它仍舊是本相當精彩的記錄，詳細記載著這些地方的地景、氣候、植物相、途中看到的個別動植物物種等，以及他遇上與曾經共同生活過的北美原住民有著什麼樣的外觀、行為與生活形態。

《走過南北卡羅萊納、喬治亞與佛羅里達州東西部》令人激賞的地方不僅如此。首先，它的時間次序非常地不尋常。在離開好一段時間以後，威廉·巴特蘭在1777年1

月，父親去世的幾個月前回到費城。不過他似乎是有點糊塗了，認為自己多旅行了一年，因此他書中寫他是在1778年回到費城。此外，他對於某些冒險經歷的敍述，尤其是跟印第安原住民和動物相遇的部份，並不總是依據事實，為了讓故事能更引人入勝，他似乎不願意透露太多事實。因此，人們對該書褒貶不一、反應平淡的態度，以及對巴特蘭某些忠實報導產生懷疑，例如他對聖約翰河裡短吻鱷的生動描述，都是合乎常情的。儘管廣大讀者對該作品的評價是正面的，那些負面批評還是讓他感到非常失望。無論如何，在該書問世後的兩百年間，人們對這本書和它引以為據的旅行經歷愈形崇拜，在美國尤其如此——儘管其寫作手法曾招致許多批評，不過事實或許恰好相反，它正是因為寫作手法而大受歡迎。

威廉·巴特蘭另外的小心願，就是要能受到眾人認定，成為許多植物種類的發現者，不過這個心願並未能在他有生之年達成。在受到福瑟吉爾資助時，他把包含許多新種在內的兩百零九種植物與五十九幅圖畫送到福瑟吉爾處，不過其中有部份一直到1780年福瑟吉爾去世以後才完成。在這些圖畫中，有許多是威廉寫作《走過南北卡羅萊納、喬治亞與佛羅里達州東西部》的成果，包括許多精彩的鳥類、魚類、兩棲類與爬蟲類圖畫，以及各式各樣的無脊椎動物和植物。普遍來說，這些圖畫都相當精確，然而其中幾幅的比例尺有些古怪，讓畫中的動植物尺寸的放大縮小，顯得奇形怪狀、不倫不類；此外，有些描繪似乎想像的成份高於現實，他畫筆下聖約翰河裡那隻會噴煙的短吻鱷就是一例。這些假使被大量宣傳，它們會替威廉的批評者提供更多攻擊的藉口。於是，這些圖畫一直到1968年才被完整出版。

在福瑟吉爾去世時，包括巴特蘭畫作與植物標本在內的福氏收藏，由約瑟夫·班克斯取得，由丹尼爾·索蘭德整合到他替班克斯管理的圖書館與植物標本館中。然而，索蘭德直到1783年英年早逝之前，都在全神貫注地處理太平洋地區的材料，尤其是奮進號帶回的標本。因此，巴特蘭的材料大部分都未經檢查，一直到班克斯收藏於1827年由大英博物館接收，也就是威廉·巴特蘭過世四年以後，才受到適當處理。

在這些壯遊以後，巴特蘭的下半生相對地平靜，沒有太多社會讚譽。在美國獨立戰爭的前幾年，儘管巴特蘭努力地維持著他和美國地區科學界的聯繫，但美英之間的聯繫確實比以前困難許多。他終生未婚，在較務實的兄長約翰所繼承並管理的自家莊園裡，過著單身漢的生活。威廉在莊園裡幫忙接待賓客，他按兄長指示製作了一些圖畫，甚至曾經到甫成立的賓夕法尼亞大學擔任植物學教授，不過賓大並沒有巴特蘭的授課記錄。

很不可思議的是，在完成佛羅里達州和喬治亞州的遊歷以後，巴特蘭就很少再出門旅行。一部份可能是因為他在1786年間採集種子時不慎從樹上跌落，摔斷了腿，不過大體而言，他年輕時的懶散個性，到晚年似乎又顯現了出來，因此在生命中的最後三十年，他沒有太多作為，只是平淡地過生活。儘管他把許多生命用來滿足當時許多熱心收藏者的慾望，他並沒有累積太多個人財產。根據巴特蘭的遺囑，在他去世之際，他只有留下兩箱衣物、他睡覺用的羽毛褥墊與墊枕、兩杯一盤、一個錫製信箱、幾本書和一些裝在一只錢包裡的現金。

Fig 1

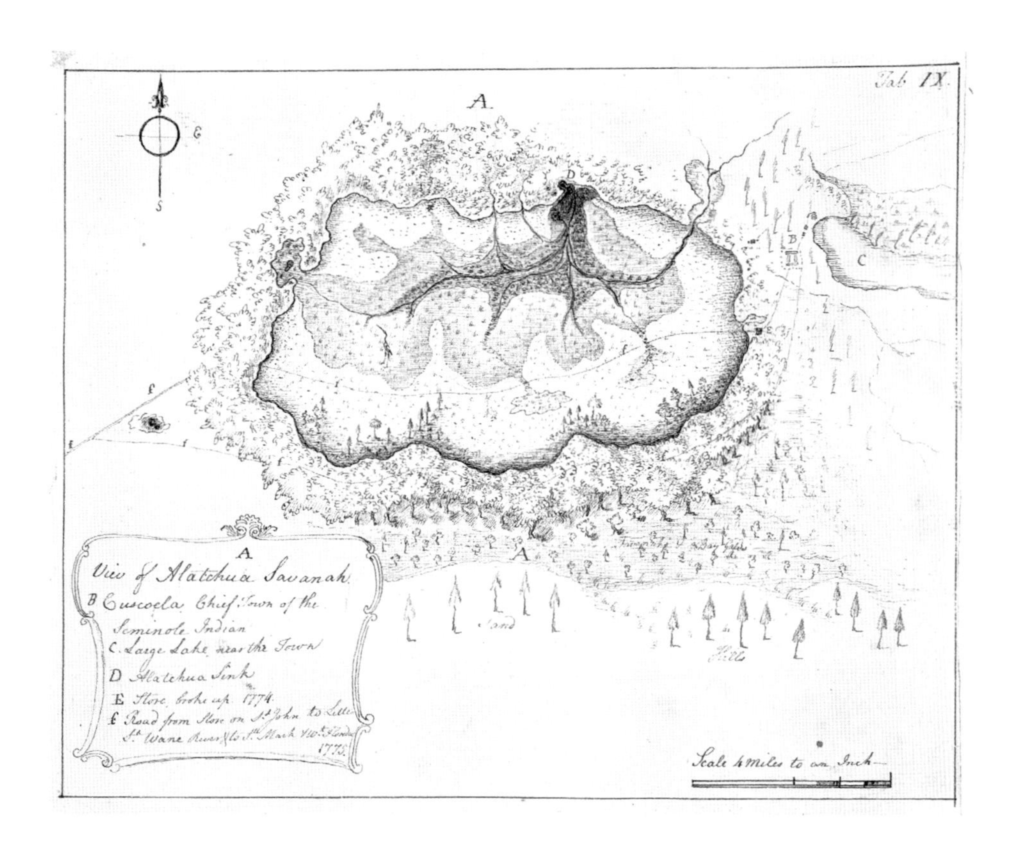

左頁圖中龍膽科的巴特蘭撒巴龍膽（Sabatia bartramii），後人根據巴特蘭的名字加以命名。巴特蘭特別寫到，這是種「常青植物，終年開花，是綠色無樹平原的另一個美麗居民……花開繁盛，我曾看過四吋和五吋（10至12.5公分）大的花朵，在深玫瑰色中像燦爛地開放，就在深紅色花海中矗立著。花瓣數不一定，介於十五至二十或三十之間……」

巴特蘭在美國東南部探勘並畫下的無樹平原之一，現在被稱為佩恩草原（如上圖），它位於佛羅里達州阿拉楚阿郡，蓋恩斯維爾南方，佔地三十四平方公里。

巴特蘭在繪製上圖的瓜科苦瓜（Momordica charantia）時，是用專業園丁、同時也是父親約翰·巴特蘭種子供應生意競爭對手的詹姆士·亞歷山德所栽種的植物作為標本。右頁蓮科的黃蓮（Nelumbo lutea）素描是巴特蘭的重要作品之一，因為其中包括茅膏菜科的捕蠅草（Dionaea muscipula）的第一張植物素描，位於該圖左下角的蓮葉下方。與黃蓮的花葉相比較，在畫面前方漫步的大藍鷺（Ardea herodias）比例顯得相當奇怪。

II
Fig 2

就像前頁的素描一樣，左圖是以蓮科的黃蓮（Nelumbo lutea）蓮蓬為主題，搭配白唇陸螺（Triodopsis albolabris）。在他的敘述中，白唇陸螺「有麥稈色的殼，殼內呈灰白色的大型陸生蝸牛。活的無殼蝸牛呈深灰色，上有不規則黑色斑點。」圖左是搖曳生姿的菊科植物波形翼莖草（Pterocaulon undulatum），一般認為這種植物對水腫和其他疾病有相當好的療效。同樣在圖片的左邊，兩種天南星科植物，葉片呈箭頭狀的白花箭葉芋（Peltandra virginica）和大萍（Pistia stratiotes）。根據巴特蘭向福瑟吉爾的報告，「佛羅里達州居民會把白花箭葉芋的根烤或水煮來吃。」至於大萍，巴特蘭曾經看到它和其他植物「交織糾纏地長在一起，形成龐大的沼澤。」

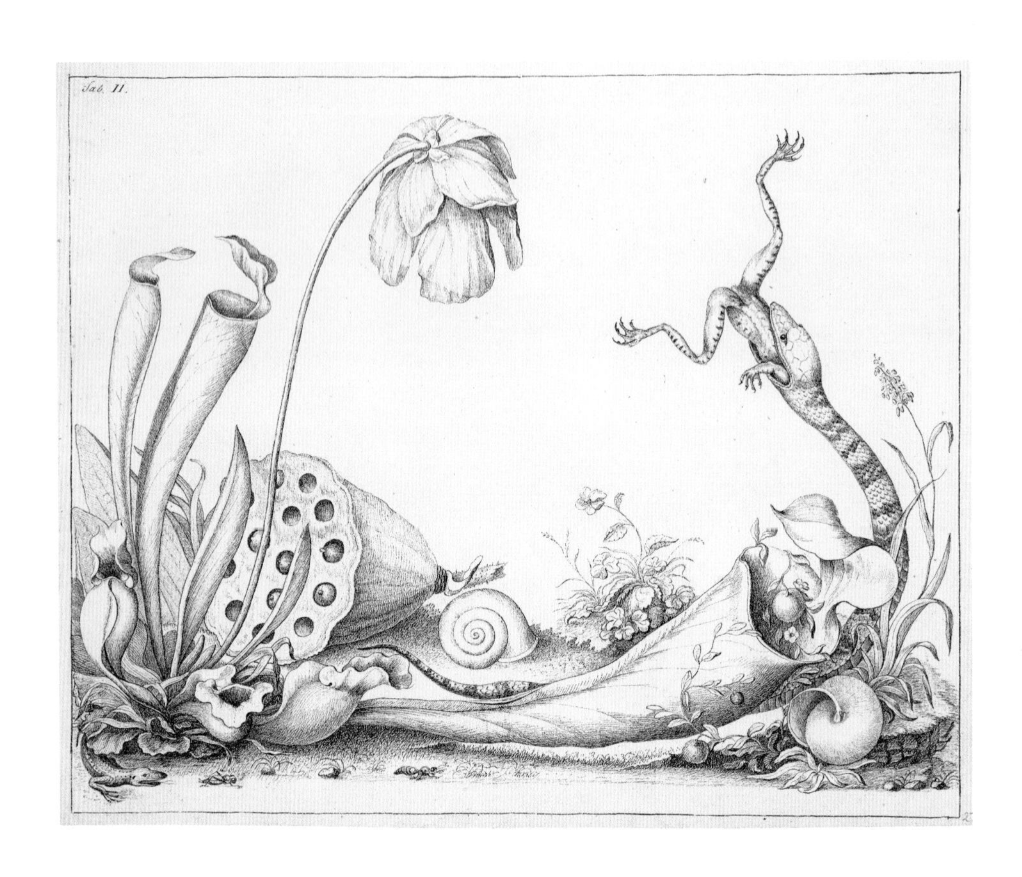

在《走過南北卡羅萊納、喬治亞與佛羅里達州東西部》一書中，巴特蘭描述了被引誘到食蟲植物瓶子草科的紫瓶子草（Sarracenia purpurea ）和黃瓶子草（Sarracenia flava）葉片上的昆蟲，被一個由向下硬毛所構成的障礙物困住，這些硬毛「防止各種被捕捉的昆蟲在受邀進入管子內部表面吸吮甜美花蜜以後重獲自由……。」這些昆蟲無法逃脱，「溶解並混到（瓶底）液體中。」在同一張畫裡，猩紅蛇（Cemophora coccinea）正在吞下牠的獵物。右頁是巴特蘭畫筆下美人蕉科植物的柔瓣美人蕉（Canna flaccida），他在這張畫裡，也把一個石管碗畫了進去，據信是當他行經位於阿拉巴馬州塔拉普薩河河畔的慕克拉薩時，當地的印第安原住民長老送給他的。

N° 1.
N° 2
N° 1.
Wild Lemmon's
Grows in the Province of Georgia
The Flowers are green the Fruite the Size of a Damson Plumb
N° 2. A very early Flowering Hawthorn
grows in same Province

身為皇家植物園創辦人之子——英王喬治三世所正式指派的植物學家，巴特蘭被要求將洪桐科植物的酸藍果樹（Nyssa ogeche）種子送回英國。威廉·巴特蘭替這種植物的插枝畫了一張素描（左頁圖）。1768年，種子進口商彼得·柯林森從英格蘭寫信給巴特蘭，抱怨道：「送來的標本品質不夠好是很奇怪的事。我希望能取得一些堅果。對於栽植這件事，是毫無疑問的。」左頁圖中比較小的插枝是從一棵「很早就開花的山楂樹」上取下的，巴特蘭也在喬治亞州發現它的蹤跡。上圖可能是食蟲植物黃瓶子草（Sarracenia flava）的花。

巴特蘭對上面這張畫的筆記，把這隻鳥認定為「佛羅里達鳳頭紅鶯或維吉尼亞夜鶯」。這隻鳥實際上是美東紅雀（Cardinalis cardinalis floridanus），不同於第119頁裡出現的「維吉尼亞夜鶯」。這兩種鳥其實是同種，但分屬不同的亞種。牠似乎是該地區的留鳥，在「給佛瑟吉爾博士的報告」中，巴特蘭寫到「鳳頭紅鶯在此地終年出現」。在巴特蘭的筆下，右頁圖中的佛羅里達沙丘鶴（Grus canadensis pratensis）被他描述為「烏圖拉大草原鶴，體色灰，飛羽呈灰黑色。」最初觀察到的實例出現在佛羅里達州萊維郡，不過被巴特蘭的同伴射殺並煮來吃了。

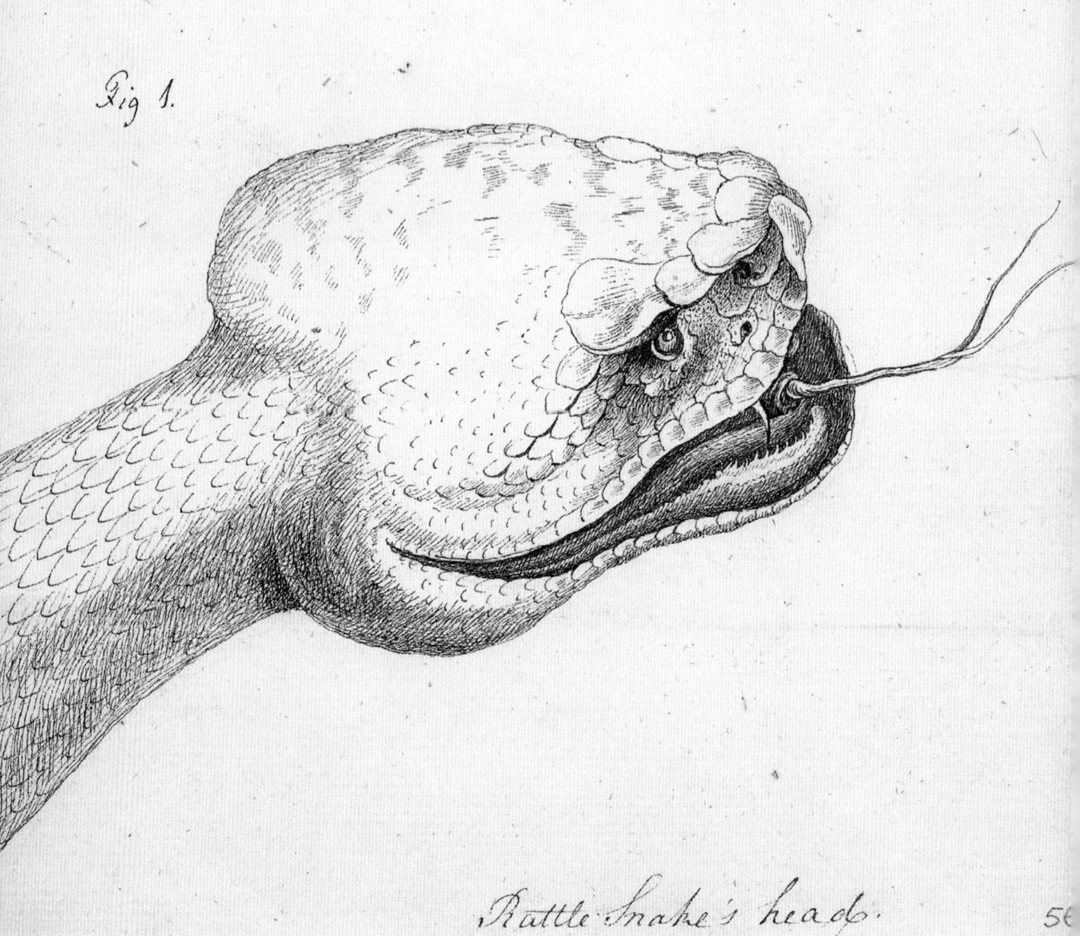
Fig 1.
Rattle Snake's head.
56

左圖是巴特蘭口中的「巨響尾蛇」，目前命名為東部菱背響尾蛇（Crotalus adamanteus），是北美洲體型最大的毒蛇。在《走過南北卡羅萊納、喬治亞與佛羅里達州東西部》一書中，巴特蘭敘述了在塞米諾爾印第安營地殺了「一條很大的響尾蛇」的親身經歷，說：「我拿出刀子，把牠的頭割了下來，然後轉身，就看這群印第安人對我的英勇表現，以及我對他們的友誼，顯示出讚賞之意。我拿走還在滴血的蛇頭，當成我的勝利獎盃……」至於下圖的「喬治亞鱉」，巴特蘭則寫道：「……最奇特的動物族群……經水煮或烘烤後，可以連殼帶肉一起吃下，被該省居民認為是相當有益健康且可口的美味。」

巴特蘭在佛羅里達東部看到左圖這隻「大黑歐鯿」。這種魚目前被命名為藍鰓太陽魚（Lepomis macrochirus purpurascens），英文俗稱銅鼻歐鯿。根據巴特蘭的敍述，這種魚體色深紫，有泛紅的黑色大眼睛。他說：「這種美麗的魚在佛羅里達東部的淡水河、泉水和水窪中隨處可見。牠的嘴巴看起來出奇地小，不過牠可以利用可活動的鱗甲，讓嘴巴張大到足以吞下稚魚，除了稚魚以外，牠們的獵物還包括蝸牛、螺類、蠕蟲和水生爬行動物。太陽魚在當地被認為是種美味的魚。」在巴特蘭提到上圖的冠突鰓太陽魚（Chaenobryttus coronarius）時，把牠說成是「被稱為『老婦』的大黃歐鯿」。巴特蘭在佛羅里達東部曾經看過這種魚，說「牠是一種大膽又貪吃的魚，會像豹一樣把自己藏起來，躲在洞穴或隱密的地方，然後突然衝出去咬住路過的小魚。」

第五章 橫跨太平洋（1768~1771）

詹姆斯・庫克、約瑟夫・班克斯爵士、悉尼・帕金森

1768年春天，年三十九歲，在英王喬治三世的海軍擔任船長的詹姆斯・庫克，滿心期待地認為自己即將離開懷孕的妻子與三個稚子，回到他連續任職了十年的北美洲。在過去十年間，庫克在勘測工作方面早已建立起令人欽羨的名望，他通常在夏季進行野外測量，冬季則回到英格蘭繪製圖表。在庫克的預期中，他於1768年應該重拾北美洲勘測的工作，然而，皇家海軍卻另有計畫，打算把庫克升為尉官，讓他率領艦隊遠征太平洋。庫克前後遠航太平洋三次，改變了西方世界對太平洋的認識與了解。

初次遠航太平洋的主要目的，是要觀察金星凌日，也就是從地球上觀察金星運行橫過太陽的現象[1]。知道凌日現象在地表上不同觀察點發生的確切時間，除了其他用途以外，主要讓天文學家能計算地球與太陽之間的距離。在1768年以前的最後一次金星凌日發生在1761年，當時儘管有來自九國一百二十位觀察者的努力，成果仍然欠佳，倘若

1.金星運行到太陽和地球中間時，由於金星比月球更加遠離地球，視覺上它的大小不足以完全掩蓋太陽，因此當金星凌日時，太陽上就會多了一個黑色圓點，這個黑點其實就是行星的剪影，它會慢慢由太陽的一邊移到太陽的另一邊。

錯過1769年的觀察機會，則必須等到1874年才能再次觀察[2]。因此，這次必須做得更好，所有適合的國家，包括當時戰事未止的英法兩國，都急於參與。英國對於此觀察計畫的部份努力之一，就是由皇家海軍派遣考察隊伍，在1776年甫由塞繆爾・瓦利斯船長率領海豚號發現的大溪地進行觀察。

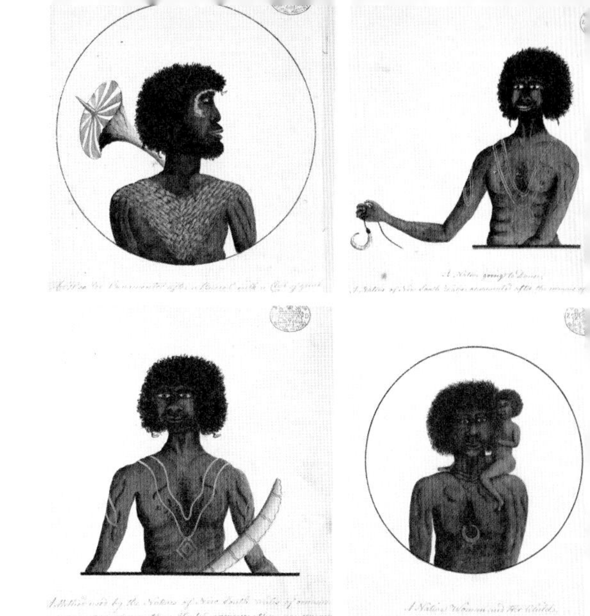

這些是歐洲人第一次描繪澳洲土著的記錄，製作時間約莫是詹姆斯・庫克初訪澳洲的二十至三十年後，作者不詳，化名為傑克遜港畫家，目前為倫敦自然史博物館的收藏。

然而，此種規模的遠航必須要能滿足一個以上的目的。就當時狀況而言，儘管在前兩世紀間，已有許多橫跨太平洋的記錄，但太平洋大部分地區仍然是不為人所知的祕境。庫克可能有望發現新的地區，佔領能造福英國王室的任何事物。這樣的想法尤其因為庫克即將橫跨南太平洋，讓他滿心期待能找到迄今尚未被發現的「未知的南方大陸」。在當時的認知中，這塊南方大陸應該是佔據著南半球的大部分地區，能與北半球的大面積陸地相抗衡，這樣的大陸肯定資源豐饒，對於第一個發現並接管該地的國家，絕對會是龐大的資產。

雀屏中選進行遠航的船艦，是一艘三十三公尺長、在惠特比建造的運煤船，非常適合庫克。船身堅固且寬敞，吃水極淺，儘管船速不快，卻具有極高的機動性，在未知且具有潛在危險的水域裡航行，這樣的船艦非常理想。英國海軍購入時，它的船齡不到四年，它被重新

2.金星凌日發生的次數很少，通常以兩次為一組，一組之間的間隔時間為八年，到下一組出現金星凌日的現象則需經過一百多年的時間。

命名為「奮進號」並整修改裝，船身以薄木板保護層加以強化，保護層上佈滿大頭釘，保護船體免受熱帶水域中惡名昭彰的蛀船蟲[3]寄生。

除了八十五名船員所需的補給以外，奮進號與庫克船長也必須接受一些平民隨行，其中包括協助庫克觀察金星凌日的天文觀測人員查爾斯．葛林。在前兩位皇家天文學家身旁任職時，葛林是以助手的身分在他們的指導下學習，後來在1763年陪同當時的皇家天文學家納維爾．麥斯克林前往巴貝多測試約翰．哈里森的新計時器。沒多久以後，哈里森的發明徹底改變了包括庫克在內的航海家們測定經度的方式，庫克在第二次遠征太平洋時就採用了哈里森的儀器。然而，在第一次庫克初探太平洋之際，仍須採用困難度高卻較不可靠的傳統天文觀測方法，對庫克而言，葛林在這方面能夠提供寶貴的協助。

葛林的存在意味著庫克必須重新整頓部份船艙空間，不過這比起庫克在啟航前一個月，接到「班克斯和其隨從」等至少九人亦將隨行的通知後所必須進行的整頓，算是小巫見大巫了。當時的約瑟夫．班克斯年二十五歲，是位相貌堂堂、富有且聰明的年輕人，他不但具有人脈深厚，而且早已成為英國皇家學會會員。班克斯將這趟旅程視為增進自然史研究，尤其是植物學的絕佳契機，於是便說服了皇家海軍，讓他能自費隨著庫克遠征太平洋。班克斯堅持要帶著四位隨從、一位秘書、兩位畫家、一位植物學家、加上兩隻狗和許多行李一起上路。儘管在狹小且已嫌擁擠的船艙裡硬是騰出空間，確實引起某些困擾，尤其讓膳宿空間直接受到影響的資淺船員們感到不快，不過班克斯和他的隨行人員，對整個航程的

3.蛀船蟲並不是蟲，而是一類外殼極度退化的海生雙殼類軟體動物，專門寄生於浸泡在海水中的木質結構上，例如柱子、碼頭、木製船體等。

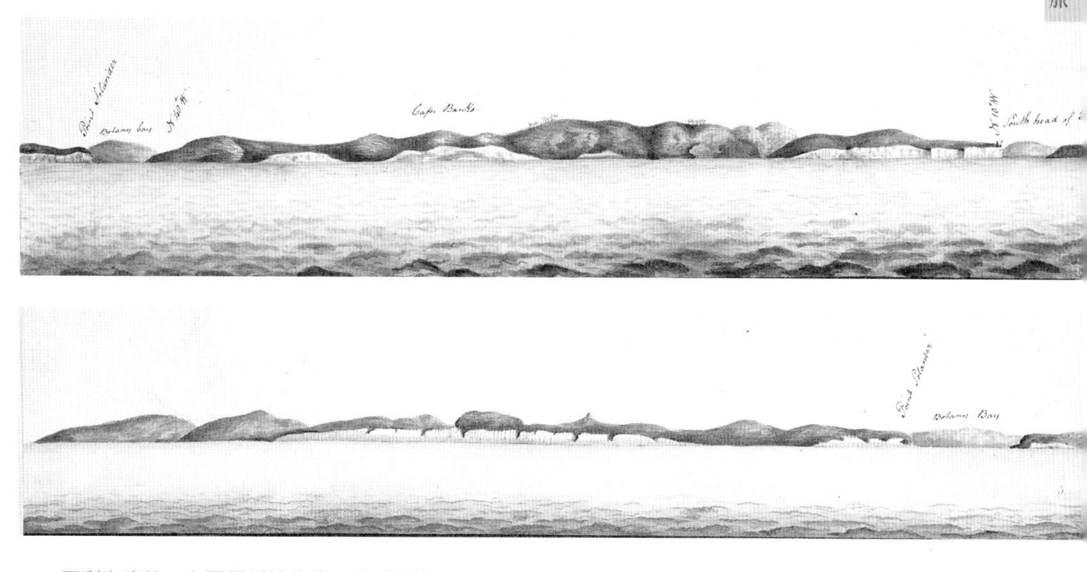

雪梨海岸線，上圖是從植物灣延伸到傑克遜港，下圖是從植物灣往南延伸的部份。這兩件作品出自湯瑪士·瓦特林之手，瓦特林因偽造罪而被判刑流放雪梨，替當時被派駐殖民地的英國海軍高級軍醫約翰·懷特畫下了傑克遜港的大部分景色。在瓦特林的註記中，「班克斯角」和「索蘭德角」（位於植物灣入口）所用到的人名，指的是奮進號上的約瑟夫·班克斯和他的植物學家丹尼爾·卡爾·索蘭德。由於班克斯隨著奮進號航行雪梨之故，後來才有將此地當作殖民地來發展之建議。

成功的確是功不可沒。當然，如果沒有班克斯和他所聘請的植物學家丹尼爾·卡爾·索蘭德（1736～1782），就不可能蒐集到這麼多的自然史與人類學材料，尤其是他們所採集到的大量植物標本。班克斯堅持聘請隨行畫家，也讓此行得以留下絕佳的視覺記錄；這樣的做法也創下了在此類航程中攜帶專用藝術家的先例。

班克斯聘請了兩位畫家隨行，一是專門進行人物與地景繪畫記錄的亞歷山大·巴肯，另一位是當時已經相當知名的悉尼·帕金森（1745～1771），負責替採集到的動植物標本作畫。然而，巴肯在奮進號抵達大溪地後沒幾天過世，帕金森因此必須肩負起繪製所有畫作的龐大任務，並由班克斯的瑞典秘書賀曼·史柏靈提供部份協助，一直到1771年1月奮進號在返航途中橫越印度洋時，兩人在數日之隔相

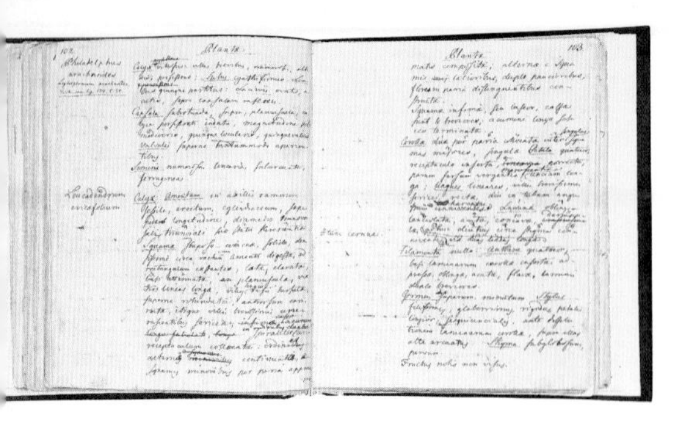

奮進號植物學家丹尼爾·卡爾·索蘭德的航海日記。索蘭德詳實地記下航程中採集到的所有植物，這份記錄讓約瑟夫·班克斯印象深刻，因而決定長期聘請索蘭德。

繼辭世為止。帕金森來自愛丁堡，父親是從事啤酒釀造的貴格會教徒。他在此之前就曾受班克斯之邀，在班氏於1766年前往加拿大紐芬蘭和拉布拉多時，替途中蒐集到的自然史材料進行繪圖記錄的工作，另外也曾臨摹彼得·迪貝維爾的錫蘭動物畫作。而帕金森從不需要克服在上下起伏的船上如何順利作畫的問題，也不需適應在熱帶氣候工作的不適感。

無論如何，航程在一開始是極為順利的。庫克於1768年8月離開英格蘭，在11月13日抵達里約熱內盧並在當地停留三週以前，途中曾在馬德拉島的豐沙爾港短暫停留。庫克從里約直接航向勒梅爾海峽[4]，繞行南美洲前進，他先在火地島登陸，之後在1769年1月下旬穿過合恩角，進入太平洋。此後，奮進號便朝西北方航行，在4月13日，金星凌日的七週前抵達大溪地的馬塔韋灣。庫克將觀察站設好，並成功觀察到金星凌日之後，在七月中準備返航。在停留大溪地的期間，帕金森出乎眾人所料，對嚴峻的熱帶生活展現出極佳的適應力，然而，他還是遇上了許多問題，其中最讓他困擾的問題之一，就是當地的蒼蠅。根據班克斯的說法，這些蒼蠅「……吃顏料的速度和畫家上色的速度一般快，如果繪畫素材是魚，趕蒼蠅比畫畫本身還麻煩。大夥兒想了不少權宜之計，不過沒有方法比用蚊帳把椅子、畫家和畫作蓋起來來得更好，而且光是這樣還不夠，蚊帳內還必須設置捕蠅器吸引這些害蟲，避免它們跑去吃顏

4.位於阿根廷南端艾斯塔多島和火地島之間。

料。」

庫克從大溪地往南航行到南緯四十度以南，遵循上級指示，尋找南方大陸。然而，他沒有找到任何大陸塊的跡象，於是決定先往西北方再轉往西南航行，最後向西來到阿貝爾·塔斯曼口中的紐西蘭島的東岸。阿貝爾·塔斯曼來自荷蘭，是1642年第一位踏上紐西蘭西岸的歐洲人。庫克以逆時針方向沿著紐西蘭北島沿岸航行，隨後穿過庫克海峽[5]以順時針方向繞行南島。雖然庫克曾進行數次短暫的登陸勘查，不過他所繪製的精密地圖，大體上卻是「航行測量」的成果，亦即在沿岸航行時仔細記載地貌地物的方位，配合天文觀測所綜合而得的結果。

庫克於1770年3月31日離開紐西蘭。在完成該次遠航的兩個主要目的以後，他可在返航時選擇經過合恩角，或是繞行好望角的路線。前者東行路線由於季節之故，為時已晚，庫克於是決定採行後者，並決定順道繪製澳大利亞東岸地圖，從塔斯曼在一百三十年前離開的地點往北沿著澳大利亞東岸航行。這個決定開啟了航海史上最驚人的航行與地圖繪製工作，即使就庫克本身所訂下的嚴峻標準而言，仍舊是困難度極高的航程。它同時也帶來令人讚嘆的自然史採集成果，以及帕金森的幾幅巔峰之作。

奮進號於4月19日抵達澳洲大陸東南端，沿著澳洲東岸航行超過兩千英里（約二千兩百多公里），其中包括大堡礁水域裡的許多險灘，更一度在珊瑚礁上擱淺三十六小時，計畫幾乎因此失敗。在五個月極端危險且困難重重的航程中，庫克除了因此製作出非常出色的地圖，更藉機登陸進行數次探勘，其中最重要的顯然是在目前雪梨南方植物灣所進行的勘查，植物灣的來由，就是因為當時在此地採集到數量豐富的植物新種，因而得名。

5.位於紐西蘭南北島之間。

帕金森自啟航之初就沒閒過，在行經大洋航路時，忙著替途中採集或射殺捕捉到的海洋生物與海鳥作畫，登陸時則得繪製陸生動物與植物。然而，當船行經過澳洲東岸時，他幾乎被工作給淹沒。班克斯與索蘭德幾乎每天都帶來新的材料，帕金森得發狂般地工作才能趕上進度，經常在擁擠的環境裡，就著閃爍的燭光與油燈熬夜作畫。儘管在奮進號航行於澳洲水域的那段期間，帕金森畫出超過四百幅植物素描，不過他實際上只完成了少數作品；他採取的方式，是仔細替每種植物的重要部位進行素描，偶爾上色，大概是打算稍後藉由乾標本的協助再來完成。相較之下，帕金森所完成的動物作品就比植物多了許多，不過許多已完成作品其實是航程早期繪製的魚類與鳥類，而非那幅於1770年6月在目前昆士蘭庫克鎮附近畫下的袋鼠素描名作。事實上，帕金森畫筆下的動物並不多，而且只有袋鼠和袋鼬來自澳洲。這也許一點也不奇怪，因為把植物用濕布包裹，可以在相對較長的時間保鮮，小型無脊椎動物、甚至魚類也不會太迅速地「變質」。然而，若是溫血的哺乳動物，就完全是另一回事——尤其是帕金森在船上的大艙進行繪製工作，而大艙同時也是船員與平民乘客用膳的空間。

當奮進號抵達卡奔塔利亞灣東北端的約克角時，不論是船身或索具都已殘破不堪，庫克因此決定，在返航英格蘭前，必須在荷屬巴達維亞（目前的雅加達）停靠以進行修理。奮進號於1770年10月11日到達巴達維亞，一直停靠到12月26日，接著又與逆風搏鬥了三週，才駛向大海，踏上返鄉之路。儘管啟航時，船隻狀況已適合航行，不過在巴達維亞的停留，對船員的健康卻造成了極慘重的損害。當他們離開時，庫克寫道：「我深信，與世上其他類似地點相較之下，巴達維亞更讓許多歐洲人擔心受怕。在抵達此地時，我們的船員健康狀況良好，適合出航，不過在此地不到三個月的停留，卻讓我們的船在離開時跟醫務船沒兩樣，還損失了七名船員。」在奮進號離開以後，船員狀況並沒有好轉，反而更加惡化，在1771年3月15日抵達開普敦之前，庫克失去包括史柏靈、帕金森與天文觀測員葛林等在內的二十三名船員，他們大多是因為瘧疾和痢疾而病逝。

在開普敦停留的一個月，讓船員調養生息，除了三名船員以外，其餘皆逐漸康復，庫克也藉機招募新船員加入。奮進號終於在4月15日再度啟航，在一段平靜無事的航程之後，終於在1771年7月2日於普利茅斯港下錨。在遠征期間，人們曾經數度以為奮進號已罹難，因此船員在返抵國門之際，更是受到熱烈歡迎。庫克大受皇家海軍與科研機構的讚許，於該年八月升任指揮官。班克斯則搖身一變成了名人，和索蘭德一起成了受倫敦上流社會廣受讚譽的對象，聲名遠播。該次遠航蒐集到相當豐富的自然史標本，其中包括超過一千件從未見於歐洲的植物標本，這點讓卡爾·林奈印象深刻，更因此認為新南威爾斯應該稱為班克斯亞，以此向班克斯表達敬意。儘管林奈的建議未受採納，不過後來確實也以班克斯之名替植物新屬命名。

儘管這批標本的重要性顯而易見，而且還有甫出版的《自然系統》和《植物種誌》作為一流指南，這些新種的發表與相關出版工作，卻不是那麼地順利。班克斯當然想就這些植物學材料與動物標本出版一份完整的報告，而且不只是第一次遠征的採集成果，還打算將後來庫克第二與第三次遠征的材料也納入。然而這件事一直沒有發生，這主要是因為班克斯日漸涉身其他事務，造成計畫延宕，尤其是他擔任了四十一年的皇家學會主席，更讓他分身乏術。幸運的是，三次遠航採集到的植物標本與大多數自然史圖像都被完整地保留了下來，並在班克斯過世以後，全數來到大英博物館。至於動物標本，則因為班克斯本身興趣缺缺，或送或賣至國內外許多私人收藏家或機構之處，而且大多都在輾轉經手的過程中損壞或迭失。

然而，手上握有將近一千張帕金森所留下的已完成與未完成植物畫作和速描，以及數百張動物與其他主題圖像作品的班克斯，仍然試著讓它們充分發揮其價值。他花了將近七千英鎊，聘請十八位鐫版工根據帕金森的原圖製作出七百五十三個印版，儘管如此，在他有生之年，仍無法將它們付梓出版。除了二十世紀初以平板印刷的方式發表的三百一十八幅澳洲植物，以及1973年出版的植物圖像精選輯以外，《班克斯花譜》一直到1980年才出版，帕金森為奮進號遠航所付出的努力，終於能獲得公正的評價。至於帕金森繪製的動物圖像，受到正式出版的數目就少了許多，不過很多都被後期的自然史學家，用作新種描述的參考。不論如何，悉尼・帕金森在他悲慘短暫的一生中所做出的重大科學與藝術貢獻，現在終於完全受到承認，儘管這已經是他去世兩百年多以後的事了。

悉尼・帕金森的自畫像，目前此作品屬於倫敦自然史博物館的藝術收藏。帕金森並沒有受過正規藝術訓練，不過當他開始在倫敦展示繪畫作品時，還是受到班克斯注意。

丹尼爾．卡爾．索蘭德（左上圖）在1768年以年薪四百鎊受雇於班克斯，以植物學家的身分隨著他參加奮進號遠航。保存航程中採集到的植物標本，是索蘭德份內工作的一部份，右下圖中由班克斯採集到蘋科植物的多孢田字草（Marsilea polycarpa）就是一例。索蘭德的植物筆記，被納入《澳洲植物》（左下圖）一書中。

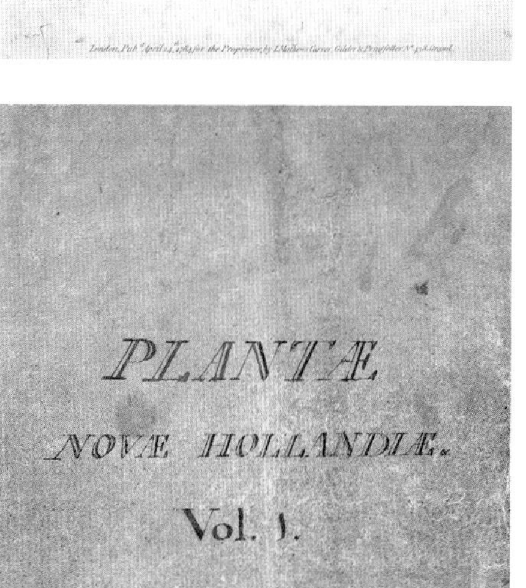

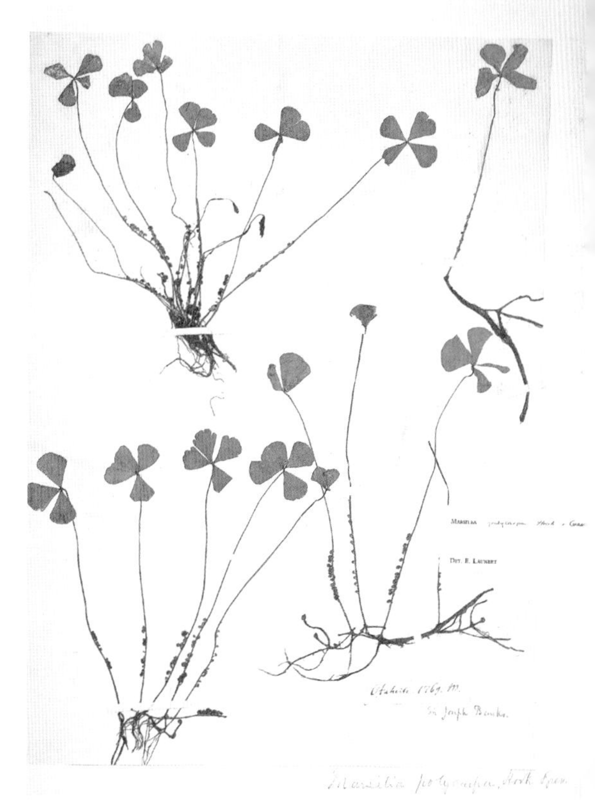

315.
Xylomelum pyriforme Smith
ederick Miller pinx. 1773.

回到英格蘭以後，班克斯計畫把帕金森在旅行途中繪製的植物圖像，出版成一本版畫集。每個圖像都必須經過許多步驟處理，例如這兩頁所示不同版本山龍眼科的梨果澳洲木瓜（Xylomelum pyriforme）。帕金森在奮進號上繪製的原作（左上圖），原本只有局部上色，在回到倫敦以後，由參與出版計畫的藝術家約翰．弗雷德里克．米勒複製並以水彩完成上色（左頁圖）。之後，再根據米勒完成的作品製成雕版，並在進行彩色印刷以前以單色校樣（右上圖）檢驗雕版。下面兩圖則是紫葳科植物四葉秩氏草金蓋樹（Deplanchea tetraphylla）的水彩完成圖與雕刻師印樣。

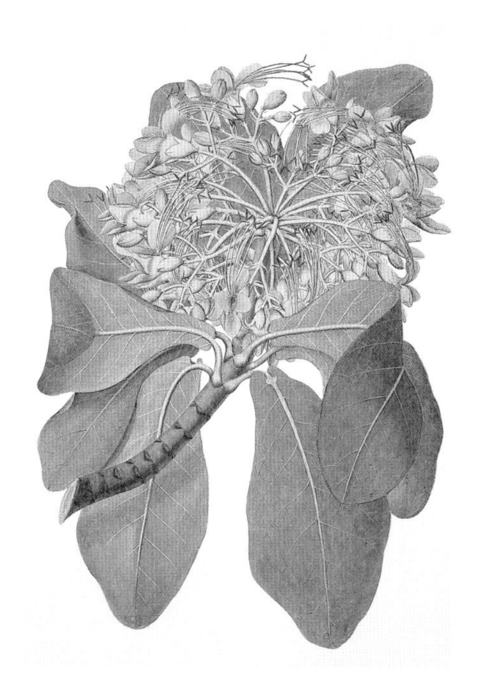

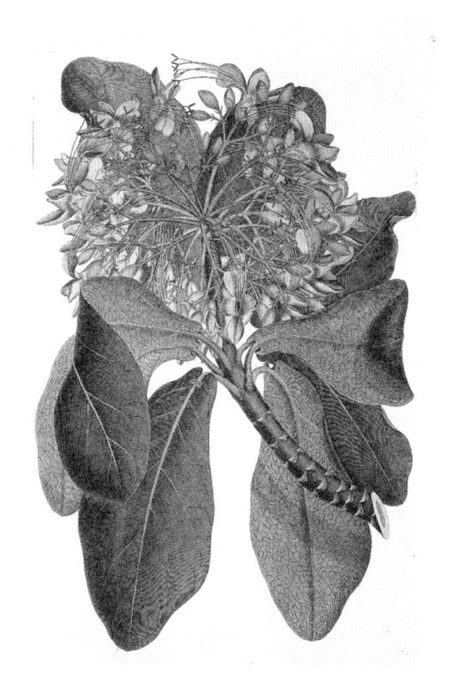

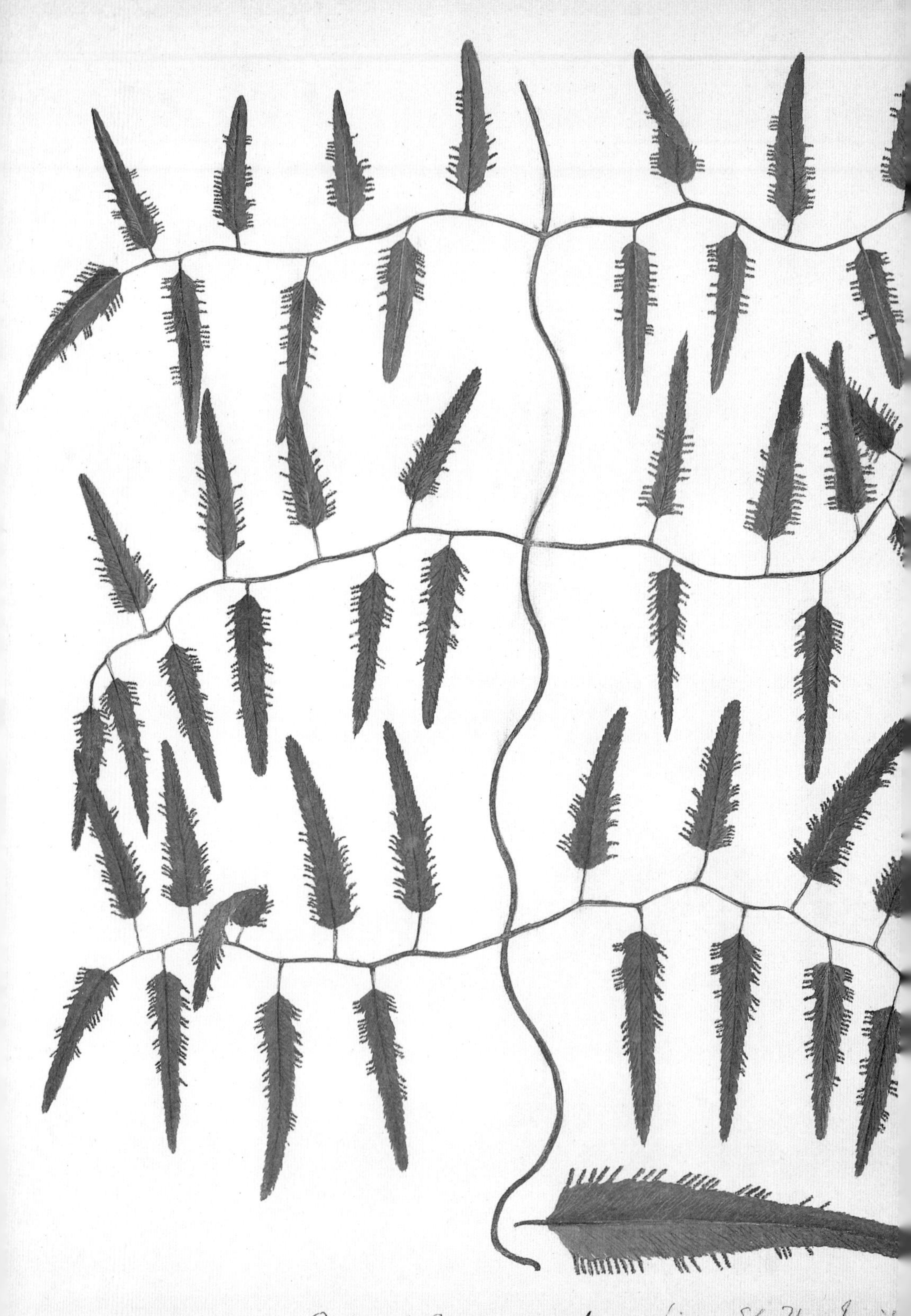

Ophioglossum scandens. Linn Sol. Flora Brasil

Lygodium volubile Sw

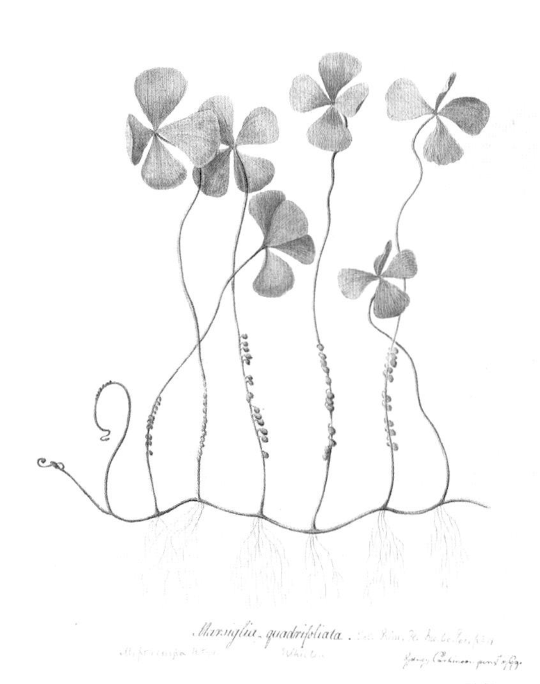

來自巴西的海金沙（左頁圖），索蘭德將之命名成藤蔓瓶爾小草（Ophioglossum scandens），目前正式學名為旋莖海金沙（Lygodium volubile）。這種植物在過去被用來編製籃子、紡紗、製作墊子和捕魚器。雖然帕金森沒落款，這張很可能是他的作品。在所有被認定是出自帕金森之手的作品中，有六百九十多幅並沒有落款，然而根據相關筆記上的筆跡來判定，帕氏應該是這些原作的作者（在此指的並非後期藝術家如諾德、米勒等的臨摹作品）。上圖為帕金森署名的水彩畫，圖上題著「悉尼・帕金森1769年作」的字樣；圖片描繪的是一種大溪地的水生植物，稱為多孢田字草（Marsilea polycarpa）。帕金森在大溪地的時候，當地昆蟲猛吃他畫布上的顏料，他不得不把自己和畫架用蚊帳遮蓋起來，省得顏料成了昆蟲的大餐。

好幾位藝術家都參與了《班克斯花譜》的出版計畫。雕版的製作大多根據帕金森的原作，例如左上圖碗蕨科的蕨（Pteridium aquilinum），不過偶爾也有根據不知名藝術家作品所製作者（右上圖）。許多水彩畫都是由約翰・弗雷德里克・米勒和詹姆士・米勒兩兄弟所完成。帕金森素描的石楠葉班克木（Banksia ericifolia），其水彩畫版本（右頁圖）上就題有「約翰・弗雷德里克・米勒1773年作」的字樣，這種植物所屬的班克屬，就是以班克斯的名字命名。班克斯在植物灣發現這種植物，植物灣這個地名，乃來自於在此地發現的豐富植物種類。

左頁圖中這幅錦葵科植物尖果冬葵子（Abutilon indicum ssp. albescens）的水彩畫，乃根據帕金森的素描所完成，圖上題有「弗雷德．波里多．諾德1778年作」的字樣。這種植物生長於澳洲的熱帶地區與東南亞，俗稱燈籠木。在奮進號停駐里約熱內盧的三週期間，班克斯和索蘭德蒐集了許多植物標本，其中包括生長迅速、目前被命名為纖毛蕊葉藤（Stigmaphyllon ciliatum）的黃褥花科常青攀緣植物，上圖即為帕金森對這種植物的描繪。一旦帕金森完成了一幅作品，索蘭德就會在作品背後記下植物種名，班克斯則負責註記採集地點。

兩幅根據帕金森的素描所製作的水彩畫。桑科植物的雀榕（Ficus superba）的水彩畫（右頁圖）上題著「弗雷德・波里多・諾德1782年作」，是諾德替班克斯製作的。上圖星芒草科的多脈星芒草（Astelia nervosa）也被認定是弗雷德・波里多・諾德（約1770年代至1800年左右）的作品，這種植物俗稱為灌木亞麻。帕金森照例在素描背後註記了植物的顏色，諾德因此得以按照帕金森的筆記，完成他的作品。有關雀榕的筆記是這麼寫的：「果實未成熟時呈淡綠色，上有白色小斑點，逐漸成長後呈白綠色，斑點則帶紅白色，成熟的果實呈深紫色，上有白色斑點。」

358

RAJA testacea.

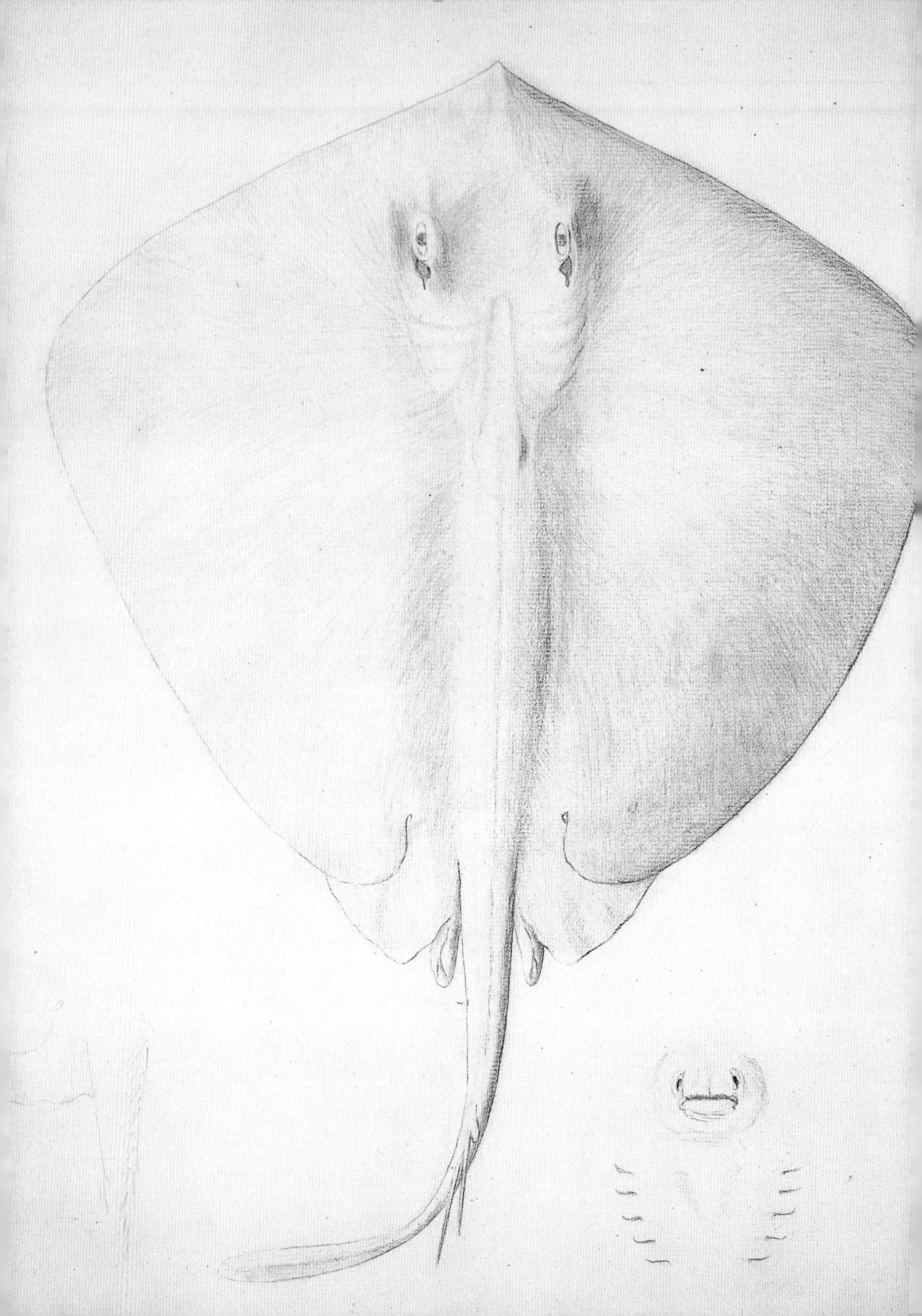

在奮進號航行期間繪製的所有素描與畫作，只有四幅是以哺乳動物為題，其中一幅就是上圖的袋鼠。這幅袋鼠素描是帕金森於1770年6月在靠近現今昆士蘭庫克鎮的奮進河邊繪製的。班克斯的秘書賀曼・史柏靈則畫了左頁裡學名原為Raja testaca的扁魟（Urolophus testaceus）。圖上註記的日期為1770年4月30日，地點為植物灣，當時班克斯和索蘭德都把植物灣稱為刺魟灣。

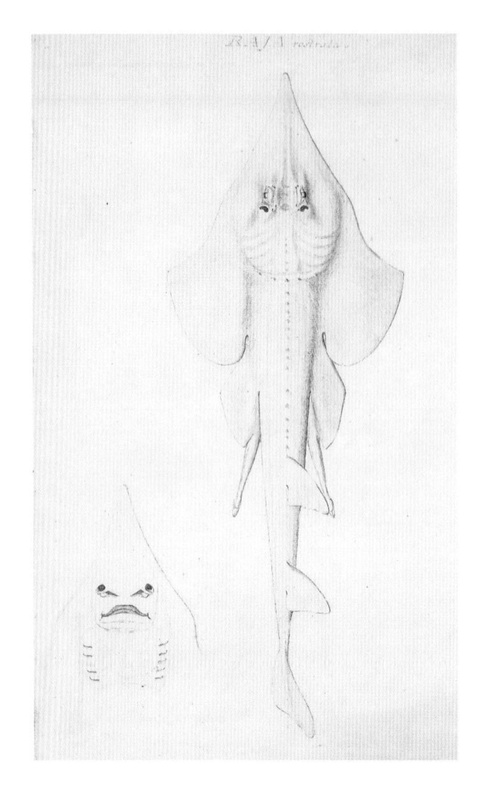

右圖是帕金森於1768年在馬德拉繪製的纓魚。在這個階段，帕金森尚未感受到他在後期所承受的龐大壓力，因此能完成他已開始繪製的作品。在奮進號航行紐西蘭期間，帕金森完成了十九幅近海魚類畫作；然而，待船隻航行到澳洲水域時，完成作品的數量已經大幅減少，帕金森只畫了三幅，不過賀曼·史柏靈卻完成了七張鯊魚、魟和硬骨魚的鉛筆素描，上圖便為其中一幅。這種魟魚原本被命名為突吻鰩（Raja rostrata），後來被重新命名為班克斯鐮吻犁頭鰩（Aptychotrema banksii）。儘管並未留下採集地點的記錄，圖上註記的時間為1770年4月29日，間接表示標本是在植物灣採到的。

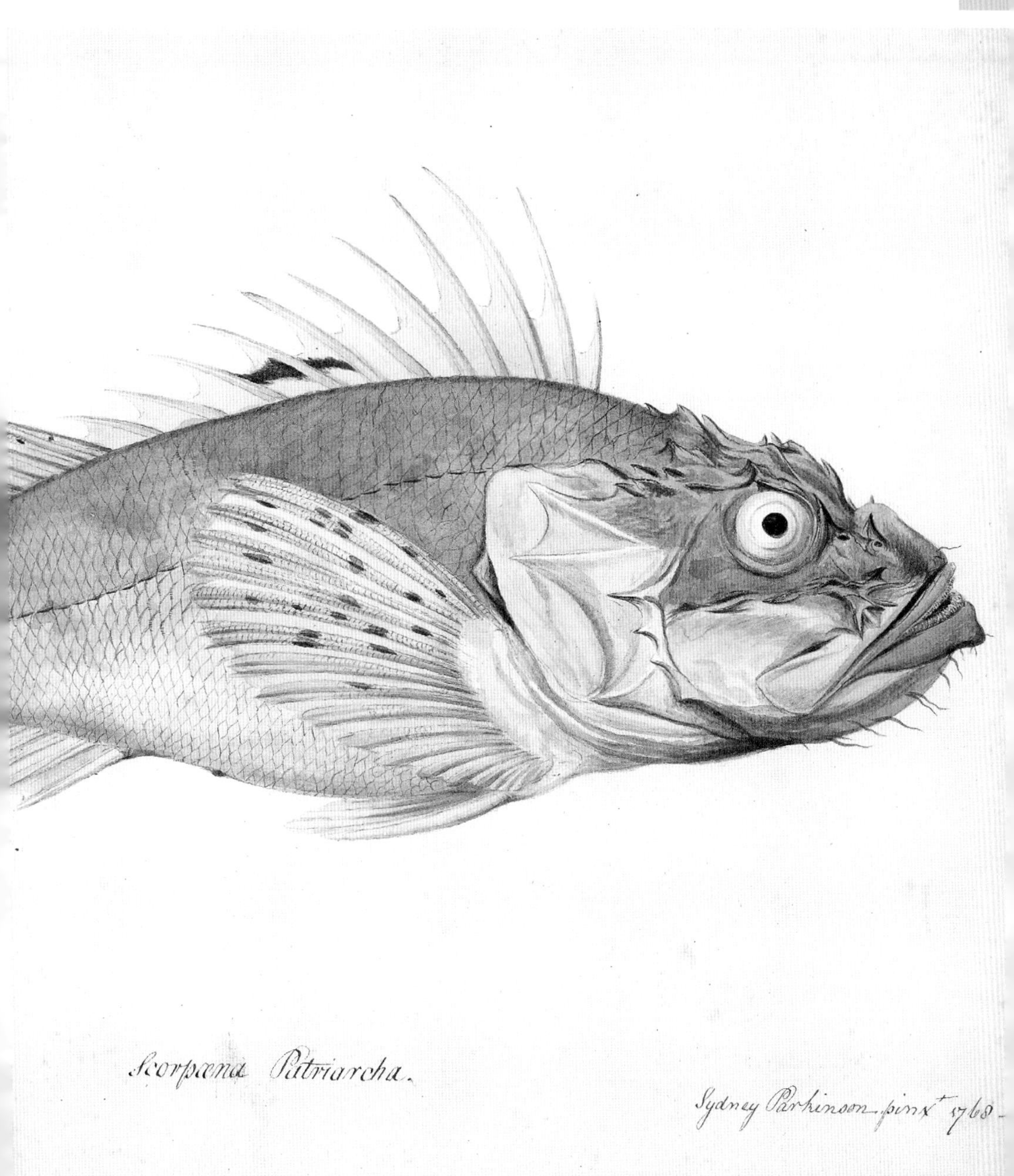
Scorpæna Patriarcha.
Sydney Parkinson pinx^t 1768

1769年4月，奮進號抵達大溪地，也就是帕金森開始繪製下圖這幅雀鱔的地點。索蘭德將它命名為長吻狗魚（Esox rostratus），不過後來重新命名為寬尾鶴鱵（Platybelone argala）。大溪地後來替奮進號上的藝術家們提供了豐富的海生動物題材，航程中總共繪製了一百四十八幅魚類，其中有六十六幅是大溪地水域的物種。在大溪地發現的其他海生動物，包括下面兩幅題有「笠螺」字樣的海蛞蝓，目前它被稱為短身鴨嘴螺（Scutus breviculus）。右頁的巨蝶魚（Chaetodon Gigas）目前被稱為大西洋棘白鯧（Chaetopdipterus faber），這幅圖畫是帕金森在1769年根據一個在里約熱內盧採集到的標本繪製的。

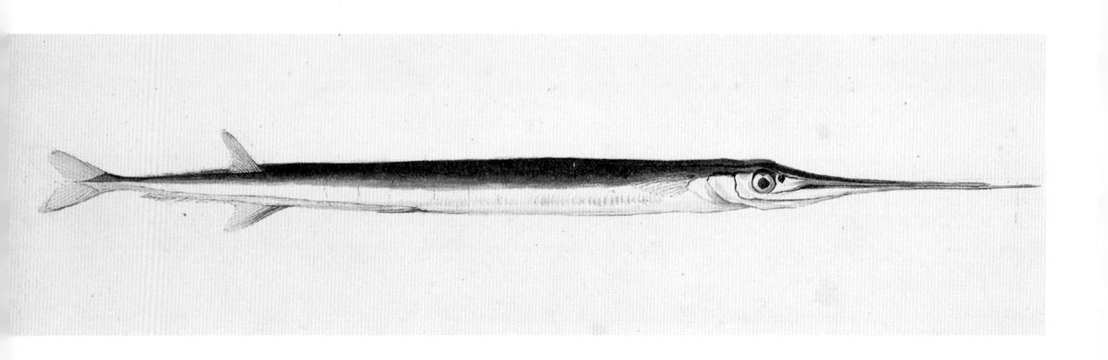

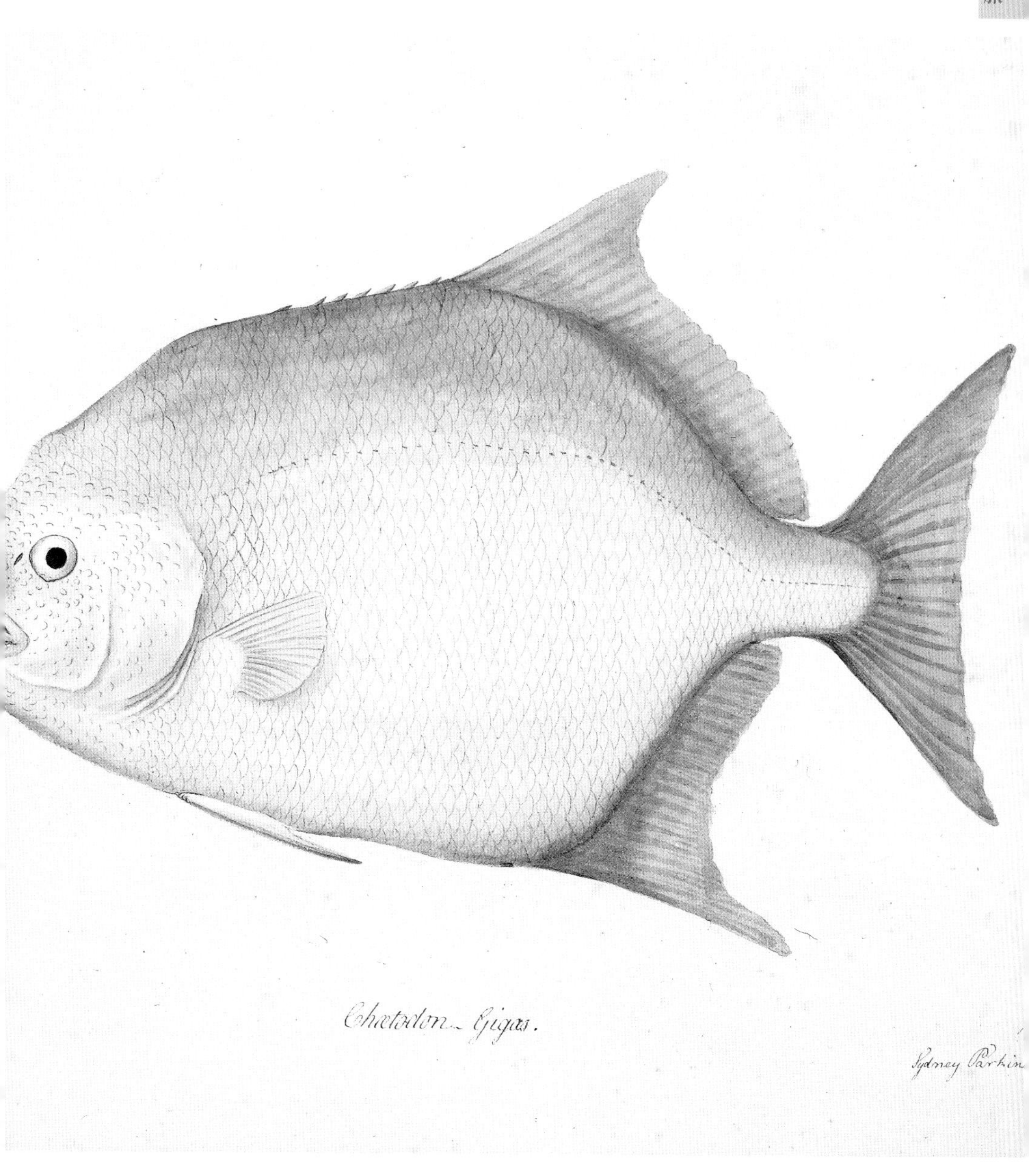
Chætodon Gigas.
Sydney Parkin

第六章 回到南太平洋（1772～1775）

詹姆斯・庫克、約翰・佛斯特、喬治・佛斯特

奮進號航行的成功，讓詹姆斯・庫克與約瑟夫・班克斯兩人深信，另一趟南太平洋遠征有其必要，以一勞永逸地解決南方是否真有巨大陸塊的問題。然而，有鑑於上次航程所遭遇的困難，尤其是危機四伏的澳洲大堡礁水域，庫克認為這次探險必須要派遣兩艘船艦。皇家海軍同意了庫克的提議，1771年9月底，奮進號返抵國門不到三個月後，海軍委員會受命採購兩艘適合此次航行任務的船艦。庫克負責監視採購過程，並再次選擇了與奮進號相同、於惠特比建造的運煤船：載著一百一十二位船員的果敢號由庫克指揮，另一艘具有八十位船員的冒險號，則由托比亞斯・菲爾諾領隊。

庫克希望在1772年3月啟航，不過由於他和班克斯兩人意見相左，使出發時間延後到該年7月。班克斯提議帶著一個不少於十六人的團隊隨行，其中包括自然史學家、畫家、傭人、甚至兩位號角手。所有隨行人員都得被安置在果敢號上，而果敢號也因此必須重新調整空間配置。庫克原本打算把他的船艙讓

給班克斯，自己搬到額外加在上層甲板的新船艙，不過當他們發現這個新船艙會讓這艘船不適航行而必須將之移除時，班克斯卻威脅要帶著他的所有隨行人員一起退出。班克斯要這種手段為所欲為，已經很多次了，不過出乎意料的是，皇家海軍這次卻真的答應讓他退出，並迅速地指派了自己的科學團隊，其中包括自然史學家約翰·賴因霍爾德·佛斯特（1729～1798），以及他十八歲的兒子喬治（1754～1794）作為他的助手兼畫家。

老佛斯特出生於波蘭，在哈勒大學研習神學與自然史，之後在波蘭北部鄰近格但斯克的鄉下，當了十二年的教區牧師。老佛斯特在從事神職期間結了婚，撫養著以喬治為長子的一家七口，並繼續他的科學研究。1766年，他舉家搬到英格蘭，在備受推崇的瓦陵頓新教徒研究院教授礦物學、昆蟲學與其他自然史相關學門。儘管老佛斯特確實有才，卻因為脾氣不好而在1769年被解雇，再度攜家帶眷遷居倫敦，並逐漸在倫敦的科學圈內打響名號。這讓當時的皇家海軍部部長桑威奇伯爵注意到了老佛斯特，他也因此獲聘為果敢號隨船博物學家。然而，老佛斯特喜怒無常的性格，到後來幾乎激怒了船上的每一個人，使得喬治不得不肩負起替父親打圓場的艱鉅任務。

1773年八月在大溪地的短暫停留，讓佛斯特父子得以採集並描繪數種植物新種，上圖中玉蕊科的棋盤腳樹就是其中之一。棋盤腳樹的學名原為Barringtonia speciosa，目前被重新命名為Barringtonia asiatica。

喬治·佛斯特在學識與藝術方面都相當有才氣。他自幼就由父親教導自然史，更在父親任教於瓦陵頓研究院時藉機拓展知識，不過，他的藝術細胞似乎是與生俱來的。在接下來的航程中，他替自己和父親所觀察或採集到的動植物進行素描作畫，尤其是那些保存不易、無法稍後再行繪製的物種。喬治在果敢號上繪製的動植物畫作，於1776年被約瑟夫·班克斯買下，目前是倫敦自然史博物館的收藏。至於果敢號航行期間繪製的風景畫，大多出自另一位官聘畫家威廉·霍奇茲（1744～1797）之手。

庫克終於在1772年7月13日離開普利茅斯，計畫先航向好望角，然後由此以盡量靠近南極的航路繞行地球一週，不過他這一次打算朝東走，好利用南半球高緯度地區假定存在的西風帶。他的任務是調查途中遇上的任何大型陸塊，不過會在南半球冬季時，將注意力轉移到緯度較低的地區。在前往好望角的第一段旅程中，佛斯特父子描述並繪製了不少海洋生物與水鳥，而水鳥剝製標本也慢慢地塞滿了他們的船艙。果敢號在好望角停留的三週期間，以及三年後返航時再度停駐的五週，讓佛斯特父子藉機仔細調查了包括開普敦動物園圈養動物在內的南非野生生物，喬治更初次畫下了部份物種。駐紮點周遭豐富的不知名動植物，讓他們眼花撩亂，因此當老佛斯特遇到安德斯·史帕曼（1748～1820）這位身兼醫生、林奈門生、與知名博物學家的瑞典年輕人時，便說服庫克船長，讓史帕曼加入果敢號的科學團隊，提供協助。

在1772年11月末離開南非以後，庫克一行人持續向南方航行，並於12月10日初次看到冰山。數日後，因為受到海冰阻擋，艦隊於是先向西航行了一個月，然後再往東沿著海冰邊緣前進，然而沿途卻毫無陸地的跡象。到了一月中，往南方的航路終於暢通無阻，在17日當

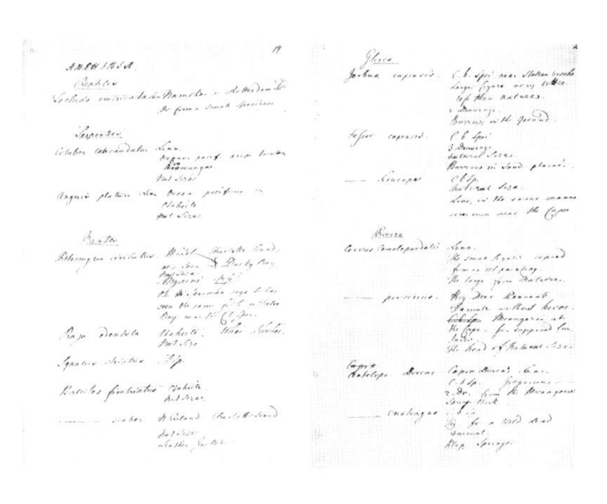

圖為約翰．佛斯特的手寫目錄，他在此替果敢號三年航程中採集到的標本，進行命名與敘述的工作。由於果敢號的停泊日數只有不到兩百九十天，因此佛斯特在上岸時都會全心全意、儘可能地進行物種的標本採集與描繪。

天，艦隊在人類歷史上頭一次穿過南極圈。當艦隊航行到南緯六十七度十五分的位置，僅距離尚未被人類發現的南極大陸一百二十公里處，堅實的冰場終究還是阻擋了他們的去路。於是，庫克轉往東北方進入南印度洋，不過到了2月8日，因為濃霧之故，果敢號與冒險號斷了聯繫。在這種走散的情況下，菲爾諾會奉命前往紐西蘭夏洛特皇后灣與果敢號集合，因此果敢號繼續朝東北航行，一直到約莫南緯四十五度的位置後轉向東南朝南緯六十二度前進，然而此時又再次遭遇大型冰山所阻擋。2月24日，庫克終於決定不再南行，在接下來將近一個月的時間，果敢號一直朝東行進。

最後，在1773年3月17日，庫克放棄了當季的高緯度搜尋，轉向東北方的紐西蘭航行，在25日早晨，紐西蘭南島終於出現在眼前。庫克整個四月都待在達斯基峽灣，這是個離南島南端不遠的偏僻水域，是庫克在奮進號航行時發現的地點。此處淡水充沛，食物資源豐富，讓果敢號能藉機替幾乎耗盡的貯存進行補給，此外，更讓庫克有充分的機會探索峽灣內的各個小島，並與毛利土著接觸。到4月5日，福斯特和史帕曼已經採集並描述了十九種鳥、三種魚與六種植物。當他們在五月離開達斯基峽灣時，儘管蒐集到更多物種，他們身為隨船博物學家的工作卻越來越令人不快。老佛斯特寫道，他的船艙

「至今成了各種採集標本如植物、魚類、鳥類、貝殼、種子等的倉庫，整個船艙因此變得極為潮溼又髒亂擁擠，而且還會產生有毒氣體……。」

庫克沿著南島西岸航行，在4月18日抵達夏洛特皇后灣時，冒險號早在當地久候多時。在集合後，計畫並未如菲爾諾和大多數船員所願，在他們的「冬季船塢」長時間逗留休憩，庫克打算利用這段時間搜索太平洋上另一個尚未勘查的區域。他打算從紐西蘭向東航行到西經一百三十五度、南緯四十一度至四十六度間的地區，就該時令而言，是緯度相當高的地方。之後，他打算轉往北方，繞經大溪地與其他尚未完全探勘的島群，再返回紐西蘭。

兩艘船艦於6月7日出發，密切地遵循庫克的計畫。事實上，他們航行到比原來計畫中更東方的地區，到達西經一百三十三度三十分的區域，不過沿途並未發現任何陸地，此後，船隊轉向北方朝著土阿莫土群島前進，然後往西向大溪地前去。一個月以後，兩船載著沉甸甸的補給、大量的自然史標本和人類學文物、以及喬治的畫作，重新出發。然而，與其選擇回到夏洛特皇后灣的最短路徑，庫克卻往西航行，經過社會群島和友善群島，然後終於在10月8日離開東加。當他們在十月底朝著庫克海峽西口接近，打算穿過庫克海峽駛抵夏洛特皇后灣時，卻受到惡劣天候所襲擊。庫克一直到11月3日才安全地把果敢號駛進灣區下錨停泊，不過他也發現，他再次失去了冒險號的消息。當菲爾諾終於領著冒險號抵達夏洛特皇后灣時，庫克早已離開。最後，菲爾諾在十二月底決定離開紐西蘭，取道合恩角返航，於1774年7月抵達英格蘭。

在這段期間，庫克再次橫掃太平洋，其中包括兩次南進南極圈的嘗試。在抵達夏洛特皇后灣以後，庫克修復了果敢號的索具，完整清理船身，修補甲板，並完成補給。他留了個瓶中信箋給菲爾諾，說明他大致的計畫，包括在下一個冬天造訪大溪地、復活島與社會群島。果敢號再次徒勞無功地在紐西蘭海岸搜尋冒險號，之後，終於在1773年11月26日獨自駛離。在果敢號南行的途中，天氣越來越糟，然而，儘管航程危險重重，庫克仍執意前行，並在12月20日跨越了南極圈。果敢號在酷寒的南極圈裡待了四天，在聖誕節前夕再度跨越。他們渡過了一個風平浪靜的聖誕節，儘管周圍有許多冰山環繞，庫克還是讓船員以平常喝酒狂歡的方式來慶祝。然而，即使被歡樂的氣氛所圍繞，老佛斯特卻感到沮喪，因為他認為這些漫長的大洋航行正在浪費他的時間，剝奪他的機會，讓他無法獲得像班克斯和索蘭德在前次航程所享有的重大科學發現。

果敢號在1774年1月初脫離海冰的包圍，到了11日，已經在南緯四十八度線上航行了超過紐西蘭到南非航程三分之二的距離。庫克在此改變航線，往合恩角的方向前進，讓部份船員燃起希望，以為他們正在回家的路上。然而，果敢號沒多久就再次轉向南方，並在兩週後再次穿越南極圈。到了1月30日，由於遭遇到冰原與濃霧，使庫克深信，這些海冰會一直延伸到南極，讓他不得不轉向北方。

此時，果敢號最後一次離開南極圈與海冰，先朝東北再往北前進，尋找航海家胡安·費爾南德斯據說在南緯三十八度線上找到的陸地。然而，庫克並沒有找到任何陸地，到了二月底，他決定放棄搜尋，直接前往復活島。在果敢號啟程前往新目的地之際，庫克卻在此時患了可能因為膽囊感染而引發的膽絞痛，病情危急，臥病在床幾乎一週。在當時幾乎無法取得新鮮食物的情況下，老佛斯特只得把他從大溪地帶上船的狗殺了，煮給庫克吃。這方法顯然管用，庫克逐漸復原，眾人也鬆了一口氣。

1774年3月中，果敢號在復活島短暫停留四天後，便朝馬克薩斯轉往大溪地，再向西經過波里尼西亞群島，最後由南往西向斐濟前去，最後抵達被庫克命名為新赫布里底群島的地方。自七月底至八月底，他仔細地調查了此地的海岸線，然後才出發前往被他命名為新喀里多尼亞的太平洋第四大島。他整個九月都待在新喀里多尼亞，替那四百八十公里長、危機四伏的東北海岸繪製地圖。之後，庫克與幾位植物學家上岸待了幾天，檢查那外觀特異、樹高達三十公尺而樹枝卻不到兩公尺長的庫氏南洋杉（Araucaria columnaris）。這些樹替船員們帶來了不少娛樂，因為人緣不佳的老福斯特，在船員從船上觀察這些樹的時候，以一打酒為賭注，斷言它們實際上是玄武岩。在從新喀里多尼亞到紐西蘭的半路上，他們又發現了另一個具有奇異松樹的島嶼，這種樹後來被命名為小葉南洋杉。最後，果敢號於1774年10月17日再次回到夏洛特皇后灣。

在這兩次獨自地毯式地搜索太平洋島嶼的航程中，庫克不論在地圖繪製、勘查與採集方面，都大有斬獲。然而，這些基本上只是此次航行的附屬產物，此行的主要目的仍舊是要尋找南方大陸。為了完成主要任務，庫克在返航回英以前，必須再次橫越南太平洋，以對南大西洋進行勘查。不過這最後一次的嘗試，仍舊是徒費無益，以至於他在1775年1月27日寫道：「我可以大膽地說，沒有人會比我更深入南方，永遠不會有人能涉足這塊南方大陸進行勘查……越往南，越會遇到濃霧、暴風雪、酷寒與其他讓航程更為艱難的嚴苛條件，而這塊土地無法言喻的惡劣條件，更大幅提高了探險的困難。這是個註定無法感受到溫暖陽光的土地，永遠埋沒在永恆冰雪的地方。」

庫克終於在1775年7月30日抵達英格蘭。一回到家，他馬上埋首準備將第二次遠航的成果付梓出版，不過卻在過程中與老佛斯特發生糾紛。老佛斯特聲稱，之前曾經有協議，由他來撰寫該次航程的報告書。儘管這不太可能是真的，庫克和老佛斯特還是在1776年年初達成妥協，由兩人共同撰寫出版這份報告。到了夏天，這個安排仍告破局，結果，最後出版的航程報告共有三份。在皇家海軍的全力支持下，庫克的兩本報告於1777年5月出版，其中包括十二張地圖，以及五十一幅單色印刷的風景、人物與文物版畫，這些圖像主要是根據霍奇茲的原稿製作而成。然而，喬治．佛斯特早在六週前就出版了一份與父親一起製作的兩本報告，而約翰自己以「……自然地理、自然史與人種哲學」的單冊評論報告，則在次年問世。佛斯特父子既無金援又時間不足，無法製作昂貴的版畫，加上欠缺官方支持，因此他們的出版品中並沒有附上任何圖片。

儘管老佛斯特為自己的報告取了這樣的書名，事實上，報告中有關自然史收藏的詳細資訊並不多，這和庫克第一次遠航的狀況一樣，詳細的自然史相關資訊，一直到很久以後才正式出版。果敢號在航行期間所採集到的許多動植物，在當時都是全新的物種，然而，由於約翰筆下許多以喬治的畫作為依據的物種描述，一直到1844年，也就是約翰死後四十六年才付梓問世，而許多動植物在這段期間都已經由其他學者進行描述與命名。儘管時至今日，許多倖存的果敢號動植物收藏及圖像，因為它們的歷史、科學與藝術價值而受到尊崇與重視，然而在它們初抵英國的那段期間，確實沒有獲得應有的重視與關注。

上圖為一種大洋水母的兩個視圖。佛斯特將它稱為Medusa pelagica，其中Medusa一字來自於古希臘神話的蛇髮女妖，將水母那髮狀且會螫人的觸手，用來和蛇髮女妖頭上不停蠕動且會咬人的蛇群類比；pelagica一字則意指大洋。

果敢號在好望角停留的時間長達兩個月，這些鉛筆素描是喬治・佛斯特在那段期間的作品。不論是喬治或約翰，都沒有時間離開好望角深入南非，因此只好倚賴買來的標本和當地動物園圈養的動物作為素描的對象。下圖中的白尾角馬 （Connochaetes gnou）是南非特有的大型羚類，上圖狀似長頸鹿的動物，則是喬治根據當時好望角總督約阿希姆・普勒滕貝格所收藏的一幅油畫臨摹而來的。

約翰・佛斯特在筆記中提到，1772年曾在好望角動物園看到一種生活在南非的巨羚（右圖）。當時，這種動物的學名是Antilope oryx，目前已重新命名為Taurotragus oryx，中文伊蘭羚羊，學名中的「tauro」來自拉丁文的「taurus」，是公牛的意思。上圖這幅有落款的完成圖，是學名原本為Rallus cafer、後經重新命名的暗藍秧雞（Rallus caerulescens）。這是佛斯特父子在好望角動物園看到的另一種動物。野外的暗藍秧雞以沼澤地和蘆葦河灘為棲息地，喬治似乎也試著以牠的原始棲地為背景作畫。

喬治・佛斯特在1772年12月30日畫下了上圖這隻棲息在「南冰洋」的雪海燕（Pagodroma nivea）。根據約翰・佛斯特的筆記，雪海燕可見於南緯52˚線以南，尤其是靠近海冰的地方。果敢號博物學家來到這極南酷寒之境的最大收穫，就是能有機會觀察該地區豐富且幾乎毫無文獻記錄的不知名鳥類，例如上圖的雪海燕、右圖中的鸌鳥，以及鴿鋸鸌、皇帝企鵝與國王企鵝等等。

81.
Aptenodytes patachonica J.R. Forster in Comm. Götting. 3. p. 137.
published by Mr Pennant in his genera of birds tab. 14.

約翰・佛斯特在果敢號於1772年12月初次短暫進入亞南極水域時，就已經看到過國王企鵝，不過他和庫克在1775年於南喬治亞島看到的實例（左頁圖），讓他們倆人都留下深刻的印象。在南喬治亞島與鄰近島嶼棲息的國王企鵝，數量多到好像用黑地毯把雪地覆蓋起來一般。他們在這裡也看到群居的海豹（下圖），佛斯特把他們命名為南極海豹（Phoca antarctica）。這是庫克和船員們最後一次看到國王企鵝和海豹，因為庫克此後便放棄搜尋這塊難以到達的南方大陸，返航回到英國。

根據記錄，右頁圖中魟魚的採集時間為1774年5月10日，剛好介於果敢號第二次造訪大溪地的期間。它的學名原為Raja edentula，目前被重新命名為Aetobatus nariniri，中文稱為雪花鴨嘴燕魟。這是約翰・佛斯特在長子之繪畫技能協助下，於大溪地進行的眾多自然史研究之一。然而，佛斯特並不只把注意力放在島嶼動植物相的調查，他同時也觀察當地人種，於是也針對大溪地與南太平洋其他島嶼的居民進行人類學研究，並成為人類學這個新領域的先鋒。他研究過的其他海洋生物，包括上圖中的這種河豚，它的學名原為Tetraodon hispidus，後被重新命名為Arothron meleagris，中文叫做白點叉鼻魨。佛斯特是在社會群島的瑞亞堤亞島採集到這種魚，它在受到威脅時會讓自己膨脹，藉此豎起身上的毒刺。本頁下圖中的魚，則是在果敢號返航英格蘭的途中，在好望角附近水域釣到的，其學名原為Blennius superciliosus，後被重新命名為Clinus superciliosus，中文稱為光唇草鳚。

250.

上左圖與上右圖分別是紅胸輝鸚鵡（Prosopeia tabuensis）和布布克鷹鴞（Ninox novaeseelandiae）的未完成圖，前者來自友善群島，後者俗稱摩雷波克貓頭鷹。摩雷波克只是勤奮的佛斯特父子及史帕曼在夏洛特皇后灣所採集到的眾多鳥類標本之一，他們的發現還包括紐西蘭岸鴴、紐西蘭鶇鶲、垂耳鴉、數種鸚鵡、斑鸕鷀、以及不會飛的紐西蘭秧雞。在他們所記錄到的鳥類中，有好幾種在一世紀以後就已滅種。右圖中的灰頭翡翠鳥（Halcyon leucocephala acteon），是庫克在前往好望角的途中，於維德角群島採集到的。在果敢號航程的眾多作品中，這幅灰頭翡翠是喬治·佛斯特少數連背景也一併完成的畫作。

60.

Forstera sedifolia Fl. Austr. p. 61. n. 324.

published by Dr. Ge. Forster in Nova Acta Upsal. 3. tab. 9.

左頁是花柱草科的佛斯特草（Forstera sedifolia），是在達斯基峽灣發現的。達斯基峽灣是果敢號初訪紐西蘭的第一個停靠港。這只是佛斯特父子和史帕曼記錄下的眾多動植物標本之一，他們的努力，大大增加了約瑟夫・班克斯爵士和植物學家丹尼爾・索蘭德在庫克第一次造訪紐西蘭時所編輯的動植物清單。上圖中包括樹皮、種子穗和種子等細節的木麻黃科的木賊葉木麻黃（Casuarina equisetifolia），採於大溪地。它是木麻黃屬的植物，以鱗狀葉為特徵，其種名「equisetifolia」意指其外觀狀似木賊（屬名Equisetum來自拉丁文的馬「equus」）。

Passiflora aurantia Fl. Austr. p. 62. n. 326.

Passiflora aurantia

左頁為西番蓮科的橙花西番蓮（Passiflora aurantia）水彩完成圖，其記載日期為9月8日，對應的地點為新喀里多尼亞——因此應在1773年採集。上圖這張未完成圖所描繪的植物，採集地點是紐西蘭夏洛特皇后灣，圖上寫有「Trichilia spectabilis」的字樣，不過它現在是屬於楝科植物的樫木（Dysoxylum spectabile）。果敢號於1773年5月初訪夏洛特皇后灣，之後於1774年10月重返舊地，博物學家們在果敢號兩次造訪此地期間，都有進行採集。

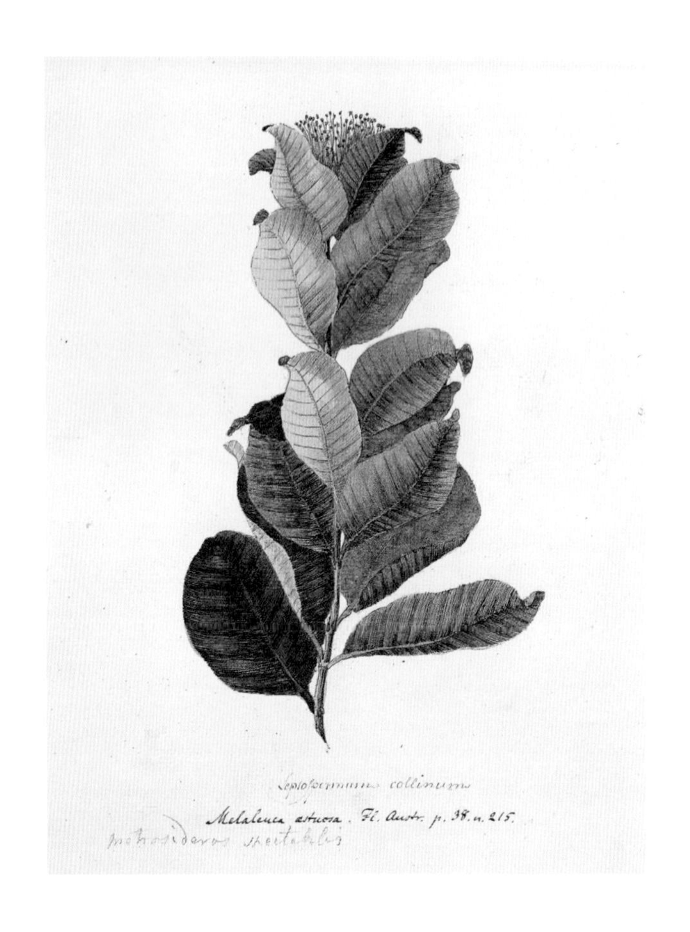

在果敢號十一萬三千公里的航程中，畫家共畫了三百多幅植物圖像，這是其中的兩幅。上圖植物是桃金孃科的物種，原名稱為「Melaleuca astuosa」，目前已改稱山鐵樹（（Metrosideros collina）。雖然在近距離觀察這種來自大溪地的植物時，會覺得它與白千層屬（Melaleuca）有些相似之處，不過由於這些植物圖像並無法表現出比例尺，確實容易造成誤解。有些白千層屬的植物，高度可達十二公尺，不過鐵樹屬植物卻可以長到二十五公尺高——這種高度差異並非來自不同屬的樹枝標本所能呈現的。右頁的植物圖像包含了這種植物的種子穗和種子，由喬治・佛斯特以「GF」署名，它被命名為「Jatropha gynandra」，不過它更可能是學名為「Jatropha curcas」，大戟科的麻瘋樹。

JATROPHA gynandra.

St. Jago

G.

Curcas? Fl. Atlant. in Commentat. Gotting. 9. p. 70. t. 148.

右頁中狀似薊草的菊科植物錦毛紅花（Carthamus lanatus），又稱為藏紅花，是1772年8月初作於馬德拉，不過它和包括左上圖旋花科植物的掌葉旋花草（Convolvulus digitalis）在內的許多植物一樣，直到1773年2月或3月間才完成。然而，根據這幅掌葉旋花草圖下方的筆記，它實際上可能是地中海旋花（C. althaeoides）。右上圖中來自夏洛特皇后灣的桃金孃科植物，原本被命名為「Leptospermum callistemon」，後改稱攀莖鐵樹（Metrosideros scandens）。

Madeira. sketched Aug. 1. 1772.
CARTHAMUS lanatus. (LINN.) Fl. Atlant. in Comment. g Forster. 1773.
(Götting. 9. p. 66. n. 131.

第七章 勘測澳大利亞（1801～1805）

馬修・弗林德斯、斐迪南・鮑爾

1778年11月，約瑟夫・班克斯獲選擔任大不列顛地區級別最高的科學職位——皇家學會會長，一直到他於1820年去世後才卸職。在甫上任的前幾年，他提出的最重要建議之一，便是將澳洲植物灣當作放逐罪犯的前哨站來發展，因為在1781年美國獨立戰爭結束後，英國再也無法將罪犯放逐到北美洲。在班克斯的建議終於受到採納後，1787年5月，由十一艘船組成的第一艦隊，由斯比特黑德[1]載著四百四十三位船員、八百名罪犯出發前往創建新的罪犯流放地。他們在1788年1月抵達植物灣，不過身為艦隊指揮官與殖民地第一任總督的亞瑟・菲利浦船長，對植物灣印象平平，決定轉往位於北方、距植物灣只有數公里遠的傑克遜港，也就是未來的雪梨，並且在該地安定下來。

在剛開始殖民的前幾年，殖民地政府並沒花多少力氣調查海岸線。因此，在1795年，當年僅二十一歲的海軍學校學員馬修・弗林德斯，隨著載著殖民地

1.位於英格蘭南部漢普夏郡，索倫特海峽內的港城。

新任總督約翰·杭特的信賴號抵達雪梨時，只有雪梨南北一百六十公里左右的海岸線曾受到調查。在接下來五年間，弗林德斯以當地有限的設備擴大勘查，並在1800年8月返回英格蘭時建議班克斯，促請英國正式派遣考察隊到澳洲，以將近三十年前由庫克所繪製的地圖，以及班克斯與索蘭德所開啟的澳洲自然史研究作為基礎，繼續發展。

班克斯和皇家海軍都同意了這項建議，尤其是當皇家海軍接到風聲，獲知法國正派出大隊人馬，由尼古拉斯·包丹船長在1800年10月率領著地理學家號和自然史家號到澳洲探勘時，英國更不願落於人後。英國並非唯一對澳大拉西亞[2]感興趣的國家。自1793年便與英國爭戰頻繁的法國，也正著眼衡量在該地區殖民的可能性，這尤其因為人們認為當時被稱為新荷蘭的澳洲，也有可能並不是一個單一陸塊，而是被一個連接大澳大利亞灣和卡奔塔利亞灣的南北通道切成東西兩半。因此，交戰的兩國同時派遣探險隊前進澳洲水域，並互相保證，探險隊將免受敵方軍事或海軍干涉。結果，兩隊人馬不論在地理與科學方面，都有重大斬獲。

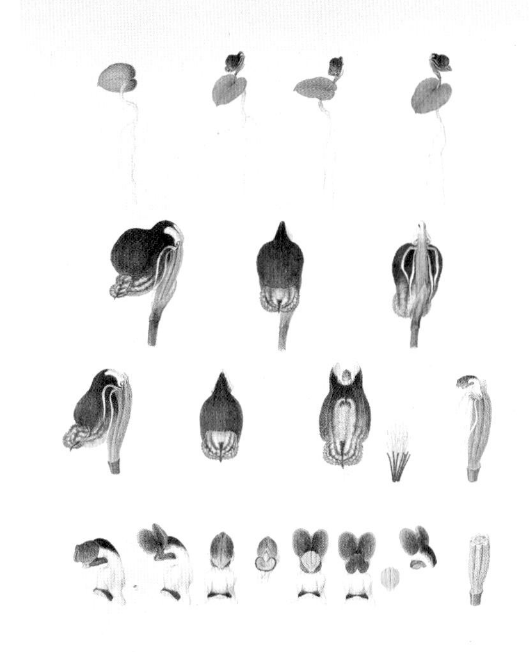

上圖中蘭科植物的爪花盔蘭（Corybas unguiculatus）至多可以長到三公分高，是澳洲的原生種。斐迪南·鮑爾畫的標本，可能是1804年在烏魯姆魯採集到的。

然而，上面說的這些都是後來的事。1800年11月，三十公尺長的

2.泛指澳洲、紐西蘭及附近南太平洋諸島。

馬修・弗林德斯針對調查者號遠航勘查所出版的報告《澳洲大陸之旅》，以澳洲南部海岸地貌插圖為其特色，其中包括上圖菲利浦港入口一帶，以及下圖描繪的斯賓塞海灣周圍山巒。

單桅帆船瑟諾芬號獲選成為探險隊主力，並被改名為調查者號，由當時已晉升為海軍上尉的弗林德斯擔任指揮。調查者號將載著八十名船員，以及包括官派風景畫家威廉・韋斯托爾（1781～1850）、天文學家約翰・克羅斯利、礦物學家約翰・艾倫（出生於1775年）、一位博物學家與一位自然史畫家等在內的文職人員一同出發。為了滿足探險隊對博物學家的需求，班克斯最後選了羅伯特・布朗（1773～1858），一位二十七歲、來自安格斯郡蒙特羅斯的蘇格蘭人。布朗曾經在愛丁堡習醫，自1795年起，便在蘇格蘭的法夫郡兵團擔任少尉兼助理外科醫師。在愛爾蘭北部服務三年以後，布朗被調職到倫敦，並在班克斯原來屬意的博物學家蒙哥・巴克決定退出以後，被推薦給班克斯。在調查者號航程中，布朗的助手包括原本在邱園服務的園丁彼得・古德（歿於1803年），以及目前被認定為世界上最偉大自然史畫家之一的奧地利畫家斐迪南・鮑爾（1760～1826）。

鮑爾出生於當時屬於下奧地利州的費爾德茲堡，不過該地在第一次世界大戰後被併入捷克。他的父親是列支敦士登親王的御用宮廷畫家，不過在斐迪南年僅周歲時去世。斐迪南遺傳了父親的藝術天分，而且自幼便格外展露出植物繪畫的興趣與技術。他原本在費爾德茲堡找到工作，後來轉往維也納大學，在植物學教授兼植物園園長尼古拉斯．馮雅克恩教授（1727～1817）處服務。1784年，當斐迪南還在維也納大學任職時，他認識了約翰．西布索普（1758～1796）——當時英國牛津大學的謝拉德植物學榮譽教授[3]。在西布索普的邀請下，斐迪南參加了希臘植物調查採集計畫，隨著西布索普去了希臘。他們在希臘待了十八個月以後，鮑爾在1787年年底，隨著西布索普和旅行期間繪製的超過一千五百份素描，一起回到英格蘭。鮑爾在牛津定居以後，花了好幾年的時間，把這些素描轉為完成作品；之後，這些畫作隨著西布索普的《希臘植物相》在1806至1840年間出版（許多是在鮑爾去世多年以後才問世），而且受知名英國植物學家約瑟夫．胡克認定為是「史上最偉大的植物繪畫」。由於這批作品之故，班克斯知道了鮑爾這號人物的存在，並隨之推薦他到調查者號上服務。

調查者號於1801年7月離開斯比特黑德，在12月抵達澳洲西南的路文岬。弗林德斯的第一項任務，是要針對南邊的海岸進行探勘調查，不過在正式開始以前，調查者號在喬治王峽灣停留了數星期，讓布朗和他的團隊有機會研究這個區域。短短數日間，他們蒐集了五百多種植物和一些動物，其中，植物標本幾乎都是新種——讓鮑爾勤奮不懈地描繪的龐大收藏，就是這樣開始的。在進行海岸調查之際，弗林德斯在洛切切群島安排了上岸勘查，並在大澳大利亞灣進行航行勘查，之後便來到林肯港短暫停靠。

3.植物學家威廉．謝拉德在1728年身歿時，將他終身的藏書、植物標本收藏與一筆三千英鎊捐款留給牛津大學，並指明此款項專用於資助該大學植物系主任兼植物園園長，以及植物園的營運。此後，為紀念謝拉德，便以謝拉德植物學榮譽教授作為牛津大學植物系主任的稱呼。

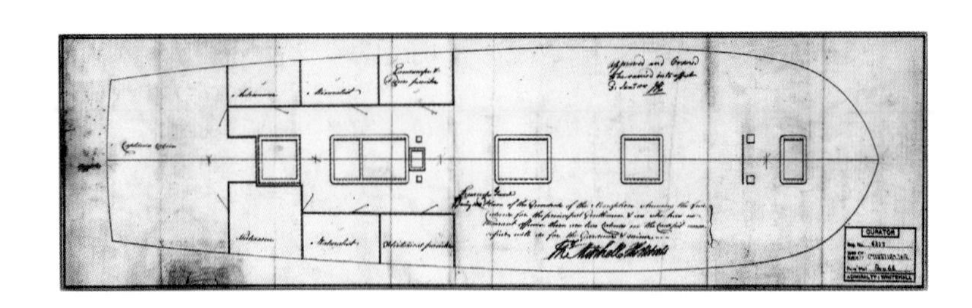

上圖為調查者號的部份藍圖。調查者號擁有足夠的空間，可以承載八十名以上的船員。這部份船艙被規劃為船長室和貴賓室，根據計畫書上的註記，所謂的貴賓乃指隨船的天文學家、礦物學家、風景畫家、自然史畫家與博物學家等人。

弗林德斯在靠近林肯港一帶，曾派出一艘小艇尋找水源，卻因此失去八名船員。在完成斯賓塞海灣與袋鼠島一帶的調查與採集以後，調查者號與法國的地理學家號在1802年4月8日於相遇灣遭遇，當時，包丹正領著地理學家號以反方向進行海岸調查。一個月後，兩隊人馬陸續抵達雪梨，在雪梨灣停泊。

此時距調查者號離開英格蘭已有十個月的時間，船身迫切需要修理，因此，弗林德斯在雪梨一直逗留到7月21日船身完成整修為止。在停留的這段期間，弗林德斯的日子一點也不平靜。布朗和鮑爾進行了幾次重要的採集勘查，其中包括前往雪梨附近的藍山，布朗也致信班克斯，表示他們已經蒐集到三百多種植物新種，而鮑爾也繪製了超過五百張素描。除此之外，這段期間也有重大政治發展，英法兩國停止交戰。在弗林德斯抵達雪梨時，法國的第二個船隊自然史家號早已在雪梨久候多時，而載著病弱船員的地理學家號，一直到數週以後才緩慢地駛進雪梨。不論是調查者號或地理學家號，都對兩國停戰的消息鬆了一口氣，儘管和平只是短暫的。

在船艦完成整修、船員調養生息以後，弗林德斯著手完成他的下一個偉大目標，環繞澳洲大陸一周，從北部海岸確認是否真有通往內陸的大型水道。調查者號向北航行，成功地通過了詹姆斯·庫克在三十年前挑戰過的大堡礁險灘。在幾次前往澳洲本土和離岸島嶼勘查，以及數度和澳洲原住民友善相遇以後，他們在1802年11月初繞著約克角進入卡奔塔利亞灣。在接下來的四個月中，弗林德斯針對卡奔塔利亞灣和安恆地區以西進行海岸線調查，不過卻沒有找到任何通往南方的重要水道；澳大利亞確實是一個單一陸塊。在這個地區，弗林德斯和澳洲土著有過幾次不太友善的遭遇，至少有一次是以一名澳洲土著死亡收場。此外，與該地區植物的接觸也不甚愉快，布朗、鮑爾和古德因為吃了蘇鐵的堅果而大病一場——儘管他們在前一年就曾在澳洲南部海岸有過同樣的經驗，不過他們似乎是忘了。鮑爾似乎病得特別重，儘管如此，他並沒有因此怠職，仍然仔細地畫下這種植物和該地區的其他數百種動植物，成果豐碩。

調查者號的船身早已顯示出嚴重耗損的跡象，到了1803年3月，弗林德斯決定，他們必須盡快完成繞行澳洲的計畫，縮短仔細調查的時間，迅速返回雪梨。此時，逆風迫使他們通過帝汶海，來到帝汶的古邦灣。他們在古邦灣重新補給後，出發返航雪梨，然而這趟歷時兩個月的航程，卻是困難重重，許多船員早已筋疲力盡，又病又累，結果又遇上痢疾爆發，在途中造成兩位船員死亡，當他們終於在6月9日抵達雪梨以後，又繼續損失了包括古德在內的四名船員。此刻，調查者號的狀況很糟，實在無法繼續調查任務。

弗林德斯與許多探險隊人員決定返回英格蘭，希望能弄來另一艘船，以完成原本的任務。然而，弗林德斯的厄運持續著。他的第一次返英嘗試，在他出發的一週後，亦即1803年8月17日，因為船艦在珊瑚礁失事而告終。弗林德斯乘著船上的小型快艇，在掙扎中回到雪梨，並於9月20日領著由三艘船所組成的救援隊再次出發，其中包括弗林德斯的私人船艇——二十九噸的坎伯蘭號在內。按計畫，救援隊在抵達失事地點後，部份人員會隨著一些倖存者繼續前往英格蘭，其餘則返回雪梨。不過當救援隊完成營救任務後，情況並未隨之好轉。坎伯蘭號並不適合遠航，在它繞著澳洲北部，經過帝汶朝往印度洋航行的過程中，已經承受相當程度的損害，由於它無法支持到好望角，弗林德斯決定轉往法國屬地法蘭西島（現在的模里西斯）。很不幸的是，他並不知道英法兩國間的戰事再次爆發，而且這次的拿破崙戰爭持續了十多年之久。由於弗林德斯並未乘坐著他護照上列出的船艦，法蘭西島總督德加昂以從事間諜活動之嫌逮捕了弗林德斯。儘管英格蘭、甚至法國皆提出抗議，弗林德斯仍然蒙受了六年半的牢獄之災，一直到德加昂被召回法國後，弗林德斯才在1810年10月回到家鄉。

弗林德斯離開以後，從調查者號倖存的博物學家們，仍繼續著他們的工作。當弗氏啟程前往英格蘭時，布朗、鮑爾和礦物學家艾倫執意留在雪梨。他們決定至多等待弗林德斯十八個月，如果他沒有回到澳洲，那他們就會自己想辦法回英國。他們一起在雪梨地區進行了幾次短期採集之旅，一直到1803年11月布朗決定前往范迪門之地（現在的塔斯馬尼亞）為止。布朗原來計畫的是十週旅行，然而，這趟行程最後卻延長為九個月，他在此期間進行了數量驚人的採集，有了許多新的發現，其中包括後來在1930年代絕種的袋狼。布朗並未與畫家同行，因為以雪梨為根據地的鮑爾有自己的旅行計畫，最遠曾到過在雪梨北方一百五十公里遠的紐卡索。鮑爾完全不知道布朗何時會回來，到了1804年中，他認為自己已經把雪梨地區的自然史研究透徹，應該往更遠處前進。

此刻，原本破舊不堪的調查者號經過重新整修，準備載著鮑爾、布朗和他們的收藏一起返回英格蘭。鮑爾決定獨自前往澳洲東方一千公里外的諾福克島，並預計讓調查者號在數週後到諾福克島接他。鮑爾在1804年8月布朗抵達雪梨的數日前離開，結果毫不可靠的調查者號，讓他在諾福克島停留了將近八個月後才把他接走。在這八個月期間，鮑爾仔細調查了諾福克島，進行標本採集與繪製，並且特別著重植物的部份。這些繪畫成果成了史蒂芬・恩德利希於1833年出版《諾福克植物大全》的基礎，該書列舉諾福克島上一百五十二種植物，許多種類更以鮑爾之名命名以表敬意。調查者號終於在1805年2月底接走鮑爾，將他載回雪梨，和布朗及艾倫會合。5月23日，他們帶著三十六大箱收藏、鮑爾的畫作以及一隻活袋熊一起出發返英。在經過一段冗長卻也平順的航程後，調查者號在1805年10月13日緩慢駛進利物浦，距從英國啟航已有四年三個月的時間。

布朗採集到將近四千種植物，其中大約有一千七百種是新種，此外，他還收集了大約一百五十份鳥類剝製標本、許多脊椎和無脊椎動物、以及數量豐富的礦物標本。鮑爾畫了超過兩千張動植物素描，其中約一千七百五十張為植物。這整批收藏都被搬到約瑟夫・班克斯爵士在倫敦蘇活廣場旁的屋子。接下來的十年間，布朗便在此致力整理典藏，為報告的出版做準備，鮑爾

馬修・弗林德斯終於在1810年10月返抵英格蘭，並馬上著手準備正式的航行報告。而弗林德斯在該報告於1814年7月出版時去世。

則根據之前的素描和豐富的色彩筆記，完成了數以百計的圖像。這些圖畫大多是皇家海軍的財產，皇家海軍一直到1843年才將所有權轉讓給大英博物館。

布朗原本計畫以澳洲植物為題出版一系列著作，不過最後只有一本付梓，而且僅賣出兩百五十本中的二十六本。鮑爾有意伴隨著布朗的文字敍述出版一系列插圖，不過卻找不到合適的人選替他製作雕版和上色。他不得已只好自己動手，結果發表的十五張作品中，只賣出了幾份而已。鮑爾如果知道，其中一份在1982年以兩萬五千美金的價格賣出，大概會感到非常詫異。不論如何，布朗和鮑爾都在有生之年看到自身作品的出版。至於弗林德斯，儘管經歷了許多磨難，他一回到倫敦，便馬上著手進行其正式報告《澳洲大陸之旅》。這本書終於在1814年問世，其中包括由布朗負責的八十頁植物附錄，以及鮑爾繪製的十幅植物插圖。1814年，幻想破滅的鮑爾帶著他在調查者號航行期間繪製並上色標的大量素描和少數完成圖，回到家鄉奧地利。鮑爾回到奧地利以後，仍持續以植物畫家為生，於1826年歿於目前為維也納郊區的希青。因此，鮑爾的素描目前大多為維也納自然史博物館所有，不過有些精美的完成圖卻在無意間來到大英博物館，之後成為倫敦自然史博物館的收藏，形成世上最精彩的動植物插圖原稿收藏之一。

鮑爾在調查者號航程中所繪製的作品之所以了不起，是因為他能在相當有限的上岸期間內畫出許多細節。鮑爾為了解決時間有限的問題，發展出一種獨特的技巧。他並沒有採用悉尼・帕金森在奮進號航行中部份上色的方式，而是根據自己研發出的複雜系統，在採集地花很多時間進行仔細的鉛筆素描與色彩標記。在回到倫敦後，他便利用這些上了色標的素描來作畫，捕捉色彩的細微差別。他完成了許多特出之作，包括右頁左上圖的菊科植物黃刺冠菊（Calotis lappulacea）、右上圖棕櫚樹的矮蒲葵（Livistona humilis）、以及右頁下圖草海桐科的錦毛花樹（Velleia pubescens）。

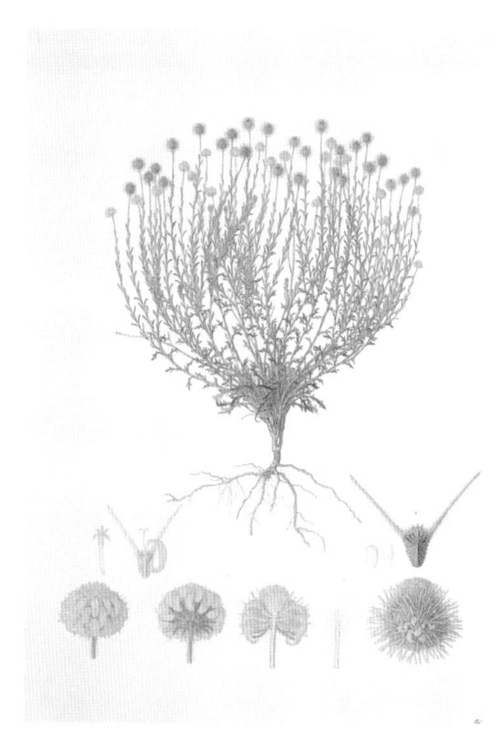

上圖中的菊科植物糙莖瘦長菊（Leptorhynchos scaber）來自西澳的喬治王峽灣，是調查者號在此地短暫停留期間所採集到的數百種植物標本之一。鮑爾在1802年5月22日從雪梨灣寫給兄長法蘭茲的信中提到：「從好望角啟航的五週後，我們第一次在1801年12月7日看到新荷蘭，並在隔日於西部的喬治王峽灣下錨。我們在那裡一直停留到1802年1月4日，期間曾數次進行登陸勘查，找到許多新植物。

在喬治王峽灣短暫停留期間，調查者號的科學團隊累積了數以百計的植物標本，其中包括左圖中於1802年1月1日採集的單尾種植物：土瓶草科的土瓶草（Cephalotus follicularis）。這種植物又稱囊葉草，夏季開花。它的花長在又長又瘦的莖上，莖的底部是一群有致命殺機的壺狀物，可以困住昆蟲，以植物分泌的消化液將它們溶解。

左上圖為水鼈科的卵葉水車前草（Ottelia ovalifolia），是羅伯特．布朗於1803年11月在新南威爾斯的帕拉瑪塔、霍克斯布里和里奇蒙一帶採集到的。在抵達該地區的三個月以前，布朗在昆士蘭的肖爾沃特灣採到了右上圖這個結了果實的棕櫚科大傘參棕（Mackinlaya macrosciadea）標本；這種植物的屬名「Mackinlaya」是為了紀念探險家約翰．麥金雷 （1819～1872），他因為前往營救第一批從南到北橫跨澳洲本土的歐洲探險家羅伯特．奧哈拉．伯克（1820～1861）和威廉．威爾斯（1834～1861）而名聲大噪。右頁的山龍眼科深紅班克木（Banksia coccinea），又稱為深紅花班庫樹，是澳洲西部的原生種，屬名以約瑟夫．班克斯來命名，種名則來自拉丁文「coccineus」，鮮紅色之意。

左頁是山龍眼科蕨葉銀樺（Grevillea pteridifolia）的黃色花朵。羅伯特·布朗確立了銀樺這個包括許多種植物的屬，他原本把圖中的這種植物命名為黃樹銀樺（Grevillea chrysodendron），不過約瑟夫·奈特早了布朗一年，在1809年先將它命名為蕨葉銀樺，因此根據國際命名規範，保留了蕨葉銀樺的名稱。[4]在昆士蘭，蕨葉銀樺被稱為金鸚鵡樹，因為它開滿大量黃色花朵，吸引了許多吸蜜鸚鵡和其他鳥類的駐足。左圖中的戟葉香蕉草（Lomandra hastilis）是一種藺草，生長在澳洲西部。這也就是說，鮑爾採集到這份標本的時間，應該是在調查者號以喬治王峽灣為根據地的1801年12月到1802年1月間。

4.除非物種名稱違背了命名法的規定，成為不可用的名稱，否則物種的命名以最早的命名為基準。

左上圖為蘇鐵科植物智利蘇鐵（Cycas media）的雄株和雄毬果，右上圖為其的堅果、含有劇毒的種子、葉片與莖，右頁圖則為裸露的雌毬果。所有蘇鐵屬的植物都是雌雄異株，也就是說，具有花粉的雄毬果和具有種子的雌毬果分屬在不同的植株上。庫克船長的團隊早在1770年進行澳洲勘查時便已遇上這種植物，約瑟夫．班克斯就曾寫到：「……儘管曾受警告，我們有些船員還是吃了一兩顆種子，結果嚴重上吐下瀉……」雖然其種子有毒，澳洲土著還是將它當成食物，將它磨成粉狀製成西米——不過種子必須先浸泡並且煮熟才行。

探險隊在昆士蘭北岸的托雷斯海峽群島採到一種原本被認為是木棉樹的彎子木科的吉利彎子木（Cochlospermum gillivraei），上圖是鮑爾畫下的莢果。弗林德斯在他的日記中寫到，在島上「……有種木棉樹長得很茂盛，它莢果裡的纖維很強韌，而且帶有漂亮的光澤，也許可以運用在製造業上……」然而，這種樹和其他木棉如吉貝木棉（Ceiba pentandra）並不相同。吉貝木棉產於熱帶美洲與非洲，其植物纖維被用做床墊填充物或運用在隔音方面；這種澳洲木棉的根，一直以來就被澳洲土著當成食物。不論是上圖的莢果或是左頁中的棕櫚樹，都能讓人感受到鮑爾在藝術表現上的細膩度。

(1801~1805)

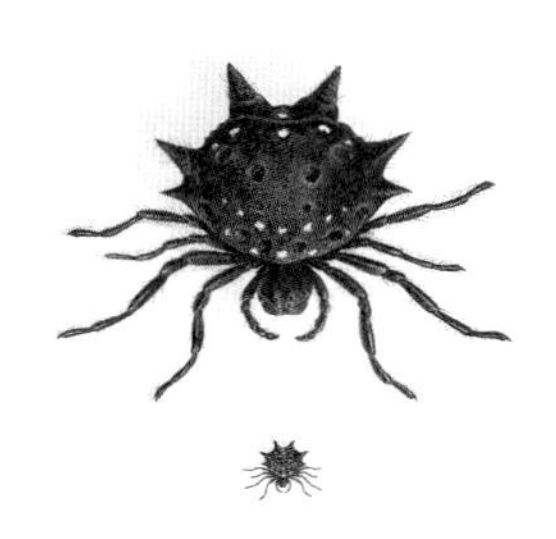

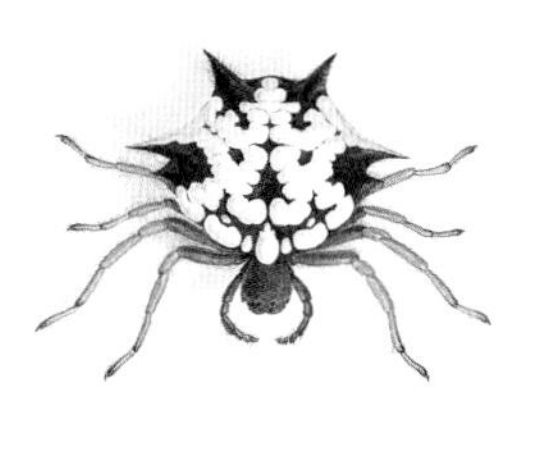

左圖的草海龍（Phyllopteryx taeniolatus）可能是隨著許多其他動物，在喬治王峽灣被撈起來的。弗林德斯在1802年1月3日的日誌中，曾提到船員們捕獲各式各樣的小魚：「……它們不大能吃，不過這些貝殼、海藻和珊瑚等，替船上的博物學家（想必是布朗）和製圖員（鮑爾）帶來不少娛樂消遣。其中有一種挺好看的海馬，還挺常見，大部分人都覺得它很漂亮……」上圖中的棘蛛（Gasteracantha mimax）在澳洲水域也很常見。

上圖的遠海梭子蟹（Portunus pelagicus）有許多俗名，如藍花蟹、藍泳蟹等，其學名來自羅馬文化中的河港之神波圖努斯，是可食用蟹種中最常見者。在鮑爾使用的複雜色標編碼系統中，每個顏色都有一個至多四位數的號碼作為代號，右圖意味著鮑爾能在樣本還新鮮、尚未褪色時先加以記錄，然後再以精確的原始色調繪製出水彩畫。

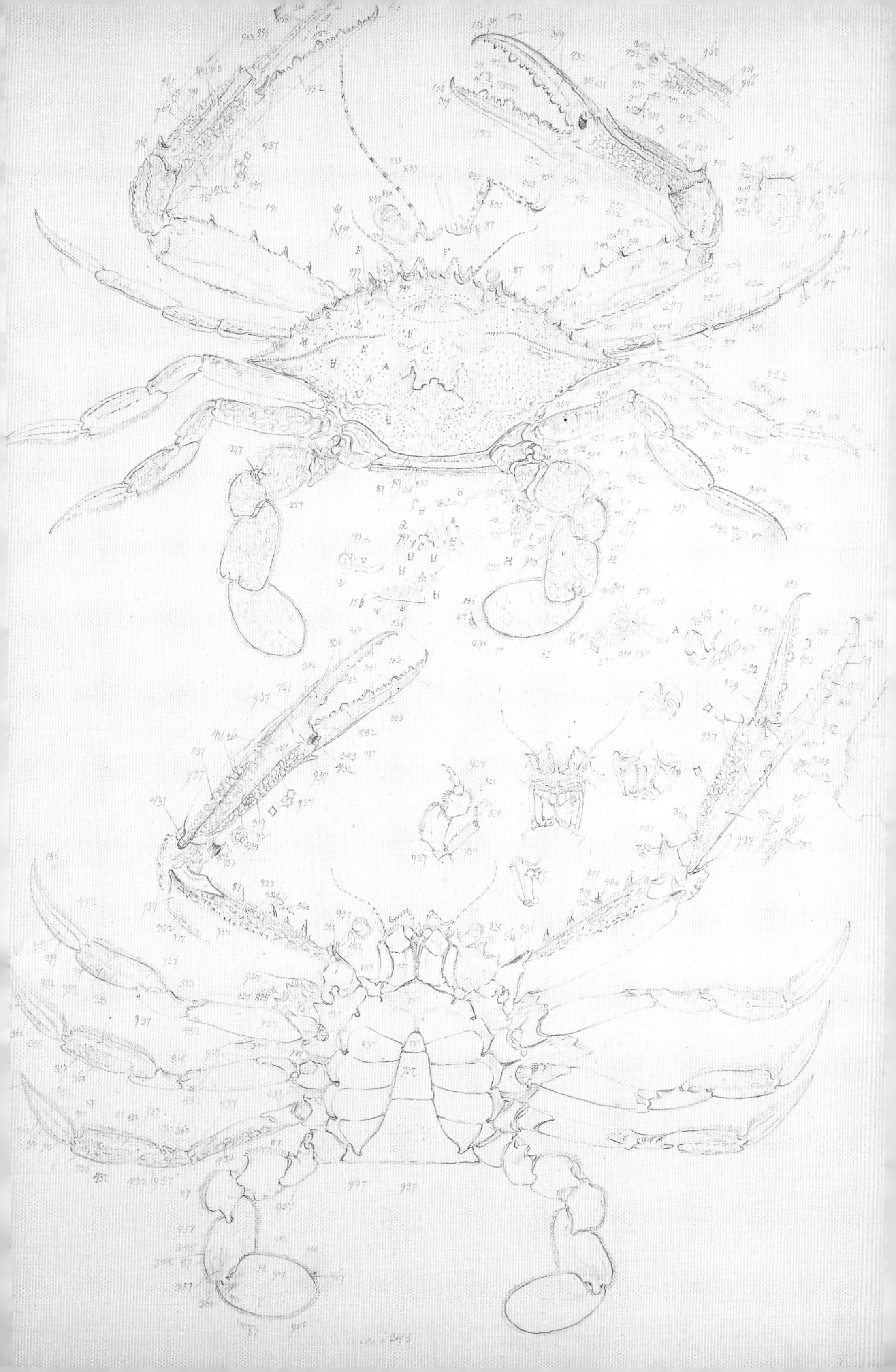

左圖是鮑爾筆下的帚尾岩袋鼠（Petrogale penicillata）。鮑爾作畫的樣本，被馬修・弗林德斯敘述為「……一種小型袋鼠，和我之前看過的任何種袋鼠都不一樣……」布朗在發現下圖中的雜斑石龍子（Egernia cunninghami）時，也有類似的反應。當時在喬治王峽灣停駐的布朗，在1801年12月22日的日記中寫到：「他們找到許多礦企鵝（Aptynidotes miner）和一種我從未看過的蜥蜴……。」

右頁下圖的勃氏刺尾革魨（Acanthaluteres brownii）是以羅伯特・布朗來命名的，俗稱布朗氏革魨。鮑爾的畫作是原始物種描述的僅存資訊。右頁上圖描繪的另一種革魨，也顯示出鮑爾作品恆久不墜的價值。這種魚在1846年被命名為鮑爾氏短革魨（Brachaluteres baueri），沒人想到它和之前已經命名的傑克遜鱗魨（Balistes jacksoniaunus）有何關連。1985年，一項以鮑爾作品為題的研究顯示，這兩個名稱事實上指的是同一物種（同物異名）。目前，這種魚仍然被稱為鮑爾氏短革魨。下圖中的魚也是鮑爾的作品，它是蓑鮋屬（Pterois）的動物，據信是在1802年8月28日在昆士蘭強潮海峽捕獲的。

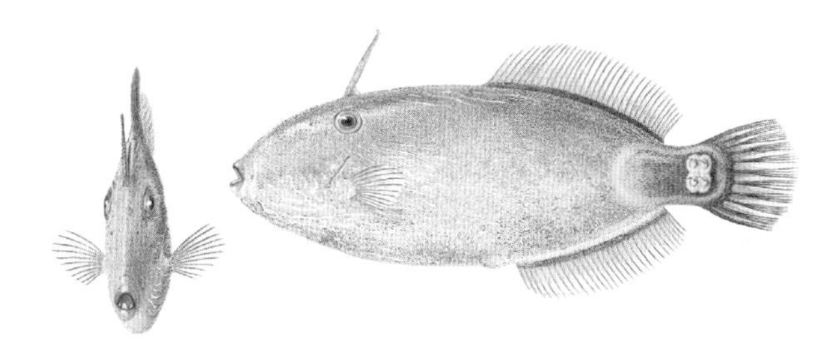

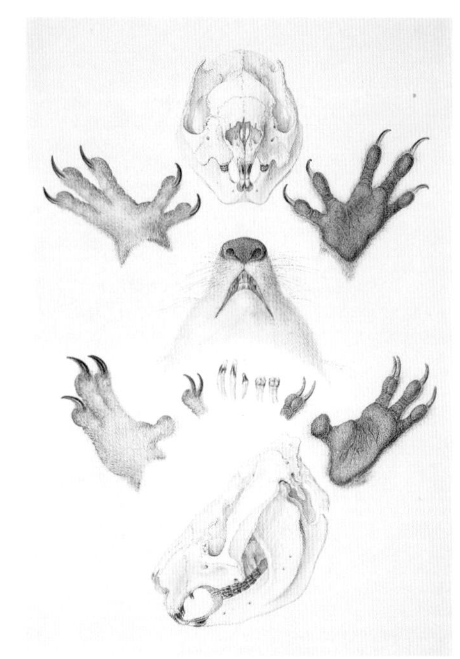

最先看到左上圖的袋熊（Vombatus ursinus）的歐洲人，可能是1797年在巴斯海峽保護島一帶沈船的水手。這些水手和澳洲原住民一樣，常常以袋熊為食，當弗林德斯把他們救起時，也抓了一隻袋熊，並把牠交給當時在雪梨的澳洲總督杭特。然而，這隻袋熊在六週後死亡，其屍體被送到倫敦的約瑟夫·班克斯手中。班克斯也希望能收到一對活的無尾熊（Phascolarctos cinereus，右上圖），羅伯特·布朗原本提議要送給他，不過因為無尾熊的飲食限制（吃尤加利樹葉），最終還是無法實現。對於右頁圖描繪的鴨嘴獸，班克斯原本對這種動物的存在有所質疑，不過在1800年，當時的澳洲總督金恩把一個鴨嘴獸標本送到班克斯手上，兩年後，鮑爾在新南威爾斯的傑克遜港畫下了這張圖。

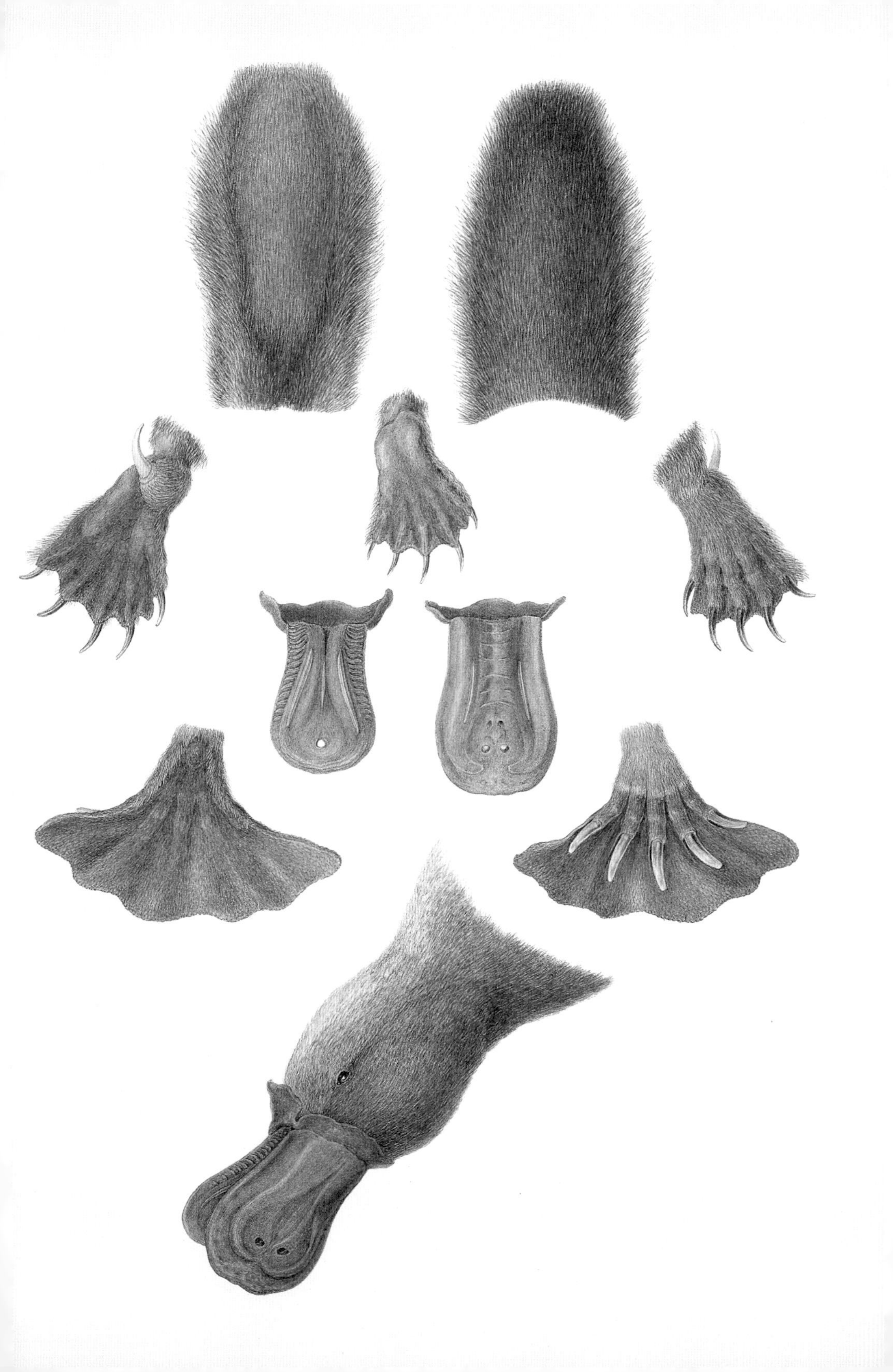

第八章 小獵犬號航行（1831～1836）

查爾斯·達爾文

查爾斯·達爾文搭乘著由羅伯特·費茲洛伊船長指揮的小獵犬號環遊世界的五年航行，是世界上最著名的航程之一。達爾文在旅程中蒐集的大量標本與筆記，最後讓他藉著《物種原始》一書發表了以天擇概念為中心的演化理論，撼動了全世界。然而，《物種原始》在1859年的出版，其實已經是很後來的事了。1831年12月，當小獵犬號從普利茅斯港出發時，達爾文才二十二歲；這個來自中上階級的青年，放棄了在愛丁堡習醫的學業，剛從劍橋拿到一個二流的神學學位，準備成為聖公會牧師，到安靜的鄉村教區服務。雖然他對自然史很感興趣，尤其對甲蟲的研究抱持著極度的熱忱，也認識一些具有影響力的科學界友人，但當時並沒有任何徵兆顯示，年輕的達爾文即將成為史上最偉大的生物學家之一。

另一方面，羅伯特·費茲洛伊則似乎注定會在海軍生涯上大放異彩。費茲洛伊是英王查理二世後裔，他在1818年，以十三歲之齡進入朴資茅斯皇家海事學院就讀，就學期間學科表現傑出，

達爾文在巴西的馬爾多納多看到上圖中這隻以仙人掌為食的鳥，牠原本被命名為達爾文風琴鳥（*Tanagra darwinii*），不過現在被重新命名為橙腹裸鼻雀（*Thraupis bonariensis*）。達爾文對鳥類研究的興趣，實際上比他發現加拉巴哥地雀的時間還早。

早已鋒芒畢露。費氏在十九歲時晉升海軍上尉，並在1828年，也就是他二十三歲時被調職到里約熱內盧，開始指揮小獵犬號。費茲洛伊的調職，是為了代替小獵犬號自殺身亡的前任船長，然而，費氏在四十年後竟也步上同樣的後塵。

費氏在成為小獵犬號船長後，花了兩年時間調查南美水域，期間並完成了繪製火地島海岸線地圖的任務，此後，他在1830年10月帶著四名火地島土著回到英格蘭，有意讓土著們在英國接受教育，然後把他們送回家鄉，讓他們的社會能夠從這種與「文明」的接觸中受益。雖然其中一名土著死於天花，皇家海軍對這個想法也不是太熱衷，不過當費氏重新受到任命為小獵犬號船長，受命繼續執行南美洲調查並繞經太平洋和好望角返回英國時，他實現計畫的機會來了。

根據費茲洛伊之前的經驗，他向海道測量員建議「應該尋找願意屈就船上膳宿環境的科學家同行，藉機拜訪這些遙遠卻鮮為人知的國度，從中獲益。」在獲得科學界友人的推薦和大部分家人的支持，並克服來自父親的些許阻力後，查爾斯·達爾文成為這個人選，在海軍提供膳宿、部份自掏腰包以及父親提供金援下成行。除了身為隨船博物學家的任務以外，達爾文得陪費茲洛伊用膳，在某種程度上減輕船長本身無法避免的孤獨狀態。由於費茲洛伊個性暴躁且鬱鬱寡歡，而達爾文非常隨和，因此，在船員與極受敬重的船長間，達爾文便成了一種緩衝。

小獵犬號是艘單桅帆船，體積不大，船長二十七公尺，寬八公尺。小獵犬號得承載七十四名船員，包括海軍官兵、達爾文、三名火地島土著、以及當時或多或少已經是強制性編制的官派隨船畫家。專業畫家的存在尤其重要，因為儘管包括費茲洛伊在內的幾位海軍人員都是技術高超的製圖員，但達爾文卻毫無藝術天賦可言。

第一位專任畫家是小獵犬號啟航時已經三十八歲的奧古斯塔斯·厄爾，他同時也是年紀最大的船員。厄爾是費茲洛伊請來的，他和達爾文一樣，都是由皇家海軍供應膳食，不過，厄爾是個很好的選擇，因為在此之前，他已經有到偏遠地區繪製風景畫的二十年經驗，足跡遍及南美、澳洲與紐西蘭。而且，厄爾還是位傑出的肖像畫家，在小獵犬號航行的第一年，他趁著小獵犬號行進到大西洋南美沿岸之際，畫下一系列以船上生活為題的風景畫和水彩畫，也記錄下達爾文在海裡和岸邊採集到的各種生物。在這段期間，達爾文在岸上有充分的時間停留，當小獵犬號在里約停駐的幾週間，他和厄爾一起在岸上租房子住了下來，而接下來當小獵犬號停靠蒙特維多（烏拉圭首都）和布蘭卡港（位於阿根廷）時，也是如此進行。然而，厄爾的健康狀況並不理想，因此在小獵犬號於1832年12月第一次造訪火地島時，被迫留在蒙特維多。由於厄爾的缺席，不論是該次航行由費茲洛伊執行或第二次由厄爾的後繼者康拉德·馬騰斯所描繪的火地島土著，都不如預期中的精彩。當小獵犬號在1833年4月底回到布蘭卡港時，厄爾仍然在當地停留，然而，他的身體狀況不允許他重返團隊，最後他自己回到倫敦，並於1838年去

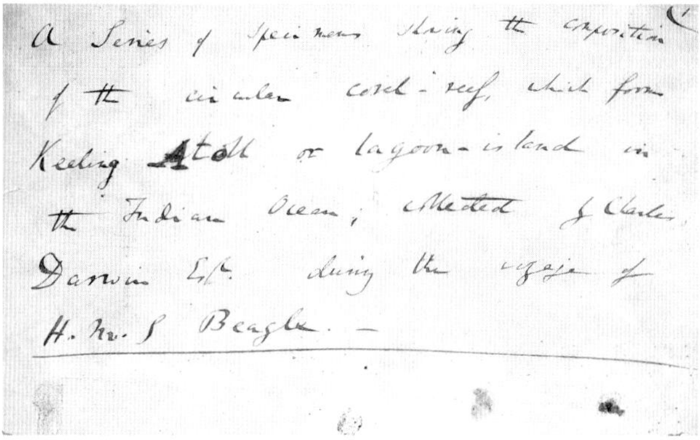

圖為達爾文的筆記，內容乃關於一些他於1836年在科科斯群島（原來稱為基林群島）研究礁脈時所採集的珊瑚標本。達爾文意識到，珊瑚礁是一漫長過程的最終結果，其中涉及古老火山島嶼的逐漸下沈，以及珊瑚結構在島嶼下沈之際同時在島嶼斜坡上增長發展。達爾文後來在1842年發表了著名的研究報告《珊瑚礁的結構與分佈》。在發表該報告時，達爾文提出的珊瑚礁形成理論受到眾人駁斥，不過後來的深海研究則完全證實了達爾文理論的正確性。

世。

同一時期，達爾文進行了兩段最長的陸路旅行，先是從卡門德帕塔戈內斯到布宜諾斯艾利斯的九百六十公里，接下來是沿著巴拉那河上溯到聖塔菲再經原路往回走的九百六十公里，沿途都沒有專業畫家的隨行。之後，達爾文前往蒙特維多和小獵犬號會合，期間還得穿過布宜諾斯艾利斯的軍事封鎖。在他終於和小獵犬號會合時，費茲洛伊已經找到厄爾的替代人選。康拉德．馬騰斯是位三十二歲的風景畫家，他在1833年夏天抵達里約熱內盧，正要去印度時，聽到費茲洛伊需要找位畫家，他馬上動身前往蒙特維多，向費茲洛伊自薦。馬騰斯馬上受到聘用，在小獵犬號於1833年12月最後一次離開蒙特維多時隨船啟航。九個月後，小獵犬號抵達瓦爾帕萊索，由於船上再也沒有能容下馬騰斯的空間，馬騰斯被迫上岸。馬騰斯在船上的這段期間，小獵犬號第二次造訪火地島，

上圖中揚帆的小獵犬號，是歐文・史坦利1841年的作品。達爾文以船長費茲洛伊旅伴的身分上船，因為費茲洛伊對遠航南美洲繪製海岸線地圖期間的寂寞感到害怕，覺得這孤獨感可能會讓他發瘋。小獵犬號的名稱，早已和達爾文以及導致達爾文提出演化理論的航程劃上等號。很諷刺的是，虔誠的費茲洛伊相信：達爾文的理論與聖經創造論相違背，於是認為達爾文的理論等同於異端邪説。

並且穿過合恩角來到南美洲太平洋沿岸；費茲洛伊在抵達火地島時發現，幾名受文明洗禮的土著已經恢復到他們原本的狀態。儘管馬騰斯在船上停留的時間不長，不過他的創作力旺盛，留下相當多的作品，因此，他的鉛筆素描和水彩，成為小獵犬號航程絕大部分的圖像記錄。而在馬騰斯離開小獵犬號以後，他造訪大溪地、紐西蘭島嶼灣與雪梨，這些小獵犬號在返航英國途中亦曾停靠的地點。部份不在小獵犬號上完成的畫作，後來也被費茲洛伊用在他的正式航程報告裡。

在離開瓦爾帕萊索以後，小獵犬號繼續往北行，花了一年調查南美洲太平洋海岸，而達爾文則持續著許多迷人、有時甚至危險的陸上探勘，隨時進行採集、觀察與記錄。當調查任務終於完成以後，小獵犬號在1835年9月離開南美洲，繞經加拉巴哥群島進行第一階段返航。小獵犬號耗費超過一年的時間返航英國，除了加拉巴哥群島以外，小獵犬號還先在大溪地、紐西蘭、澳洲、科科斯群島、開普敦、聖赫勒拿島、亞森欣等地停靠，然後再次返回布蘭卡港，並由布蘭卡港前往法爾茅斯，並讓達爾文在1836年10月2日在此上岸。對船員而言，返航行程是相當沒有壓力的，不過達爾文仍持續不懈地在瓶瓶罐罐裡裝滿了各式標本，並在筆記本上寫滿各種觀察記錄。

在快抵達加拉巴哥群島時，達爾文已親眼看到充分的證據，讓他深信地球和它的居民在過去曾經經歷過巨大的變化：山脈被往上推，然後受到侵蝕；海平面的重大變化，造成原本的海床裸露；以及整個島嶼和陸地的出現與消失。然而根據化石記錄，在上面這些事情發生的時候，有些動物與植物族群在相當長的地質年代中似乎沒有太大的改變，有些發生重大變化，有些則完全滅絕，受到新物種所取代。更何況，他在所到之處觀察到的生物體，都顯示出奇妙的適應，在惡劣的環境中儘可能地利用變幻莫測的資源。這些包括動植物演化在內的想法都不是編造出來的故事，不過它們卻讓達爾文和對聖經世界觀堅信不移的費茲洛伊產生了衝突；根據聖經的世界觀，地球所有生物都是由上帝所創造且永恆不變的，而地質學上的劇變與大滅絕事件，則與聖經記載的事件有關，例如大洪水。

相信演化是一件事，證實演化是另一回事，而解釋演化又完全是另一回事。達爾文接下來又花上二十年的勤奮工作，才公開提出他的天擇理論，小獵犬號在加拉巴哥群島停留的五週，的確替他後來的工作提供了關鍵性的資訊。這與世隔絕的群島由大約十二個小島組成，當達爾文在島間到處閒逛時，有兩個奇特的現象讓他深深著迷。首先，它們的動物相獨一無二，從極為龐大的巨龜、海生與陸生鬣蜥，到小型無脊椎動物，許多生存在加拉巴哥群島的物種，都是世界上其他地方找不到的；儘管牠們顯然與南美洲大陸物種極為相似，加拉巴哥群島的物種卻有著極細微的變化，有些甚至截然不同。達爾文寫道：「被前所未見的鳥、爬蟲類、貝殼、昆蟲和植物新種包圍，是非常不尋常的經驗，更者，這些生物身上有無數值得注意的構造細節，有些甚至是鳥鳴聲調和鳥類羽毛的差異，好像把南美洲巴塔哥尼亞高原的溫帶草原或智利北方的乾燥沙漠，活靈活現地呈現在我眼前。」更令人驚異的是，有些島嶼甚至有其獨特的種類，和那些在相距僅數十公里的鄰近島嶼上生活的種類完全不一樣。這種現象甚至也在龜類身上出現，不過在其他類動物卻更為明顯。

這些令人好奇的特徵，在鳥類身上尤其真實，特別是那一群外觀一點也不起眼、看起來非常相似、不過鳥喙形狀卻有極大差異的小型鳥類。這些鳥類最後被證明是十三種不同的鳥，牠們的鳥喙讓牠們在食物來源上有所特化，以堅果、種子、昆蟲甚至花果為食者都有。牠們後來成為著名的「達爾文雀」，不過在發現這些鳥類的當時，年輕的達爾文並沒有意識到牠們的重要性。由於沒有官派畫家隨行，加拉巴哥群島的動物並未受到充分描繪記載，而繪製加拉巴哥群島鳥類的畫家約翰．古爾德，可能甚至從未看過小獵犬號，更別說隨船航行，儘管如此，古爾德對小獵犬號的故事卻有無可抹滅的貢獻。古爾德和達爾文不同，他是鳥類學專家，而且他幾乎馬上就發覺了這些加拉巴哥群島雀鳥標本的重要性。

當小獵犬號回到英國時，達爾文早就體認到，牧師生涯並不適合自己。很幸運地是，他良好的財務狀況，意味著他並不需要賺錢養活自己。因此，他全心全意地準備小獵犬號航程動物調查成果的出版，並長時間投入演化理論的發展工作。然而，他顯然無法單憑一己之力來處理所有的動物族群，需要向專家尋求協助。因此，1837年1月，他帶著自己採集到的哺乳動物和鳥類標本，來到甫成立的倫敦動物學學會，而古爾德是該學會的鳥類學家。

古爾德出生於1804年，是溫莎堡園丁之子，他並未接受過太多正規教育，早年便隨著父親的腳步，以實習園丁的身分開始在溫莎工作。在訓練過程中，他接觸到標本製作的藝術，在當時的環境中，園丁具備標本製作技術是很平常的事，而到古爾德二十歲時，他便已在倫敦開始了自己的標本製作事業。由於他在溫莎的人脈，他替喬治四世做了幾隻鳥類剝製標本，並在1827年在新成立的倫敦動物學學會獲得了「研究與保存專員」的職位。六年後，他晉升為該學會鳥類部門的負責人，而且早已開始了他終生的摯愛，亦即出版具有大量精緻圖像的鳥類專書，事業極為成功。儘管古爾德自己也是相當有才華的畫家，但他眾多出版品中的圖像大多出自他人之手，即使宣稱為古爾德所繪製者亦是如此。這些圖像有很多是其妻伊莉莎白和著名打油詩人愛德華·李爾的作品。至於古爾德本身的優點，則在於他是個非常成功的出版事業家和鳥類學家，而他在鳥類學上的能力，讓他能在達爾文演化理論的發展上做出重大貢獻。

古爾德仔細檢查了達爾文帶來的所有鳥類標本，據此替其中的許多新種進行命名與描述。他對此感到非常興奮，尤其是那些來自加拉巴哥群島、看來不甚起眼的小型鳥類。由於牠們的生活方式顯然不同，達爾文將牠們假定分成幾種不同的代表性類別：鷦鷯、雀鳥、蠟嘴雀和烏鶇類。然而，在古爾德收到標本的六天以後，他就宣佈，這些鳥儘管具有形狀完全不同的鳥喙，牠們事實上全部都是雀鳥。雖然這很有趣，不過它所代表的真正意涵，在當時並沒有馬上讓人意識到什麼，即使是古爾德和達爾文也沒有領會到此一發現的意義。事實上，儘管這群加拉巴哥雀鳥在演化論的發展扮演了如此重要的角色，古爾德從未對這些闡明天擇理論的證據居功。

達爾文漸漸意識到，他在小獵犬號航行期間採集到的雀鳥標本，代表著演化「自然實驗」的卓越成果。在遙遠的過去，當鳥類尚未在加拉巴哥群島定居時，有些典型的雀鳥可能從南美洲大陸來到這些島嶼。由於沒有其他食性特化的小型鳥類與這些始祖雀鳥競爭，牠們經過演化與特化，佔據了島上所有可取得的「小型鳥類生態區位」，並在過程中演化出各式各樣與原始雀鳥完全不同的鳥喙——儘管這個例子十分不尋常，它的確是由天擇引發適應的完美範例。當然，達爾文即使沒有得到古爾德的協助，最終還是會獲得這樣的結論，不過替演化概念播種的第一人，無疑是約翰・古爾德這位出版商與鳥類學家的傑作。

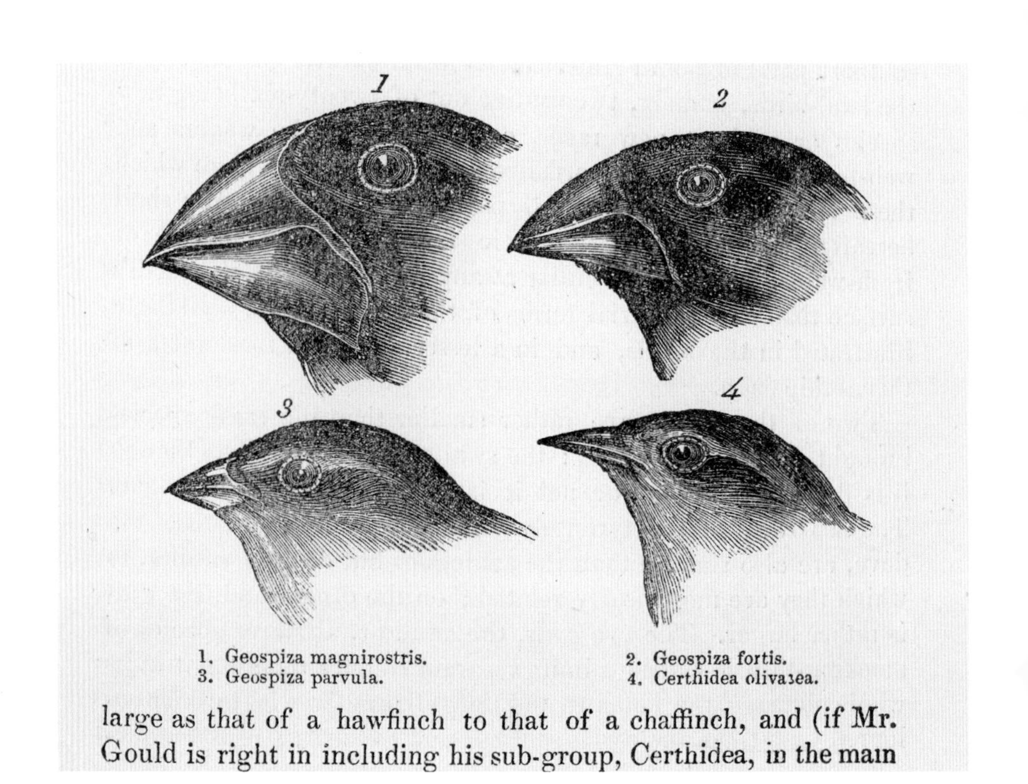

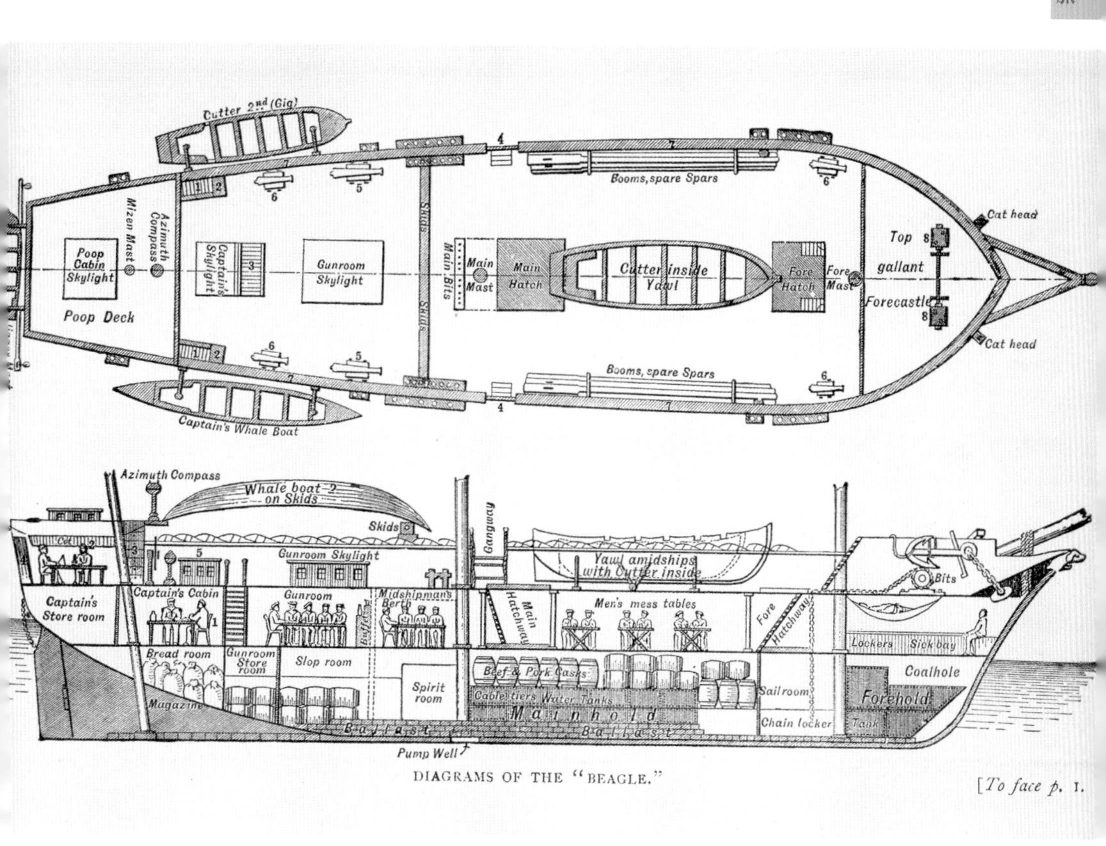

DIAGRAMS OF THE "BEAGLE."

[To face p. 1.

在左頁圖的達爾文研究日誌中，記錄的四種具有不同鳥喙的加拉巴哥雀。達爾文對「上帝個別創造每種生物，萬物永恆不變」的觀點提出質疑，寫道：「由於每種生物的出生個體比存活下來的多很多，加上這現象導致生存競爭不斷地發生，因此，任何生物，若以任何讓自己有利可圖的方式改變一下……則會有更高的機會存活下來，以此方式受自然選擇……這種保存有利的個體差異及變異，淘汰不利者的現象，我將之稱為天擇，或是適者生存。」這些地雀標本隨著小獵犬號（上圖）被帶回倫敦。

Phyllostoma Grayi.

Phyllostoma Grayi.

達爾文在巴西布蘭卡港北部的伯南布哥找到左頁圖與上圖中的蝙蝠，並將之命名為葛氏葉口蝠（Phyllostoma grayi）。他寫道：「這種蝙蝠似乎在伯南布哥很常見……當我在中午時分進入一個古老的石灰窯時，讓一群數量相當多的蝙蝠受到驚擾；牠們似乎不受光線侵擾，棲息地也比一般的蝙蝠休憩地來得明亮。」這種蝙蝠的頭長與體長加起來不過五公分，不過其翼展開後卻有二十五公分。

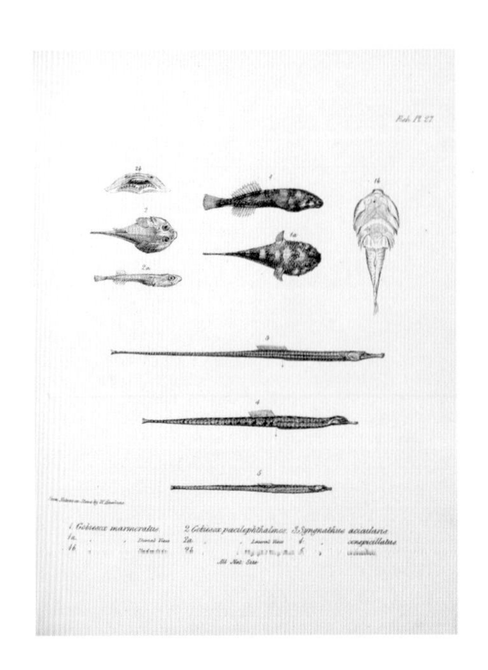

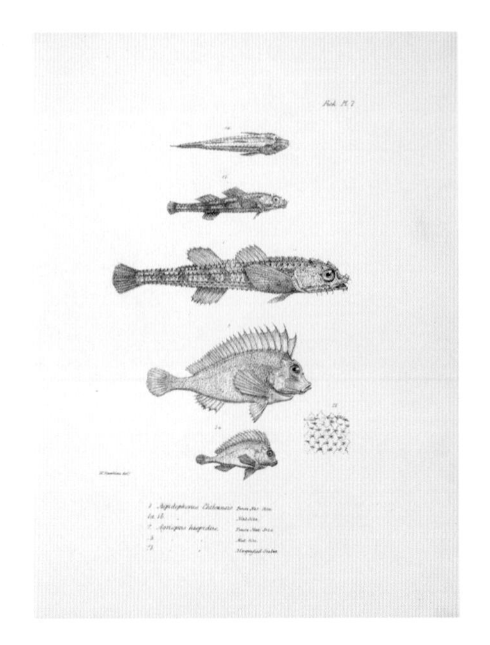

上左圖是一些來自南美洲與大溪地水域的魚類，包括達爾文在南美洲西岸奇洛埃群島發現的石紋喉盤魚（Gobiesox marmoratus；1、1a、1b），在查塔姆島（聖克里斯托瓦爾島）發現的雜色阿科斯喉盤魚（Gobiesox poecilophthalmus ；2、2a、2b）單一標本，在瓦爾帕萊索採集到的高體隆背海龍（Leptonotus blainvilleanus；3），來自大溪地的毛小頜海龍（Halicampus crinitus ；4），以及來自布蘭卡港的黃帶冠海龍（Corythoichthys flavofasciatus；5）。上右圖中的兩種小魚來自奇洛埃群島，分別是智利擬八角魚（Agonopsis chiloensis；1、1a、1b）及秘魯前鰭鮋（Agriopus hispidus ；2、2a、2b）。達爾文在南美洲也採集到非常多蛙類，如右圖中來自巴塔哥尼亞地區的南美偽眼蛙（Pleurodema bufonina；1、1a），根據達爾文的記載，這種蛙「……出生並生活在鹽度高到難以入口的水域。」

rawn from Nature on Stone by B. Waterhouse Hawkins

C. Hullmandel Imp.

1. 1 a — *Leiuperus salarius.*
2. 2 a. 2 b. 2 c. — *Pyxicephalus Americanus.*
3. 3 a. 3 b. — *Alsodes monticola.*
4. 4 a. — *Litoria glandulosa.*
5. 5 a. 5 b. — *Batrachyla leptopus.*

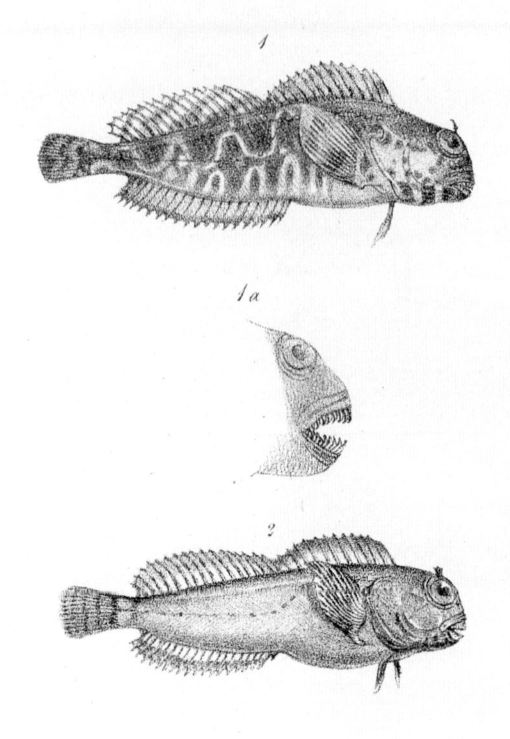

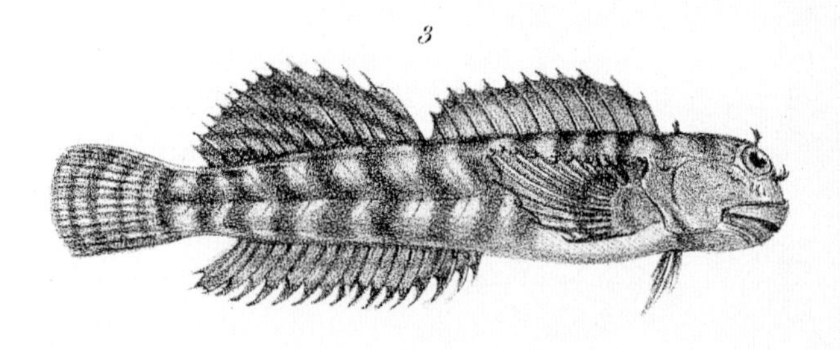

Waterhouse Hawkins del.

1. *Blennechis fasciatus.* Nat: Size.
1 a. „ „ Teeth magnified.
2. *Blennechis ornatus.* Nat: Size.
3. *Salarias Vomerinus.* Nat: Size.

左頁圖中的三種魚類包括最下方於探險早期在維德角群島普拉亞港捕獲的紅唇真蛇鳚（Ophioblennius atlanticus）。這種魚的下頷上有兩支又長又尖銳的獠牙，可以在其他動物身上造成嚴重的傷口，根據達爾文的記錄，牠確實也劃傷了一位小獵犬號船員的手。在南美洲採集到的眾多蛙類和蟾蜍中，包括上圖中央的安第斯蟾蜍（Phryniscus nigricans），這種生性厭水的蟾蜍，後來被重新命名為黑昧蟾蜍（Melanophryniscus stetcheri）。牠是在馬爾多納多的海岸沙丘上被找到的，達爾文把一隻丟到淡水池裡，結果發現牠不會游泳，趕緊把牠救了起來。達爾文的另一個重要新屬發現，則是下圖中的亞德里亞海鮋（Scorpaena histrio）。在此之前，人們只有在美洲東岸和東印度群島發現過多種鮋魚。

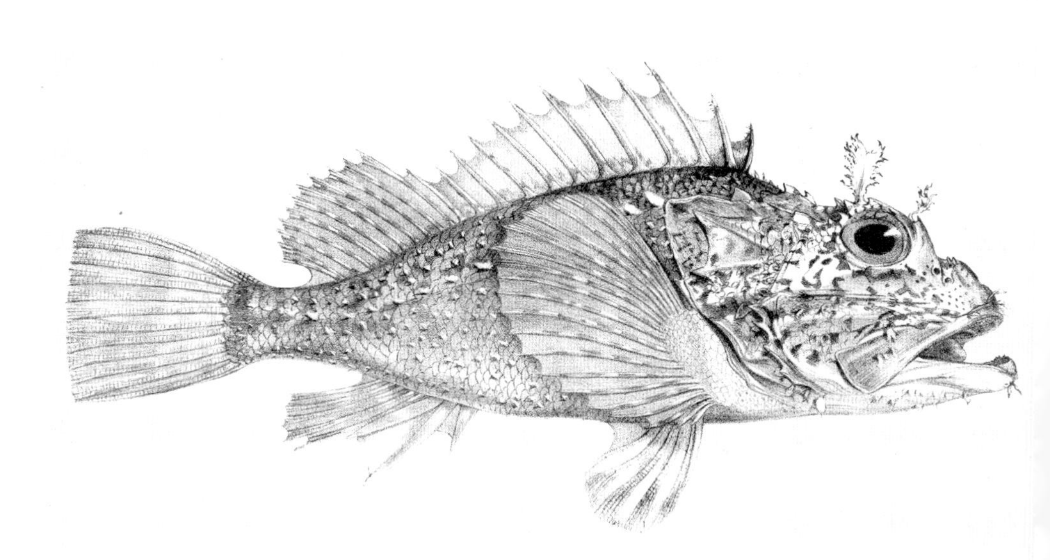

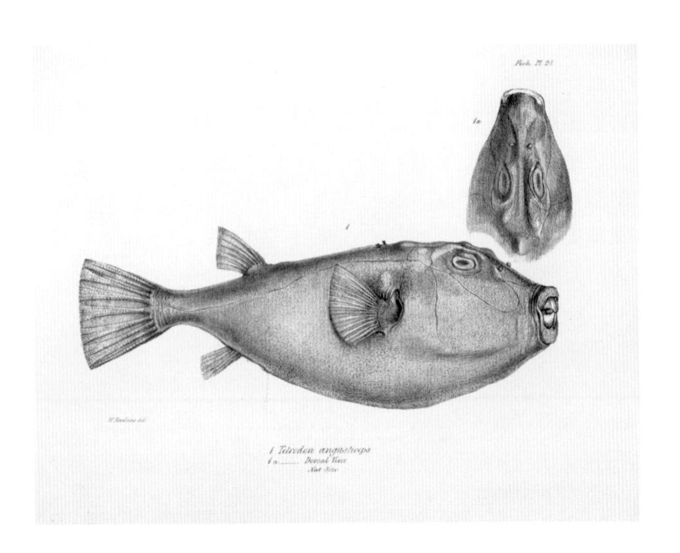
Fish. Pl. 25
1 Tetrodon angusticeps
1 a........ Dorsal View
Nat. Size

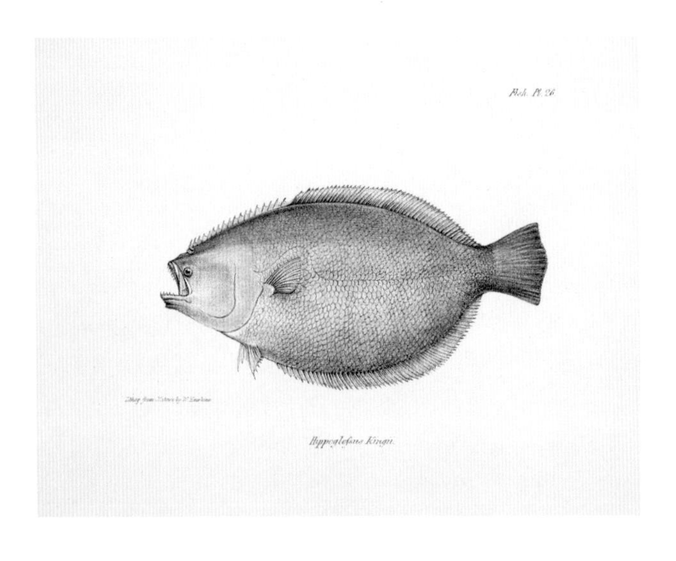
Fish. Pl. 26
Hippoglossus Kingii.

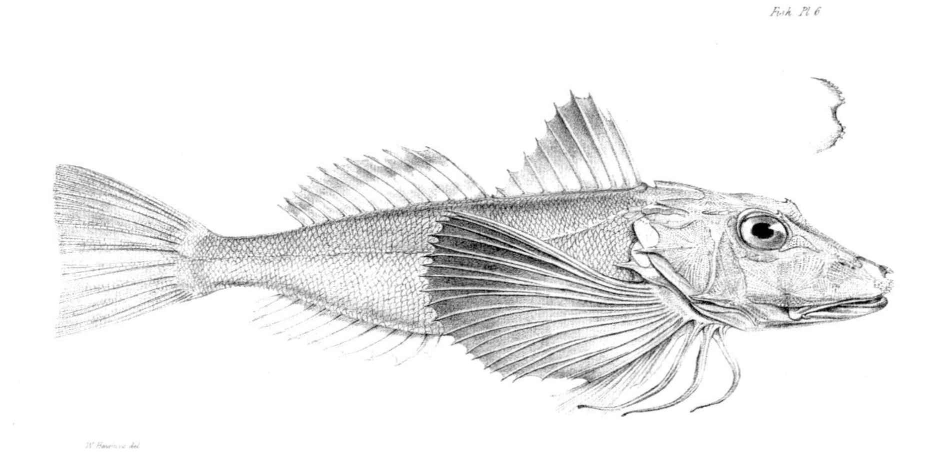

左頁上圖的蛇首圓魨（Sphoeroides angusticeps）是在加拉巴哥周圍海域捕獲到的。達爾文的筆記中也提到，這種魚「會膨脹」，換言之，牠是一種河豚，在受到威脅時會讓自己充氣或充水膨脹，一直到身體漲大，體表的刺豎直為止。另一種具有奇特外觀的，是左頁下圖雙眼皆位於頭部左側的金氏鰈（Hippoglossus kingii），牠的名稱來自替費茲洛伊繪製此魚圖像的船員菲利浦．金恩。上圖中的邁爾斯鋸魴鮄（Prionotus miles）是達爾文在加拉巴哥找到的驚喜，因為人們原本以為，該屬魚類只出現在大西洋。下頁中的海豚是在巴塔哥尼亞外海發現的，被達爾文命名為費氏海豚（Delphinus FitzRoyi）[1]，以表達對費茲洛伊的敬意；費氏稍後也禮尚往來，以達爾文之名替火地島的一座山命名。

1.這種海豚目前被重新命名為烏色海豚（Lagenorhynchus obscurus fitzroyi）。

Delphin

Mammalia. Pl. 10.

Royi.

兩幅來自不同地方的蜥蜴圖。上圖的達爾文壁虎（Homonota darwini）來自巴塔哥尼亞的德瑟亞多港，達爾文說，這種蜥蜴「數量非常多，一般躲在石頭底下。」他又說，這種蜥蜴在被抓住的時候會發出刺耳的聲音——事實上，牠是一種會模仿蜥蜴聲音的壁虎。這種壁虎體色呈棕色，有時亦帶深綠色，體色在死亡後逐漸消失，根據達爾文的說法，「一個標本在錫盒子裡放了幾天以後，顏色整個變成灰色，甚至沒有黑色的雲狀花紋⋯⋯。」右頁圖中體型較大的蜥蜴是原本被命名為翡翠守宮（Naultinus grayii）的綠樹守宮（Naultinus elegans）。這種動物的身體呈「漂亮的綠色」，標本來自紐西蘭的島嶼灣，牠生活在樹上，據說會發出狀似笑聲的聲音。

1. Gymnodactylus Gaudichaudii.
2. Naultinus Grayii.

Craxirex Galapagoensis.

Otus Galapagoensis

Rhea Darwinii

達爾文《小獵犬號之旅的動物學》的鳥類圖片，是約翰與伊莉莎白．古爾德的作品。左頁的加島鵟（Craxirex galapagoensis）[2]來自加拉帕戈斯群島，牠和島上的其他鳥類一樣都很溫馴，左上圖的加島角鴞（Otus galapagoensis）也是一例。當達爾文來到巴塔哥尼亞時，他很渴望能找到右上圖這種在西班牙文裡被稱為「侏儒鴕鳥」的動物，因為之前的博物學家沒人能採集到這種鳥類的標本。當探險隊人員射殺到一隻，並把牠煮好端上桌時，達爾文過了一段時間才意識到，他百尋不著的鳥兒正躺在他面前的盤子裡：「我看了看，當時卻很不幸地忘了侏儒鴕鳥這檔事，我以為這是一般鴕鳥，只是長得比較嬌小一點而已。在我會意過來之前，他們已經把牠剝了皮下了鍋。不論如何，牠的頭部、頸部、腳、翅膀、許多較大的羽毛以及大部分外皮都被保存下來。從這些殘骸中，我拼湊出一個幾乎完美的標本，現在這個標本正在動物學會博物館展示。」這種鳥被命名為達爾文鶆（Rhea darwinii）[3]，又稱美洲小駝。

2.目前普遍使用的學名為Buteo galapagoensis。
3.目前普遍使用的學名為Rhea pennata。

加拉巴哥地雀：右頁圖為仙人掌地雀（Geospiza scandens），其鳥喙經演化適應，以仙人掌為食（此圖的仙人掌種類分佈在巴塔哥尼亞地區，出現在此並不正確）。上圖的勇地雀（Geospiza fortis）生活在查爾斯島和查塔姆島（聖瑪麗亞島和聖克里斯托瓦爾島）。這些地雀具有不同形狀的鳥喙，最初讓達爾文因此把他們分到不同的亞科裡，有些被他稱為「蠟嘴鳥」，有些是「燕雀」或「真雀」，而以仙人掌為食者，包括烏鶇和擬黃鸝等則被納入「擬黃鸝科」。在達爾文回到倫敦以後，身兼鳥類學家與出版商的約翰·古爾德，將達爾文的鳥類標本重新分類，其中也包括加拉巴哥地雀在內。古爾德認為加拉巴哥地雀卻是一個前所未見的新類別，每種都是一個獨立且迥異的雀類。

Cactornis assimilis.

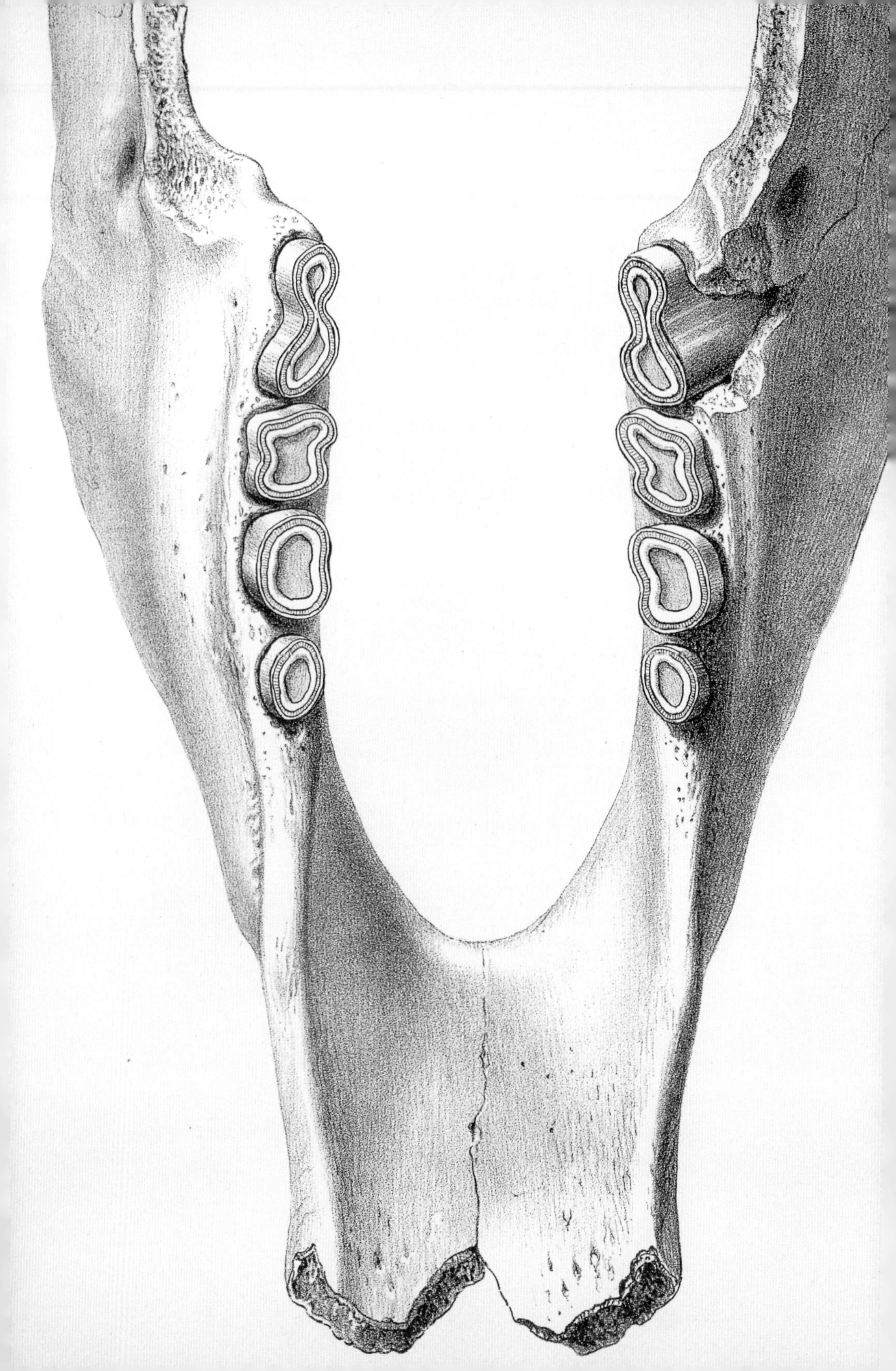

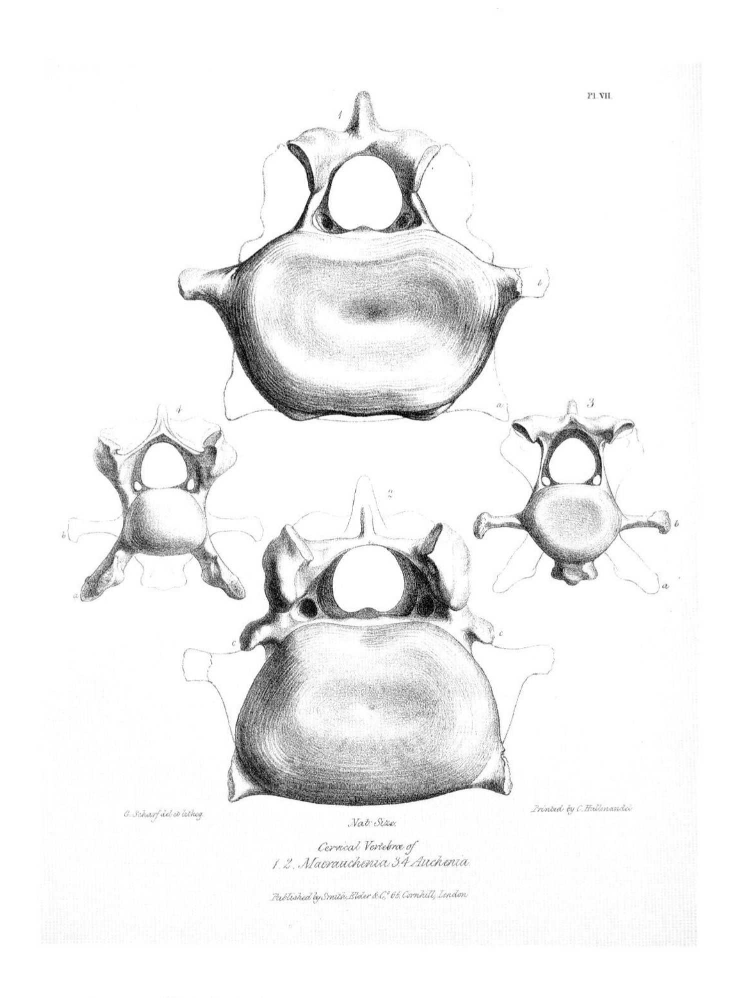

1832年9月，當小獵犬號在布蘭卡港停靠時，達爾文在蓬塔阿爾塔注意到一些嵌在軟岩裡的動物骨骼化石。他著手進行挖掘，有時徹夜工作，最後挖出三具不完整的大型動物骨骼標本，其中包括左頁圖中的磨齒獸（Mylodon darwinii）顎骨。這些發現讓達爾文感到很困惑：它們顯然是滅絕動物的骨骼，然而卻和某些現存小型動物的骨骼非常相似。這種過去與現今物種的關係，是另一個帶領他朝演化理論的連結。達爾文在巴塔哥尼亞的聖朱利安港發現了另一個哺乳動物化石，一種狀似美洲駝，體積相當於駱駝大小的哺乳動物，被稱為長頸駝（Macrauchenia patachonica）。上圖顯示的較大型骨骼，是長頸駝的頸椎。

第九章

深入亞馬遜雨林（1848～1862）

阿弗雷德・羅素・華萊士、亨利・華特・貝茲

1858年春天，一個三十四歲的威爾斯男子躺在今印尼摩鹿加群島中特爾那特島上某間棕櫚茅草屋的吊床上，因瘧疾而發高燒，忽冷忽熱。在半夢半醒之間，阿弗雷德・羅素・華萊士在腦中反覆思考著他在這十年中，在這個位於印度洋和太平洋之間的群島和在此之前造訪的亞馬遜雨林，所看到過的各種動物。這些物種有著美妙的環境適應，這到底是如何形成的？最後，他在高燒最嚴重的期間，潦草寫下一篇四千字論文表達他的看法，並將文章和附信寄給他在英格蘭的同事查爾斯・達爾文，詢問達爾文的意見，看看是否值得把文章寄給學術期刊發表。

三個月後，達爾文收到這篇讓他目瞪口呆的文章。華萊士在這篇簡短手稿中扼要說明的概念，都與達爾文自己對演化所抱持的所有主要想法不謀而合，達爾文自小獵犬號航程以後的二十年間，一直致力於此物競天擇理論的發展。如果華萊士的手稿被單獨出版，就等於讓他以些微優勢搶先一步發表這個論點。結果，達爾文的好友地質學家查

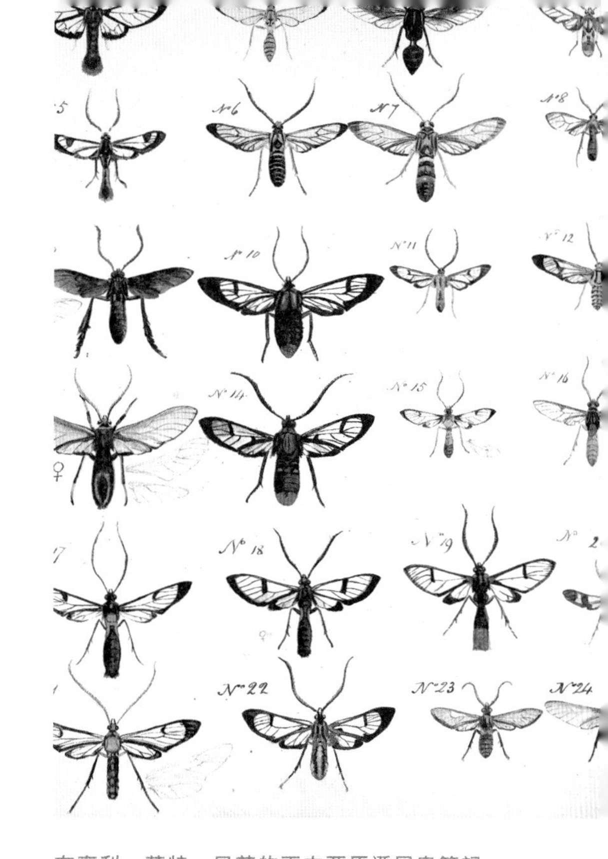

在亨利．華特．貝茲的兩本亞馬遜昆蟲筆記中，包括數百張他在亞馬遜叢林探險與在基地停留期間所繪製的精緻圖像（上圖）。

爾斯．萊爾爵士和植物學家約瑟夫．胡克想出了解決之道——1858年7月，華萊士的論文和達爾文調查結果的概要，一起被送到倫敦林奈學會。兩位作者都不在場，因為華萊士在新幾內亞，達爾文則甫因猩紅熱遭逢喪子之痛。乍看之下，這似乎是個雙方平手的解決方式，然而在這件事以後，達爾文便發狂似地著手準備將自己的概念付梓出版，其成果就是1859年問世的《物種原始》，並在十三年內再刷六次。儘管華萊士的原創論點至少在該書最初幾刷受到認同，然而，人們漸漸把演化理論歸功於達爾文，越來越少提到華萊士，最後，人們幾乎忘了華萊士對演化論的貢獻。很令人驚訝的是，華萊士並未因此感到憤恨，而且到了晚年，似乎也因為人們對他的精彩遊記印象深刻、認定他身為動物採集專家的技術、以及開創了研究動物分布的生物地理學這門學問而感到心滿意足，對他口中「達爾文主義」始發者的身分不以為意。

華萊士在1823年出生於威爾斯南部的烏斯克，在家中排行第七，父親是個熱愛閱讀卻不甚成功的商人，於1828年舉家遷居哈特福郡。阿弗雷德十四歲輟學，與分別以勘測及營建為生的兩位兄長威廉與約翰一起工作，直到1844年他在萊斯特學院學校取得教職為止。在此之前，他早已對植物學產生興趣，不

My dear Mr. Gould
I hasten to reply to yours of June 25th by return of post as requested, & it is pleasing to me to find that my collections excite so much interest. The following is an extract from my note book. "It frequents the lower trees of the virgin forest, & is in almost constant motion. It flies from branch to branch, clings to the twigs, & even to the vertical smooth trunks almost as easily as a woodpecker. It continually utters a harsh creaking cry, something between that of Paradisea apoda & the more musical note of P. regia. The males at short intervals open & flutter their wings, erect the long shoulder feathers & expand the elegant shields on each side of the breast. Like the other Birds of Paradise the

Semioptera Wallacei, G.R. Gray

上圖是阿弗雷德・羅素・華萊士在1859年於安汶島寫給鳥類學家約翰・古爾德的信。這兩人都非常迷戀天堂鳥，古爾德於1875年問世的《新幾內亞鳥類圖鑑》第一卷，就採用了好幾張根據華萊士標本所製作的插圖。在古爾德的插圖中，這些天堂鳥是最華麗、色彩最豐富的圖片，對華萊士這位世界上最偉大的動物收藏家之一來說，是最適合不過的獻禮。

過他在萊斯特的時候，認識了當地一個同樣醉心於自然史的年輕小伙子亨利・華特・貝茲，不過與華萊士不同的是，貝茲的興趣主要在昆蟲學。兩個年輕人互相點燃了熱情，決定全力投注於自身興趣之中，如果可能的話也將以此維生。

因為華萊士和貝茲兩人並不富裕（不像達爾文），在這領域唯一能讓他們賺錢的方法，就是從事採集工作，針對十九世紀中期私人與公共收藏那似乎毫無止境的強烈慾望，專門供應來自原本未開發地區的奇異新種。華萊士的哥哥威廉於1843年去世，他因此返回威爾斯的家鄉整頓兄長的勘測事業，與貝茲分開了幾年。當時持續拓展的鐵路系統，暫時讓勘測成為很賺錢的工作，使得接管兄長事業的華萊士能在短期間累積充分的資金，支持他和貝茲共同策劃的南美洲亞馬遜採集之旅。

由於大英博物館高層向華萊士與貝茲保證，所採集到的任何標本都會有現成市場，兩人便於1848年4月從利物浦出發，動身前往位於亞馬遜入口附近的帕拉（目前的貝倫）。除了一趟沿著托坎廷斯河順流而下約一百六十公里的行程外，他們第一年大多留在帕拉，了解當地風俗民情與即將成為其終生事業的動物採集工作。雨林與河流周遭的動物多樣性，尤其是各色各樣的昆蟲，讓人大為驚奇。當他們開始進行採集工作的前兩個月，華萊士向他們在倫敦的代理人塞繆・史帝文斯說，他們採集到不下於「……五百五十三種包括蛾、蝶在內的鱗翅類……四百五十種甲蟲，以其其他四百多種動物……。」

在一起沿著托坎廷斯河進行探勘以後，華萊士和貝茲通常分開行動，大概因為如此以來，他們可以涵蓋較大範圍的地區。華萊士在南美洲待了四年，其胞弟赫博特在1849年亦加入他的行列，不過到了1852年，部份因為赫博特去世之故，華萊士返回英格蘭。

赫博特陪著哥哥阿弗雷德進行第一次深入亞馬遜的大型勘查，最遠曾到達馬瑙斯，然而，他卻在1851年6月因為黃熱病於帕拉過世。阿弗雷德繼續著他在亞馬遜河上游的旅行，尤其集中在內格羅河和佛佩斯河。他努力地採集各種動植物，特別是鳥類與昆蟲，並且迅速地將部份標本寄給史帝文斯販售，替未來的採集行程籌措資金。他利用「蒂姆博」這種以無患子科的羽葉保力藤（Paullinia pinnata）和豆科植物尼可豆（Lonchocarpus nicou）的根部製成的毒魚劑來採集淡水魚。華萊士描述並繪製了數百種魚類，累積了數量相當可觀的收藏。然而，當他帶著這些標本搭船返鄉時，船艙失火，標本全數燒毀，他僅在大火中救出一只錫盒，裡面裝著他的魚類筆記與繪圖，以及他在探訪內格羅河和佛佩斯河時的調查記錄，其中尚有一些棕櫚樹與所到之地的風景素描。沈船事故倖存者乘著舢舨在海上漂流了十天以後，才獲救並被帶回英國。

根據華萊士的說法，當他在肯特郡的第爾上岸時，身上只有「五英鎊和一件單薄的厚棉布外衣」。雖然華萊士寄給史帝文斯販售、而且最後都陸續成為倫敦自然史博物館收藏的少數標本，其售價足以支付他在南美洲的花費，不過他原本預期能多賺個五百英鎊的那批標本全部都付之一炬。所幸，史帝文斯替船上的這些標本投保了一百五十

英鎊，或多或少有所補償。然而比較嚴重的是，華萊士本來希望用他的筆記和標本，出版一本絕對能讓他名垂青史的重要著作，現在這也不可能達成了。華萊士針對亞馬遜經驗出版的記述並未替他帶來大筆收入，因此他下一趟已經規劃好的採集旅行，也就變得更加重要。

華萊士選了馬來群島作為目標。相較之下，貝茲在南美洲總共停留了十一年，分別以亞馬遜下游的聖塔倫、埃加、亞馬遜上游的聖保羅歐利芬卡和索利蒙伊斯河等作為根據地，進行了廣泛、有時甚至極其危險的採集考察。當貝茲在年屆三十四歲的1859年回到英格蘭時，他據估計已經採集了包括哺乳動物、爬蟲類、鳥類、魚類與軟體動物在內的七百一十二種動物，以其大約一萬四千種昆蟲，其中有八千種昆蟲是前所未見的新種。

和華萊士的亞馬遜著作不同的是，貝茲針對他在南美洲停留期間所寫下的精彩記述《亞馬遜河上的博物學家》，在1863年出版以後，馬上受到肯定，被視為科學記述與探險的經典之作，書中妙筆生花地敘述著亞馬遜河的地貌地勢、氣候、自然、當地土著風俗、以及動植物相。貝茲的筆記非常嚴謹，他寄給英國科學界同行的許多信件摘要，也在期刊上刊登發表，而他在皇家地理學會擔任助理秘書的二十七年間，更撰寫了許多篇重要的論文。

然而，貝茲之所以能在動物學上一舉成名，主要在於他意識到一種目前被稱為「貝氏擬態」的現象，他和許多達爾文主義支持者都認為，「貝氏擬態」替天擇理論提供了有力的支持。所謂的「貝氏擬態」，是指鳥類好以為食的蝴蝶種類，與其他鳥類不喜歡吃或甚至對鳥類有害的蝴蝶種類之間，具有近似的顏色甚至外表。藉由模仿有害物種，無害者儘管適口性極高，亦能免於掠食者的侵害——對演化論者來說，這是天擇力量的絕佳範

圖為華萊士的筆記本，其中記載了許多他在馬來群島不同地點所進行的昆蟲與鳥類觀察筆記及圖像。

例。

同一時間，華萊士也對動物學做出獨特的貢獻。自十六世紀起，歐洲人曾經好幾次造訪過馬來半島與澳洲之間的許多群島，不過除了爪哇島以外，其他島嶼並沒有博物學家前往進行透徹的調查。這個地區蘊藏著各種可能性，有許多新種與有趣的生物生存其中，絕對能讓華萊士彌補他在亞馬遜探險時所蒙受的災難性損失。在寄予厚望的心情下，華萊士在1854年3月離開英格蘭，並在該年4月20日抵達新加坡。他在馬來半島停留了六個月，於新加坡和麻六甲附近進行採集，之後便開始了他長達八年的島嶼探險，期間旅行約兩萬兩千四百公里，改變根據地超過九十次。他幾乎踏遍了該地區的所有島嶼群，最東曾抵達阿魯群島與新幾內亞。華萊士跟以前一樣，定期將標本寄回給史帝文斯，第一批寄賣品包含大約一千個來自麻六甲的昆蟲標本，其中至少有四十種未曾發表的新種。然而，當他在1862年4月1日回到倫敦時，上面這數字早已顯得微不足道，因為當時他總共已經累積到十二萬五千件數量龐大的標本，其中大多為甲蟲，不過也包括許多無脊椎動物、鳥類、哺乳動物、兩棲類、爬蟲類與魚類。這批標本至今仍被認為是史上最重要的採集收藏，更成為許多科學論文的基礎，包括華萊士自己的研究在內。

在華萊士於1869年出版遊記《馬來群島自然考察記》之前，他已經根據這些材料發表了十八篇論文，而來自華氏收藏的將近兩千種甲蟲與數百種蝴蝶新種，也逐一由其他博物學家完成描述的工作。和他的亞馬遜經驗恰相反，《馬來群島自然考察記》深獲好評，這一部份是因為這些標本的重要性受到承認，一部份是因為華萊士與達爾文理論的關聯性，然而無論如何，這本遊記寫得很好，而他所記述的地區也存在著一些既定利益。

單純從科學的角度來看，除了他對天擇理論的想法以外，其研究工作的重要性，無疑來自於他在生物地理上的觀察。他得到的結論是，馬來群島代表著兩大動物區系的邊緣地帶，介於西邊印度馬來亞群系和東邊澳洲群系之間，這個論點至今仍廣為接受。這個概念所代表的意含，是指該地區的動物物種分布與實際上的整個動物相，可能與相鄰兩地區的地質史及目前我們所謂的演化史相關，而在那個年代，這是相當新穎的說法。華萊士在1876年發表《動物的地理分佈》時，就進一步發展了這個概念，這本書更確立了他身為現代生物地理學之父的地位。就馬來群島來說，華萊士相信兩個區域可以用一條假想線區隔開來，包括菲律賓、婆羅洲至爪哇等地區屬於印度馬來亞群系，而西里伯島、摩鹿加群島、帝汶島與新幾內亞等則屬於澳洲群系。雖然在他發表此論點以後的下一個半世紀間，生物地理學家不停地挪動這條假想線的位置，不過目前這條假想線仍然被稱為「華萊士線」，以尊重華萊士的原創論點。

然而對一般讀者而言，《馬來群島自然考察記》讓人嚮往的主要特質，在於有關該書次標題「紅毛猩猩與天堂鳥之地」的篇章，因為不論是紅毛猩猩或是天堂鳥，都是相當有魅力的焦點。華萊士在沙勞越停留了將近三個月，主要就是為了觀察並採集紅毛猩猩，以便在英國賣個好價錢。他蒐集到的大部分天堂鳥標本來自阿魯群島，不過也發現，要找到這些鳥的蹤跡並不容易。他說：「大自然似乎採取了一些預防措施，她最精選的珍品絕對不能太普遍，所以其價值也不會受到低估。」因此，儘管盡了最大的努力，他設法取得的標本只有當時十八種已知種中的六種和一種新種，此新種後來被大英博物館的知名鳥類學家喬治・羅伯特・葛雷命名為幡羽風鳥（Semioptera wallacii），學名便是為了紀念其發現者華萊士。

華萊士甚至慷慨投資了一百英鎊養了兩隻小極樂鳥（Paradisaea minor），並成功地將牠們帶回英格蘭，其中一隻甚至在倫敦動物園活了將近兩年的時間。而當鳥類學家兼出版商約翰・古爾德在他最後一本著作《新幾內亞鳥類圖鑑》中採用了華萊士的天堂鳥時，這些鳥兒又因此受到更廣大的注目。

在回到英格蘭以後，華萊士一方面在競逐皇家地理學會助理秘書一職時敗給了好友貝茲，後來在貝斯納爾格林博物館剛成立時，又沒拿到館長的職位，因此便開始以投資、演講與寫作為生，他的演講邀約特別多，更曾經到美國巡迴演講。他寫了幾本相當成功的著作，包括在1905年問世的自傳《我的一生》。華萊士的興趣廣泛，從催眠術到招魂術都包括在內，讓他得到一個結論，認為人類被排除在天擇過程之外，其他星球上亦有生命存在的可能性。

儘管華萊士沒有正式文憑，許多大學和科學學會還是主動表示願意頒佈榮譽學位與獎章肯定他的貢獻。他大體上是採取拒絕學位而接受獎章的態度，不過當他獲頒在學界享有極高聲望的林奈學會皇家獎章時，他卻開玩笑地與一位友人說道：「發生了一件可怕的事情！我才剛請人不計成本地把獎牌盒做好，他們現在又要給我另一個獎牌！」1892年，有違他的期望，他獲選為對科學家而言代表著最高榮譽的皇家學會會員。華萊士對科學的貢獻也許不如查爾斯・達爾文一般地深植人心，不過他肯定因為那讓人印象深刻的大量採集收藏而名留青史。

華萊士在1862年回到英國後，與妻子過著美滿的生活，主要以販售馬來群島標本的所得，以及寫作科學文章及幾本書籍所賺來的錢為生。他年老時把大部分時間花在園藝上，於1913年在多塞特郡布羅德斯通去世，享年九十歲。

鯰魚的種類多到讓人難以置信，在熱帶地區更是如此。上圖中的巴西星項鯰（Asterophysus batrachus），大嘴中有許多細小的牙齒，是種外型怪異的頸鰭鯰。華萊士發現，這種魚在內格羅河上游被稱為「mamyacú」。華萊士描繪的其他鯰魚有著更具恐怖性的外表，例如下圖中尚未受到確認的這種魚。牠屬於棘甲鯰科，在內格羅河上游一帶被稱為「caracadú」。華萊士畫了很多棘甲鯰科的魚類，棘甲鯰又被稱為「會說話的鯰魚」，因為牠們離開水中時會發出聲音。

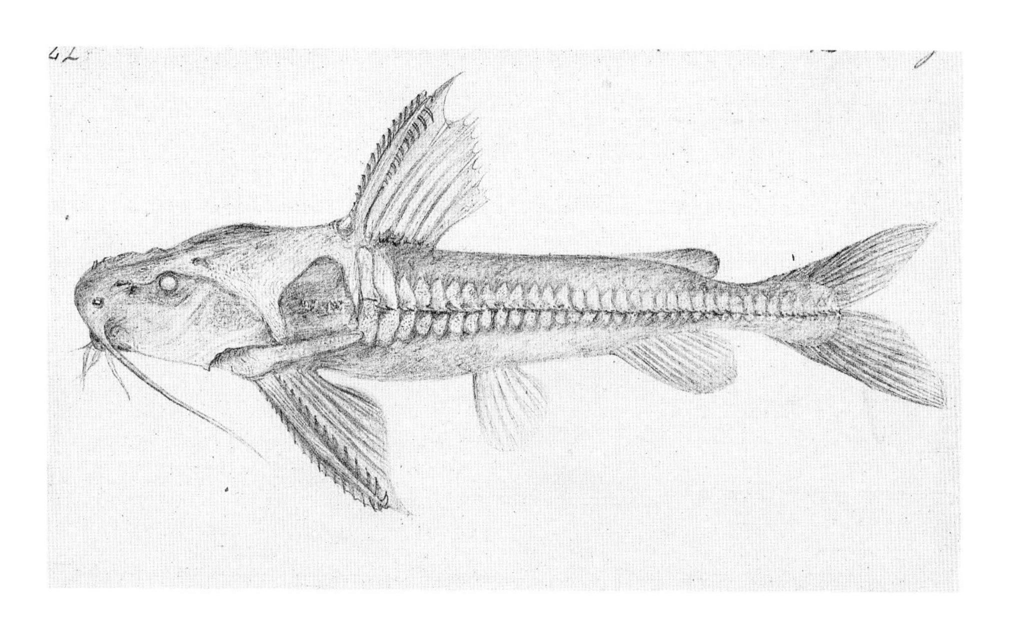

在歐洲人於十六世紀發現天堂鳥以後，人們便因為雄鳥鮮豔亮麗的色彩與奇異非凡的羽毛而大為讚賞，相對而言，雌鳥在外觀上通常較為樸素。華萊士在馬來群島停留期間，很努力儘可能地觀察並採集標本，在他觀察到的鳥類中，包括上圖中華萊士命名的六線風鳥（Parotica sexpennis；現稱為Parotia sefilata），以及右頁圖中的黑藍長尾風鳥（Astrapia nigra）。這兩張都是古爾德為《新幾內亞鳥類圖鑑》所親繪的圖片。

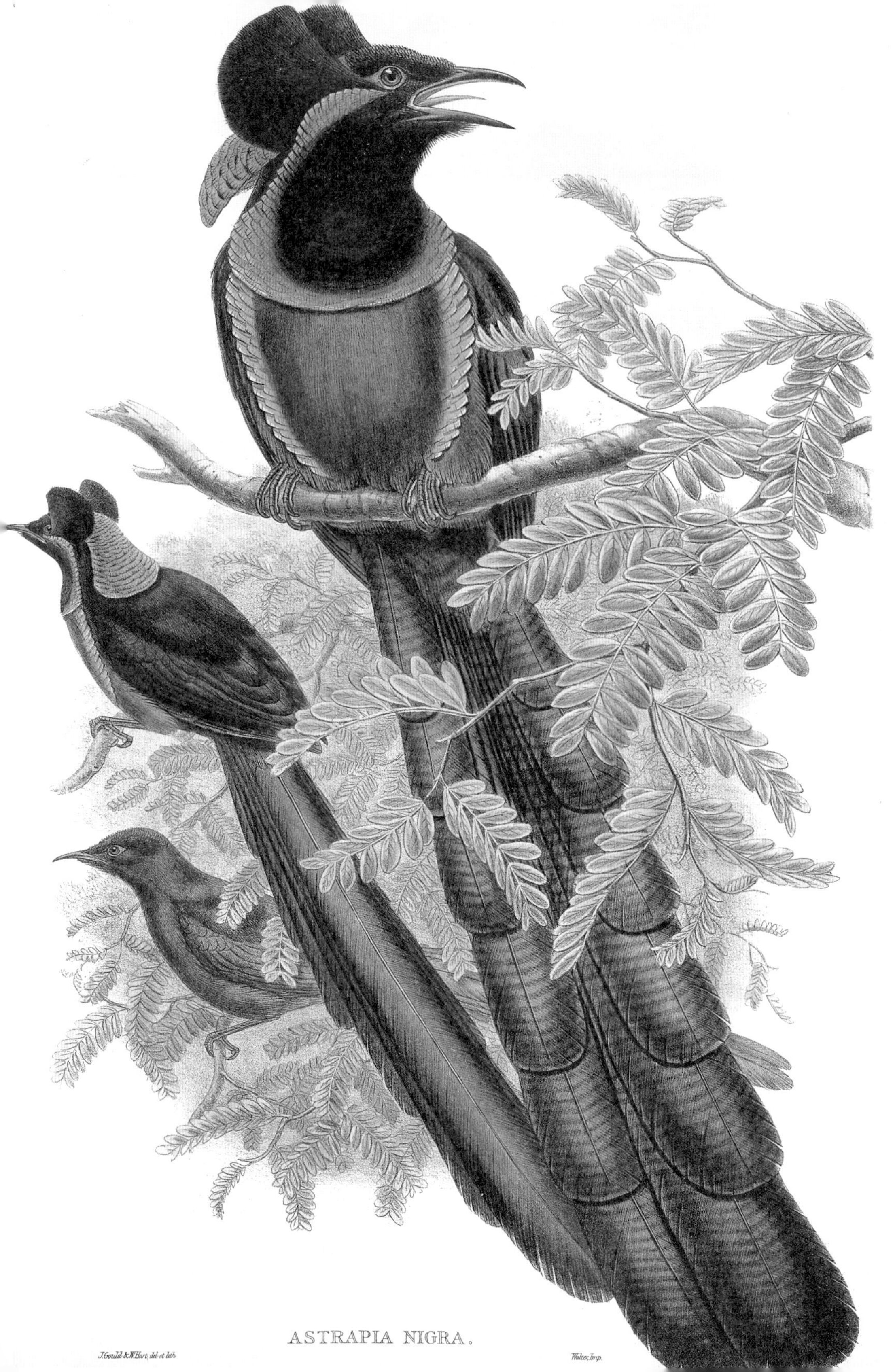

ASTRAPIA NIGRA.

J. Gould & W. Hart, del et lith. Walter, Imp.

華萊士將左頁中的鳥命名為巴布亞天堂鳥（Paradisea papuana），目前已更名為小極樂鳥（Paradisaea minor）。華萊士在新幾內亞本島和幾個鄰近島嶼上都曾經找到這種美麗鳥類的蹤跡，他不只取得保存狀況良好的標本，也將第一批活的小極樂鳥帶回英格蘭。在將活鳥帶回英國的途中，他克服了無法找到足夠蟑螂來餵食的問題，趁著船在馬爾他停靠時，在船上設了一罐罐裝滿餅乾的陷阱捕捉蟑螂。最後，「……牠們抵達倫敦時健康狀況極佳，一隻在動物園裡活了一年，另一隻兩年，牠們常常向圍觀的仰慕者展示著牠們美麗的羽毛。」至於左上圖的光頭天堂鳥和右上圖的麗色風鳥，華萊士就沒有找到狀況如此佳的標本。

在華萊士旅行到內格羅河和佛佩斯河時，他儘可能地將所有魚類都畫了下來。在那場讓華萊士的亞馬遜標本付之一炬的大火中，這些素描倖存了下來，他的亞馬遜盆地動物的詳細筆記，只剩下這些。左頁中的大神仙魚（Pterophyllum scalare）被華萊士稱為蝴蝶魚，不過現在通常被稱為天使魚或神仙魚，牠們最早在二十世紀被引進歐洲，當作水族箱寵物。神仙魚一進歐洲，馬上就引起風潮，時至今日，在市面上販售的神仙魚已有數百種之多。上圖的黑帶兔脂鯉（Leporinus nigrotaeniatus）也可以在水族店買到。華萊士在內格羅河畫下這隻魚，當地人將牠稱為「uaracu murutinga」。

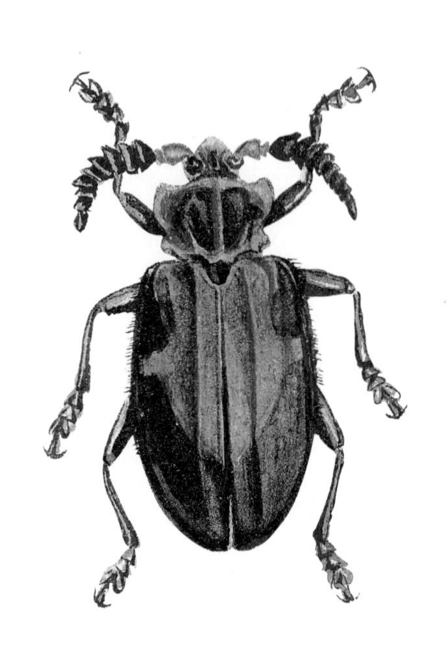

貝茲對鞘翅目或甲蟲類非常感興趣，鞘翅目是昆蟲綱裡物種數量最龐大的類別，有超過二十五萬種昆蟲。在右頁圖中，他把甲蟲演化的極端畫了出來：下列與中列是五種相當原始、具有掠食性的虎甲蟲（虎甲蟲科），又稱班蝥；最上列兩種以植物為食的天牛，其英文名稱直譯為「長角甲蟲」，主要是因為牠們那異常巨大的觸鬚之故（如上圖所示）。

developed ♂ 1 fully dev. ♂ & 1 ♀ – Santa
at Sant. when it flies into houses
– a ♀ – Ega, flying in the forest
sp. one ♂ 2 ♀ – not very rare at Ega –
near Serpa
in dung at Ega, rare
dung at Ega, rare
at little sp. in dung. Ega, rare
Ega 6 May 1856
bispinose metatho. & cordate abd.
les of trees, same manner as Cryptocer
Ega May 11/56
different, but I think likely to be
in same part of forest at Ega
ver trees.
from canaliculated mentum, claws,
lged them at first to be Ceraspis,
projecting piece of mid. & hind max
on foliage, once abundant in fores
was to be seen.
foliage of trees Ega
at Ega
ite distinct from its neighbours -
a sp. clearly distinct from its neig
peculiarity to distinguish it at once
y box which I will ticket after I ha
ifferent from that of any Rutelidae I hav
being slenderer &c. In its labrum, man
its unbordered hind edge of proth., it m

...ice found an...
...iption of it—
...cola terminata
...as Alid. terminata
...of genus

fallen fruits of the Wixi (a reddish pulp) or Murumuru palm. — Ega — both varieties I think are one — Doubtless ♂ & ♀ as the more brilliant one

216

... are all simple
... genus Chlorota
...gree with it
(cleft ext. fore claw)
... extern. claw
...ther feet simple
... feet. external
... under any
... an oversight
... too different
... Paris Cat. I
...but I don't
... those of 537-8
...ixi — found

...the same sp. doubtless

...together with other
...ia together

... being green

...tarsi, cleft — as
...my species (6)
... being much
... prolonged into
... — & the underside
... into the genus

... abundant

...still more

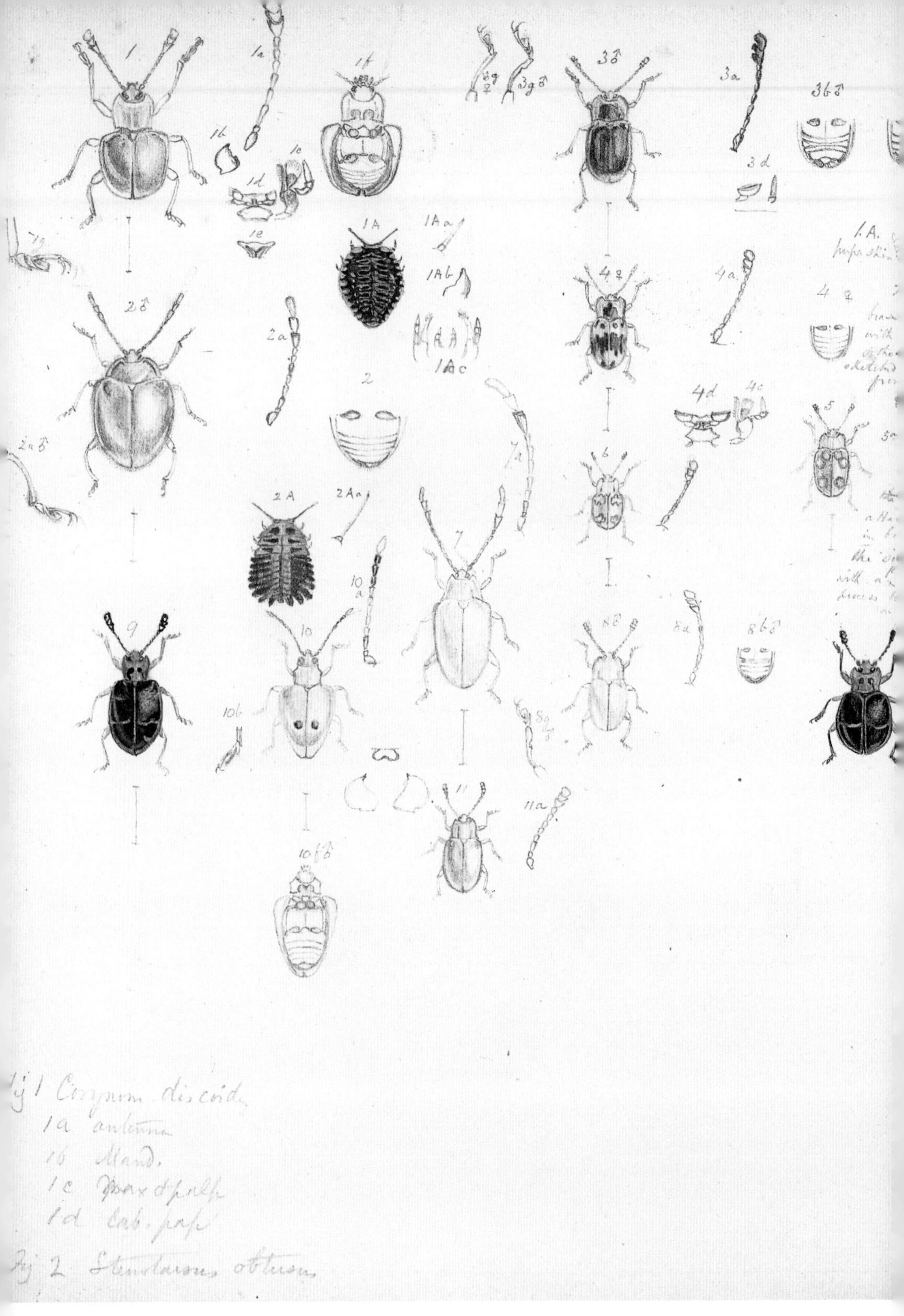
1a antenna
1b Mand.
1d Lab. palp

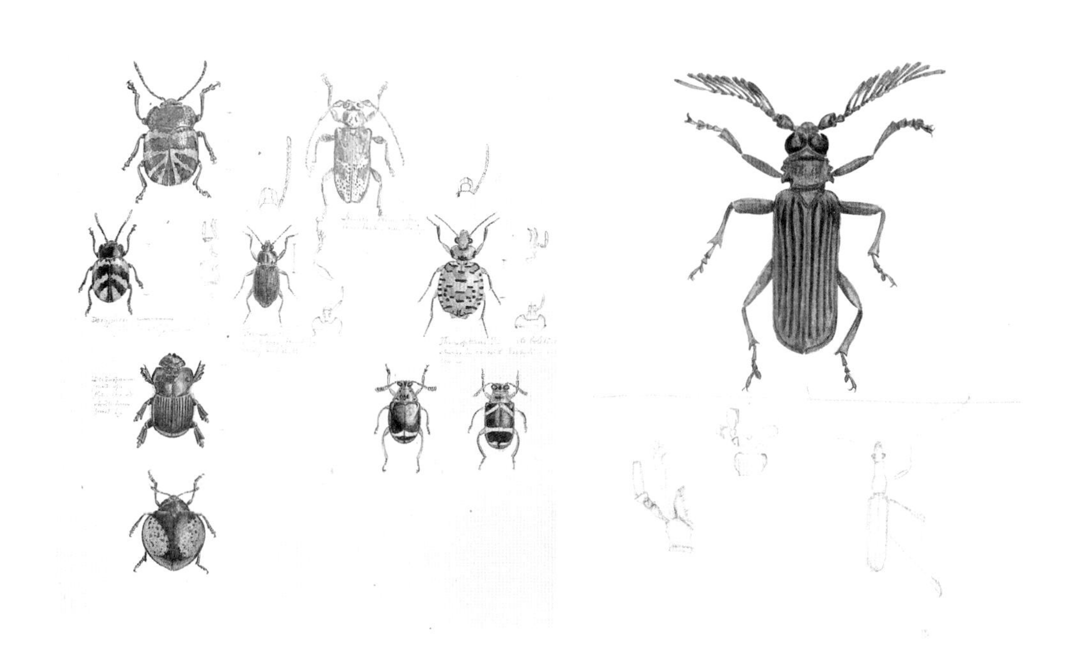

左頁、上圖與次頁都是貝茲筆下的美麗甲蟲插圖，至今仍然和他一百五十年以前剛繪製的時候一樣地生動。這些一旁寫著密密麻麻註釋的圖片，描述著甲蟲家族的所有類別，包括閃爍著金屬光澤的步行蟲、金龜子、葉甲蟲、以及一種虎甲蟲。

rug
... colour, shape
resemble the elongated
... of fallen trees
together on the

♀ Antennae more
... of body. In ♂
but the terminal jt.
... dilated after
& rather advanced
...st. being broad &
a narrow slit
... wh. renders
not closed.
... in figure. I
... the horny piece
... & narrow. in
... furnished with
exactly as the
... Coleopt...

fore leg ♂

Protho.

mid tib

mid tib

Protho. cotyloid cav. ... behind

e — c d b a

d

Megaderus Stigma. The lower lip is composed of a very broad & short piece a: of the same horny consistence as the general integument: its upper edge is cut out & joined to the membranous piece b: forming the intermediate piece between mentum & palpi —
... c: is the paraglossae or ligula or ligula & paraglossae united — it is white cartilaginous & flexible & springs (as I made quite sure) from the oesophagus as far down as the base of mentum it is one piece at its basal half & soft, membranous or tumid — its upper half is cleft: & within there is the usual horny rib on each side running up each of the lobes. Now it appears to me that the ligula here is reduced & invisible externally the paraglossae being in recompense highly developed.

The roots of lab. palpi are visible — & soft. e. There is no trace of the horny solidification of parts as in Ctenoscelis No 36 — except a small dark horny looking plate at the bottom of the cleft of paraglossae (d). This latter may be the remains of the reduced ligula. 5 Oct. 55

♂ Anisocerus Onca White

Allied to Lamia & especially to ...cerus. The ♂ has fore tarsi jts. fringed on sides with long ha... the apical jt. of ant. shorter ... the preced.g jts.

The labium is on same ... Megaderus & other Longico... but the mentum, altho' ho... softer than the integuments ... coriaceous. The other parts narrower & more elongate ... Megaderus. I see no ... of rib or keel on the inside ... the ligula-paraglos. 5 Oct.

The sp. is frequent at Ega ... on branches of fallen trees, ... found in cop.

The mandibles have not ... w. apex as in Megaderus, ... faintly crenulated in the ... inner side.

Anisocerus Egaensis White

hook.

mesostern.

oprasis – the large, broad sp.
iddle lobe of maxillæ, greatly
ted, spoon shaped, like the
roma & unlike Trachyderes
in – ample expanded
ed lobes. 1st jt. of maxpalpi
;– mandibles toothed
ble – &c &c.
25 March 1856

Laniidæ Trachysomus – Mandibles
broad blades, simply pointed
not toothed – Front-plane
elongate, rather narrow, eyes
notched slightly at upper border
antenniferous tubercles arising
from the notch –
Ega 27 March 1856

Coremia hist

Listroptera

Common small,
½ elytra with bl
surface rugose-corr

Ibidion with
maxillæ
20 June 1856

mandibles

mentum, palpi

ligula
on inner side

cav. not pear shaped

illæ are as in Ibidion. the
a. labial attenu & b

♀ ?

Lamiidæ – nearest Leiopus – the
second jt. of labial & the 2nd & 3rd of
maxipalpi – much enlarged, tip jts
thin & tapering – the lingua is
not cleft like other Longicornes, but
a single piece, scarce even a sin-
uation in its upper edge – The
mandibles are suddenly narrowed
near the tip, the latter being a

Cycnoderus

parts of the mouth,
cartilaginous, con

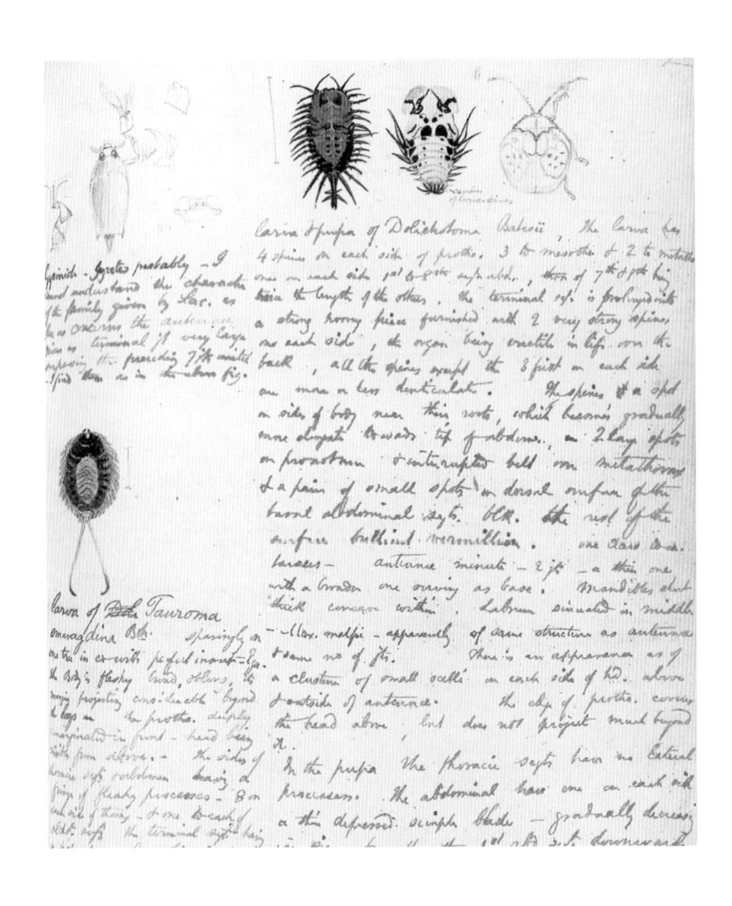
Larva & pupa of Dolichstoma Batesii, the larva has 4 spines on each side of protho. 3 to mesotho. & 2 to metatho. one on each side 1st to 8th seg. of abd., [illegible] of 7th & 8th being twice the length of the others. the terminal seg. is prolonged into a strong horny piece furnished with 2 very strong spines, one each side, the organ being erectile in life over the back, all the spines except the 8 first on each side are more or less denticulate. The spines & a spot on sides of body near their roots, which becomes gradually more elongate towards tip of abdomen, a 2 large spots on pronotum & interrupted belt on metathorax & a pair of small spots on dorsal surface of the basal abdominal segts. blk. the rest of the surface brilliant vermillion. one claw [illegible]. tarsus — antennae minute — 2 jts — a thin one with a broader one serving as base. Mandibles short thick concave within. Labrum sinuated in middle — Max. palpi — apparently of same structure as antennae & same no. of jts. There is an appearance as of a cluster of small ocelli on each side of hd. above & outside of antennae. the edge of protho. covers the head above, but does not project much beyond it.
In the pupa the thoracic segts have no lateral processes. the abdominal have one on each side a thin depressed simple blade — gradually decreasing [illegible]

Larva of Tauroma omaragdina

在貝茲詳盡記載昆蟲形態、顏色、生態與行為的筆記中，穿插著許多精美的插圖。右頁的筆記描述的是一種只存在南美洲的蝗蟲，牠們的外觀與竹節蟲極為類似。貝茲在附帶的筆記中指出，雖然牠們後腳在演化適應後比較適合跳躍，牠們的形態發育並不比一般蝗蟲好，因此這些南美蝗蟲的行動力較差。

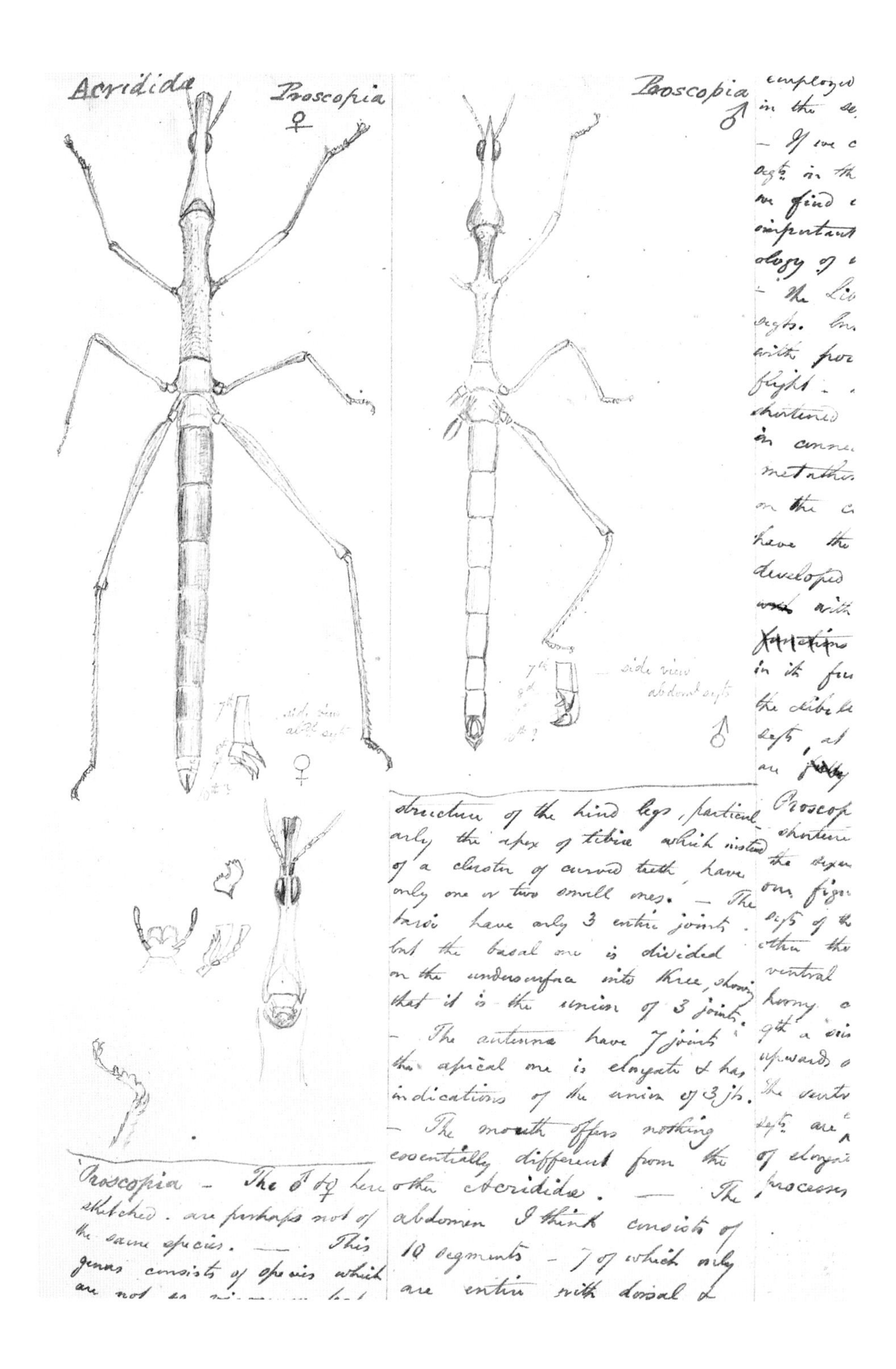

structure of the hind legs, particularly the apex of tibiae which instead of a cluster of curved teeth, have only one or two small ones. — The tarsi have only 3 entire joints. but the basal one is divided on the undersurface into three, showing that it is the union of 3 joints. — The antennae have 7 joints the apical one is elongate & has indications of the union of 3 jts. — The mouth offers nothing essentially different from the other Acrididae. — The abdomen I think consists of 10 segments — 7 of which only are entire with dorsal &

Proscopia — The ♂ ♀ here sketched. are perhaps not of the same species. — This genus consists of species which are not so

employed
in the se
— If we c
segts in th
we find
important
ology of
— the Li
segts. lon
with pro
flight —
shortened
in conne
metathor
on the c
have the
developed
with
~~functions~~
in its fu
the
segts, at
an
Proscop
shortene
the segm
our figu
segts of th
other tho
ventral
horny c
9th a si
upwards
the ventr
segts are
of elongate
processes

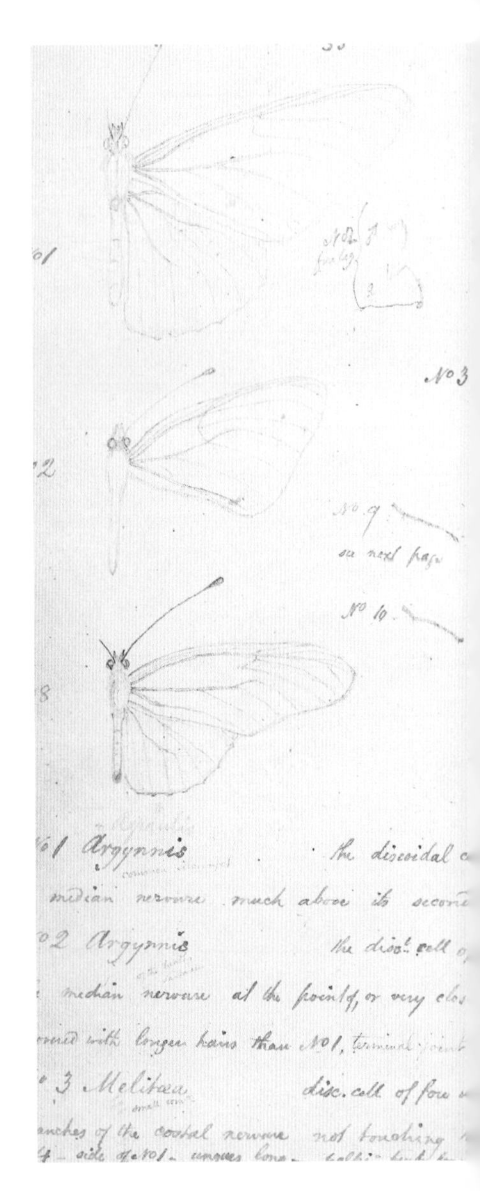

上圖與右頁圖是貝茲採集筆記中記錄亞馬遜蝴蝶的一部份。若考慮到貝茲在進行叢林探險時手邊只帶了非常基本的設備，那麼這些蝴蝶圖畫的細節與顏色，又更加令人印象深刻。有些圖直接被他畫在筆記本中，其他則利用隨手拿到的紙片，稍後再用大頭針釘在筆記本上。

No 1 Heliconia Melpomene discoidal cells of both pair of wings closed
Ithomia
No 10
No 4
No 5
No 6
No 7

左頁與上圖亦為亞馬遜蝴蝶，貝茲不僅在筆記本上作畫，甚至也把標本收藏在裡面。他總共蒐集到一萬四千種不同種昆蟲，每一種都需要上標籤，再寄回英國。在他的書中，他曾經描述著他在叢林裡的典型工作日：「我黎明即起，喝杯咖啡以後，便駕船啟航追逐群鳥。我在十點用早餐，然後在十點到下午三點之間全神貫注鑽研昆蟲學。下午則忙著進行標本保存與儲藏的工作。」

貝茲之所以備受尊敬，不只是因為他在蝴蝶與其他昆蟲的研究上有條不紊又具有科學敏銳度，更因為他的藝術眼光，就後者而言，從上圖與右頁中蝴蝶水彩畫的排列，便讓人一目了然。這些標本除了具有美感以外，許多倫敦收藏者也因為其科學價值，以及將牠們當成亞馬遜地區多樣化生物的展示而深感興趣。

第十章 深海探測（1872～1876）

挑戰者號探險

在十九世紀中葉以前，地球上所有主要大陸與大多數較小的陸塊，都已經「被人們發現」，其海岸線至少也都受到相當程度的完整調查。儘管各國在超過兩世紀的時間，相當密集地在全世界海洋航行，但人們對深度超過幾十公尺以上的深海幾乎是一無所知。即使是大洋盆地的海底也還是個謎，而一般都認為，深海環境具有漆黑、高壓又嚴寒的特性，意味著深海應該是毫無生氣的地方。然而，在1850與1860年代，許多因素綜合起來的結果，永遠改變了人們的觀點。

首先，在大陸之間裝設水線電報與高壓電纜的技術逐漸發展，導致人們必須對深海海床的地形與特質有準確的了解。再者，有些耐人尋味卻又讓人無法下定論的新資訊，讓人認為深海沒有生命的看法可能是錯誤的。此外，早期深海捕魚所捕獲的一些動物，也就是我們現在所謂的「活化石」，讓達爾文演化論的追隨者以為，根據剛出版的《物種原始》一書中所提出的演化過程，深海中應該有更多不為人知的生物。深海研究的背後，顯然有強烈的商業與哲學理由在支持，因此，在1872年12月21日，一艘被命名為挑戰者號的皇家海軍小型護衛艦，從朴資茅斯出發，展開一趟為期三年半的科學考察，而這趟旅程後來也成為有史以來最著名的探險。由於挑戰者號是史無前例的探險，人們通常認為，它正代表著海洋學的誕生。在此之前，沒有任何國家曾派遣以研究深海物理、化學、地質與生物為明確目的的大型探險隊，英國財政部總共花了將近二十萬英鎊（價值遠超過今日的一千萬英鎊）的經費，這樣的金額從來沒有被花在任何一個科學任務上，因此這也讓它成為世界上第一個耗費鉅資的科學研究。

　　這趟航程是兩位平民生物學家的主意，一位是倫敦大學威廉．班哲明．卡彭特（1813～1885）教授，另一位是愛丁堡大學自然史教授查爾斯．威維爾．湯姆森（1830～1882）。就像當時的其他

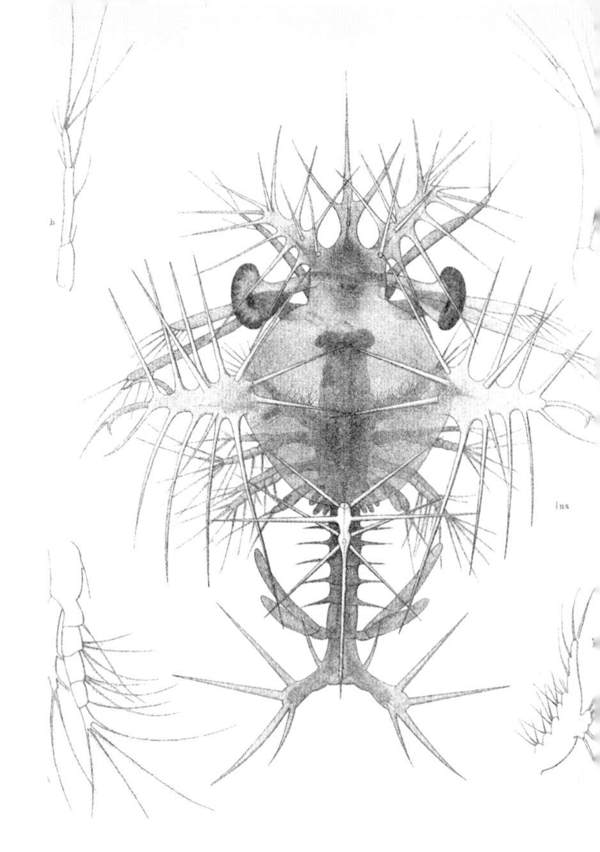

上圖為幼蟲期的櫻花蝦，出自查爾斯．史班斯．貝特的挑戰者號甲殼類動物報告。雖然嚴格說來，貝特是業餘動物學家，不過他在科學方法與繪畫方面確實是很內行的。

科學家一樣，在挑戰者號出發的幾年前，卡彭特和湯姆森都贊同深海無生物的觀點。然而，他們在1868至1870年間於英國沿岸幾次成果不彰的短航，卻讓他們深信，不論深度為何，都可以在海裡找到動物的存在。這些短航也消除了人們的另一個迷信，以為深海到處充滿溫度為攝氏四度的海水——這是根據一

個錯誤的假設，認為海水跟淡水一樣，在攝氏四度時密度最大。然而，他們初步航行成果卻顯示，靠近海底的水溫可能大幅降低或升高。儘管如此，這些結果是以單一海洋中某一個角落的少數觀察作為依據，卡彭特和湯姆森因此推論，需要帶著適當裝備進行全球探險，以調查地球上最後一個重要的未知之境。他們透過皇家學會向皇家海軍提出這個大膽的提議，而且很意外地並未遭受太多反對聲浪，獲得首肯。

這個提議的時間很剛好，是大英帝國國勢最盛的時期，毫無疑問地，大不列顛是海上霸主，英國以主戰論為中心的極端愛國主義尚且健在。因此，皇家海軍內外都有不少人附和，認為英國必須在任何創新的海事活動上領導世界。而且，儘管皇家海軍水文局在數十年以來，一直是世界上最優秀的調查與圖表製作機構，但它對深海卻一直沒有太大的興趣。然而，水線電報公司在近年來頻頻針對深海海床向水文局提出它無法回答的問題，姑且不談這個提議在科學上的論據，計畫本身就因此受到水道專家理查茲將軍的大力支持。

在計畫提出的十八個月內，皇家海軍便選好船艦並進行大規模翻修，在船上安置了一個為該計畫量身訂做的實驗室、一般住宿空間與絞車，並替這個大型研究計畫提供了最先進的設備——包括長度超過四百公里的繩索。這艘船將由經驗老到的勘測員喬治．斯特朗．納雷斯（1831-1915）擔任船長，並由大約兩百二十五名船員支援任務。非軍方編制的六位科學人員由湯姆森為首席科學家，當時已經五十八歲的卡彭特，則以年事已高為由，並未參加。除了湯姆森以外的科學人員，有來自蘇格蘭的化學家約翰．楊．布坎南，包括英人亨利．諾堤杰．摩斯里、加拿大蘇格蘭後裔約翰．莫瑞與德國人魯道夫．威里摩斯蘇姆在內的三位動物學家，以及瑞士畫家尚・賈克・懷爾德。這種奇特卻也適當的組合成了海洋學的開端，國際合作也自此成為這個學門的特色。

調查團隊在短暫的適應期中檢查了取樣技術，並且在里斯本和特內里費島稍事停留後，工作於1873年2月15日在加那利群島南方六十四公里、深度三千五百公尺處正式展開。挑戰者號人員在這裡設置了第一個正式觀測站。當挑戰者號在1876年5月21日英女王五十七歲壽辰回到斯匹特角的時候，它已走遍除了印度洋以外的所有大洋，設置了無數觀測站，航行距離達六萬八千八百九十海浬。儘管船上備有連接著雙葉螺旋槳的四百馬力燃煤蒸汽引擎，它大多還是倚賴揚帆航行的方式。她在計畫期間，有超過半數以上的時間都在港灣逗留，讓船員和科學家能在北美洲、南美洲、南非、澳洲、紐西蘭、香港、日本各地以及一系列大西洋與太平洋島嶼停留。在上岸時，船員與科學家進行了大量的動植物與人類學採集，見到了從葡萄牙國王、日本天皇到近期內才開始不吃人肉的斐濟居民等各式各樣的人物。許多事件都被官派隨船畫家尚・賈克・懷爾德給畫了下來，不過有更多的事件，則同時也用照相的方式進行記錄，因為挑戰者號似乎是第一支經常使用這個相對而言還是新穎科技的探險隊。當然，當時的照相技術仍屬發展初期，由於需要較長的曝光時間，因此不適合拿來拍攝動態照片，例如科學家或船員在船上的工作情形。不過，它在處理個人照、團體照與遠景時仍然是個非常好的工具；事實上，在探險隊的正

圖中這幅正在穿越浮冰的挑戰者號，是畫家米切爾的作品。挑戰者號在1874年2月間，曾經在南極地區逗留了兩週。儘管遭遇極端的氣候條件與危機四伏的水域，挑戰者號只損失了十名船員，就那個時代與那種長度的航程而言，是相當出色的記錄。

挑戰者號上的攝影師使用的是與左頁圖片類似的濕版相機，在航行期間，攝影師用這種相機拍攝了無數的風景照與人物照。然而，當時的科技不夠發達，因此並無法將相機應用在科學記錄上。

式命令上就有一項要求是：「把握每一個機會拍攝各地土著照片。」因此，該次航程中質量均高的攝影成果，成了十九世紀末期人文地理風情的重要歷史記錄，其中甚至包括了可能是史上第一張南極冰山的照片。

儘管如此，挑戰者號的主要任務，當然還是在她航行海上的七百一十三天完成，平均每二至三日，她就會在三百六十二個正式觀測站中的一個進行停留與勘測。在每個觀測站停留時，工作人員會先測量水深並對海底沈積物進行採樣。然後，再針對表面、接近海底、以及不同深度的水層進行水溫測量，並採樣以便稍後進行化學分析。最後再以打撈或海底拖網的方式進行生物採樣，也常常使用浮游生物網蒐集中層水域至水深約一千五百公尺水層的動物。每次生物採樣的成果，都必須小心整理、保存、裝瓶、上標籤、儲存並詳細記錄。此外，工作團隊還會經常記錄表層洋流的速度與方向，不過淺層洋流的測量就比較不頻繁。

在航程期間，各式各樣的材料從百慕達、哈利法克斯、開普敦、雪梨、香港與日本等地被送回英國。湯姆森在科學報告簡介中曾寫道：「……當我們終於在希爾內斯清空船艙貨物並進行清點以後才發現，它們總共有五百六十三箱，其中包括兩千兩百七十個大型玻璃罐、一千七百四十九件用塞子蓋好的較小型玻璃瓶、一千八百六十個試管、以及一百七十六個錫罐，所有瓶瓶罐罐都裝滿了用酒精保存的標本；另外還有一百八十個裝有乾標本的錫盒，以及二十二個用濃鹽水保存標本的酒桶。」他又說：「……來自世界各地超過五千瓶以上尺寸各異的玻璃瓶與玻璃罐被存放在愛丁堡，大約只有四件損壞，也沒有因為酒精揮發的問題而損失任何標本。」儘管這些標本非常重要，但採集、儲存與記錄的技術層面卻是冗長乏味的工作，在各觀測站記錄各種測量數據更是個毫無止境的工作。即使對科學家來說，新鮮感在經過前幾十個觀測站的工作以後早已消逝殆盡，更有幾位軍官在個人日記裡寫下他們在航程中的煩悶與倦怠感。對必須幹粗活的一般船員來說，由於對研究成果並沒有既得利益的回饋，整個航程可能還是個更糟糕的經驗，也難怪有六十一名船員分別趁著挑戰者號在各地靠岸停留時擅自棄職，一去不返。

然而，這種純粹十足的例行公事，卻是挑戰者號探險隊的優點。船上完成的工作並不絕對是最新穎的，工作上採用的是經過嚴格測試與驗證的技術，是各國船隊在過去就偶爾會使用的。挑戰者號的重要性，在於其密集觀察、足跡遍佈全球、以及它對深海水層的著重。它最深的探測深度幾乎可達八千兩百公尺，這個在當時打破探測深度記錄的地點位於太平洋西南部，也就是後來所謂的「挑戰者深淵」，它離目前測量到的海底最深處只有十一公里多的距離。挑戰者號在深度超過四千五百公尺處也進行了二十五次成功的深海捕撈，最深捕撈記錄為五千七百公尺，完全是史無前例的創舉。

研究計畫所導致的龐大生物收藏，在航行期間定期被運回愛丁堡，等待挑戰者號返航後一併處理。因為這就像所有科學任務一樣，蒐藏與資料在尚未經過深入研究並正式發表研究成果之前，並沒有太高的價值可言。因此，湯姆森在結束航行任務以後，在愛丁堡設立了挑戰者號研究室，以進行資料整理、將生物標本派送至專門科學家、以及監督研究報告出版的工作。這些工作所需的時間比整個航程還長，在1882年湯姆森過世以後，監督工作由約翰・莫瑞（1841～1914）接手。莫瑞在挑戰者號上原本是較為資淺的博物學家，不過他命中註定成為當代最著名的科學家之一。而且到了最後，整個研究工作的規模也比原本預期中的來得龐大。根據湯姆森的估計，出版署應該可以在五年內出版十五冊研究成果，結果到頭來總共出版了五十冊正式報告，總頁數高達兩萬九千五百五十二頁，而最後兩冊報告一直到航程結束後十九年的1895年才問世。

報告的準備工作，也讓湯姆森和後繼者莫瑞捲入了一系列的紛爭。首先，這是因為大英博物館高層認為這批收藏應該納入大英博物館館藏，並由他們來安排後續工作，而不是由在愛丁堡的湯姆森主導。很多人也認為，只有英國科學家才能從事相關材料的研究工作，而非在湯姆森期盼中不應受國籍影響的世界最佳科學團隊。結果，湯姆森贏了，採集成果被送到來自法國、德國、義大利、比利時、北歐、美國與英國等地的各國專家手上，標本最後則落入倫敦自然史博物館之手，至今仍為自然史博物館收藏。然而，在整個過程中最長也最困難的，卻是與英國財政部之間的抗爭，因為財政部不願意負擔越來越龐大的報告出版開銷。這無疑是導致湯姆森健康狀況每下愈況以及在五十二歲英年早逝的原因之一。莫瑞最終還是取得了財政部的財務支援，不過一部份也是因為莫瑞在此間曾威脅財政部，打算自掏腰包出版報告，讓財政部覺得很丟臉，才決定提供金援。

那一系列極其精彩的研究報告是挑戰者號航程的最終成果，這些報告受到世界各大研究室珍藏，並常常被當代海洋學者參考。而在倫敦自然史博物館，幾乎每天都有來自這些研究室的客座科學家坐在館內研究室裡仔細研究這些報告引以為據的精美標本收藏。這些報告包

1872年12月初，皇家學會的科學界重要人物和探險隊的科學家們，在停靠於希爾內斯的挑戰者號上，留下上圖的合影。挑戰者號離開希爾內斯以後先繞著朴資茅斯沿岸航行，然後才在12月21日正式啟航。在拍照時，包括位於中排中央探險隊科學團隊主持人湯姆森在內的有些人，保持頭部不動的時間不夠久，由於當時的照相設備曝光速度緩慢，使照片稍顯模糊。

括了無數圖像，其中有許多照片以及懷爾德的水彩畫。然而，懷爾德只是位資質中庸的畫家，雖然他在部份動物採樣還新鮮的時候畫了一些，報告中出現的大量圖像，大多是出自研究該類動物的個別科學家或是他們所聘請的畫家或雕刻師之手。所以，挑戰者號探險的圖像成果並非少數藝術家的心血，而是許多畫家、雕刻師與平版印刷師共同努力的結果，許多人根本沒有看過挑戰者號，更別說是隨著它出海航行了。

儘管挑戰者號探險隊在接下來的一又四分之一個世紀中，讓許多海洋科學家對它推崇備至，這並未鼓勵英國政府繼續支持接下來的海洋學研究。英國財政部對這非預期的慷慨感到非常震驚，一直到數十年以後，才又開始支援花費較高的科學任務。有幸的是，挑戰者號的確起了帶頭作用，讓其他國家爭相仿效。在十九世紀的最後二十幾年中，美國、德國、挪威、瑞典、法國、義大利與摩納哥都曾派出大型海洋考察隊，挑戰者號開創的海洋學之道，正在朝著廣泛國際合作的康莊大道前進，終有今日的局面。

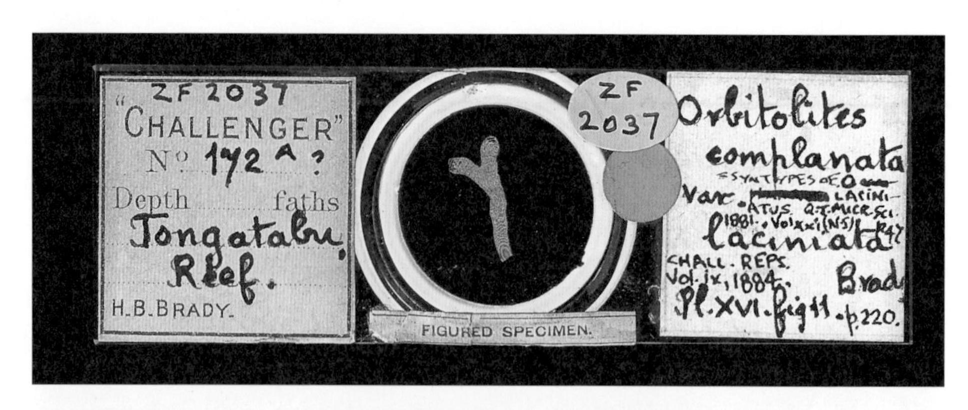

ZF 2037
"CHALLENGER"
No 172 A ?
Depth faths
Tongatabu Reef.
H.B.BRADY.
FIGURED SPECIMEN.
ZF 2037
Orbitolites complanata
Var.
laciniata
CHALL. REPS.
Vol. ix, 1884.
Brady
Pl. XVI. fig 11. p. 220.

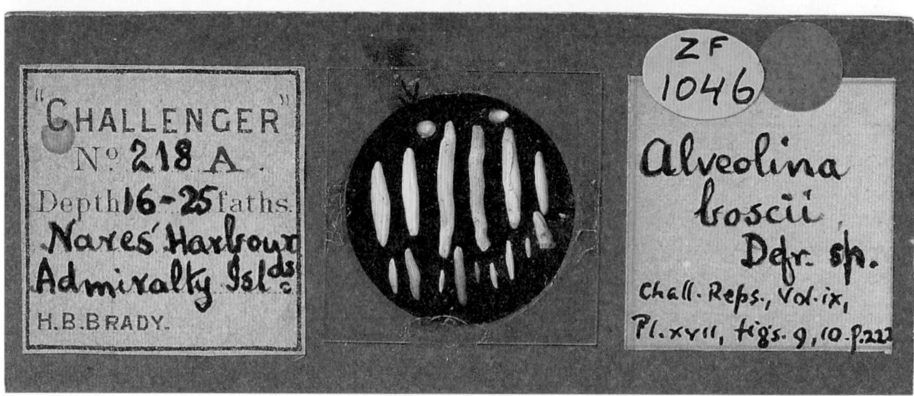

"CHALLENGER"
No 218 A.
Depth 16-25 faths.
Nares' Harbour
Admiralty Islds
H.B.BRADY.
ZF 1046
Alveolina boscii
Defr. sp.
Chall. Reps., Vol. ix,
Pl. xvii, figs. 9, 10.

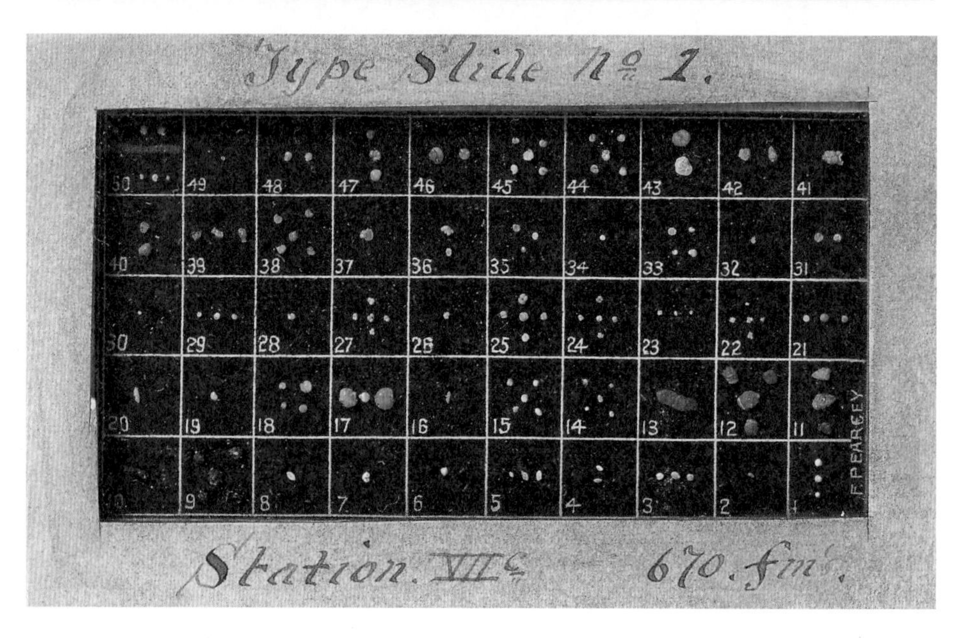

Type Slide No 1.
F.PEARCEY
Station. VII.
670. fms.

上圖的版畫是挑戰者號實驗室，內有工作台、顯微鏡、瓶架與掛起來風乾的鳥皮。在他們剛上船時，處理網撈漁獲的「苦活」大多是在甲板上進行，要不就是在架設於主甲板後方的棚子裡著手。當挑戰者號抵達緯度較低的溫暖地區時，這些正在風乾的鳥皮也被吊掛在這個棚子裡，因為若不如此處理，甲板下方的氣味將會讓人難以忍受。

除了挑戰者號的拖網和撈網捕獲的多細胞動物以外，還累積了大量的單細胞生物，尤其是有孔蟲、放射蟲和矽藻，其中有許多是前所未見的新種。有孔蟲的外殼是深海海床沈積的主要組成，這些標本由亨利・波曼・布拉迪進行研究，他小心翼翼地整理乾燥的海底淤泥樣本，將這些微小的標本一個個地放在像左頁圖中的玻片上。這些標本目前為倫敦自然史博物館古生物學部所有。

上圖是夏威夷活火山基拉韋厄正冒著煙的火山口。挑戰者號於1875年8月抵達夏威夷群島，訪問的高潮之一就是基拉韋厄火山之旅。基拉韋厄火山高達海拔一千兩百一十九公尺，從希洛港前往基拉韋厄火山的路途，是段又長又乏味的旅程。然而，讓挑戰者號人員很訝異的是，他們竟然在火山口邊緣找到一間價位相當合理的旅館，專門提供觀光客住宿。1874年2月，當挑戰者號在滿是浮冰的南極海域航行的兩週期間，攝影師從船上拍下了右圖中的冰山，是史上第一批南極冰山照片。（照片下方的波浪狀圖案並不是海水，而是由沖洗照片時使用的化學遮蔽劑所造成。）

1870年代的照相術，非常適合用來拍攝刻意擺好姿勢的人物肖像。挑戰者號的攝影師就拍了不少這樣的照片，例如左上圖來自菲律賓民答那峨島三寶顏的摩洛土著、右下圖中的日本人、以及左下圖的東加王國夏洛特皇后。後者屬於航行期間拍攝的皇室肖像，是一批令人印象深刻的照片收藏，其中包括葡萄牙國王路易斯一世、日本明治 天皇和夏威夷卡拉卡瓦國王。東加王國的夏洛特皇后和喬治．圖普國王尤其非常渴望能被拍攝，國王身著海軍制服，皇后則穿著「一套歐洲製的輕紗服裝」。其玄孫女薩洛特皇后貌似夏洛特皇后，當她在1953年出席英國女王伊麗莎白二世登基大典時，幾乎搶盡了風頭。

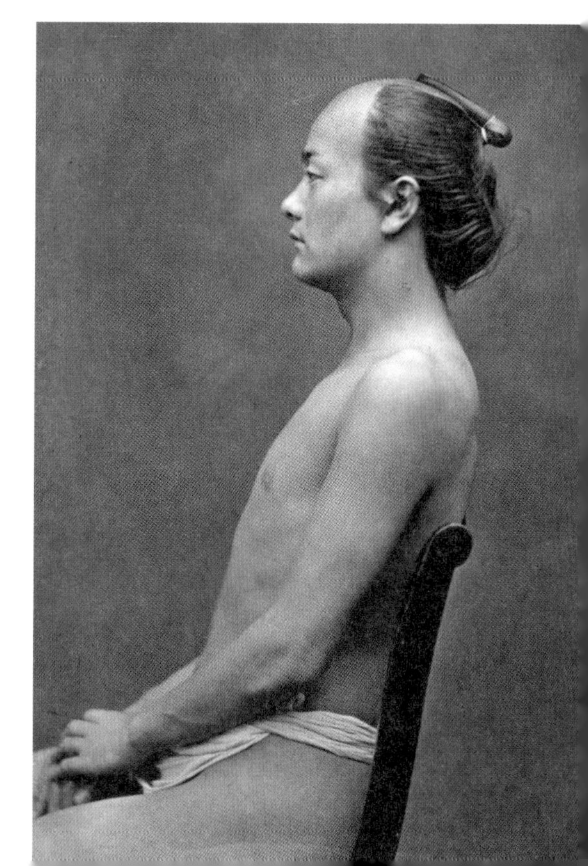

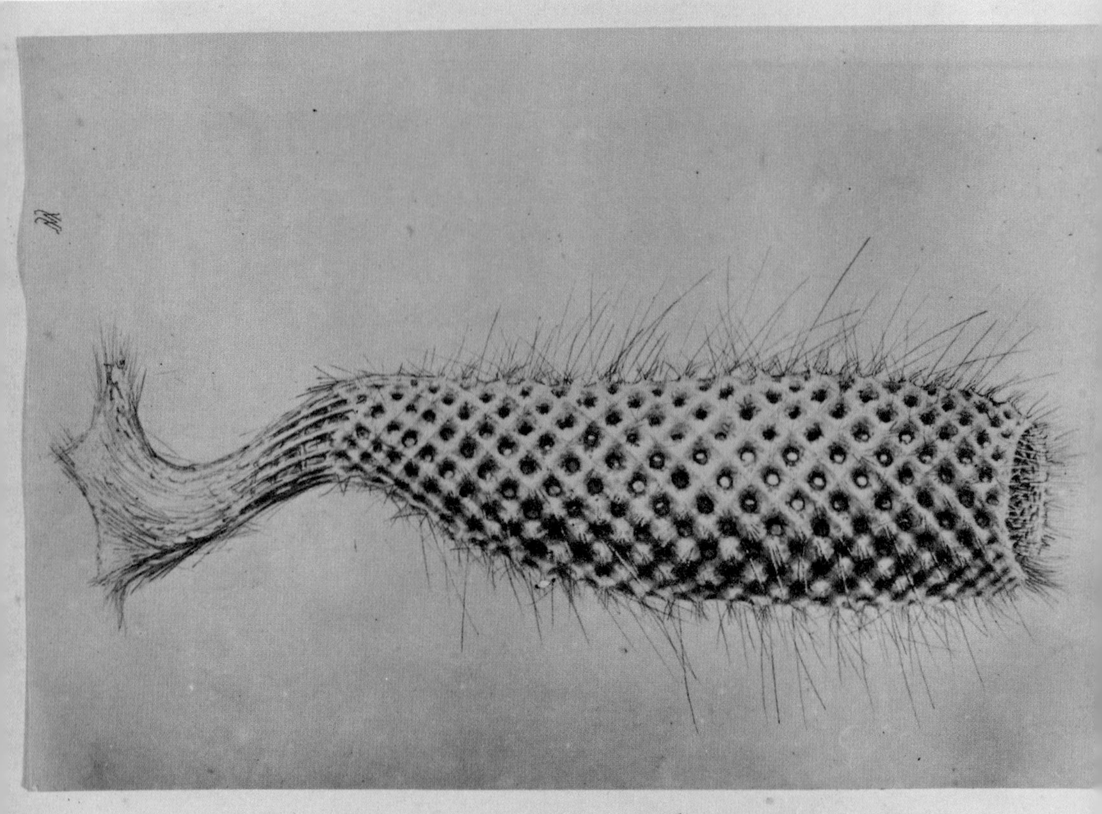

Sponge. (Euplectella.)

左圖為尚・賈克・懷爾德筆下的玻璃海綿，可能是偕老同穴屬的海綿（Euplectella suberea）。這張圖可能是利用挑戰者號在直布羅陀西部深水層，以及介於南美洲伯南布哥與巴伊亞之間海域撈起的許多破碎標本「拼湊重建」而來的。懷爾德也畫下了上圖中的深海海鰓，牠被命名為湯姆森傘形珊瑚（Umbellula thomsoni），藉此表揚挑戰者號科學團隊主持人查爾斯・威維爾・湯姆森的貢獻。這些令人印象深刻、狀似植物的動物是海葵、珊瑚與水母的親戚，牠們會把足盤埋在海底沈積物中並站立其中，肉柄頂端的許多濾食細胞，可在通過的水流中蒐集食物微粒。

左圖中的奈氏擬鮟鱇（Lophiodes naresi）來自阿爾伯特．甘瑟的挑戰者號淺水魚類報告。目前已知奈氏擬鮟鱇分布於太平洋西南部與印度洋東南部，和歐洲水域的鮟鱇魚、和尚魚等是親戚，不過在挑戰者號的年代，這種魚是尚未被發表的新種，當時以挑戰者號船長喬治．斯特朗．納雷斯來命名，以茲表揚。上圖中的模式標本保存狀況良好，自1870年代起就被浸泡在同一個玻璃罐內。

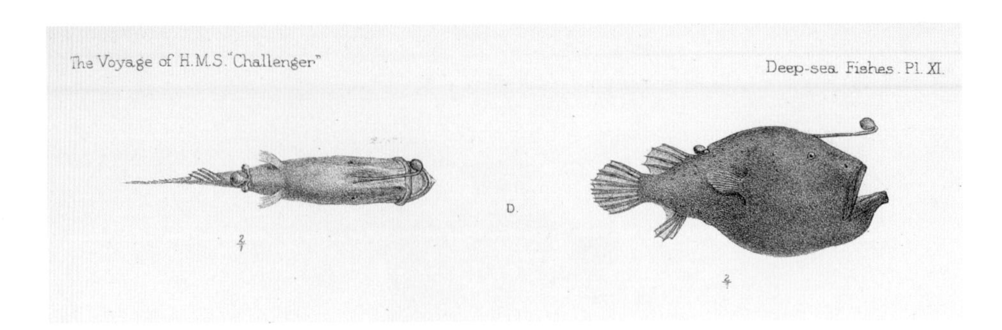

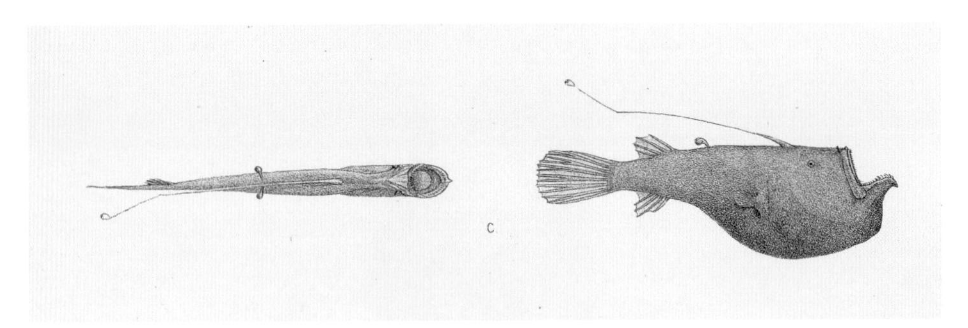

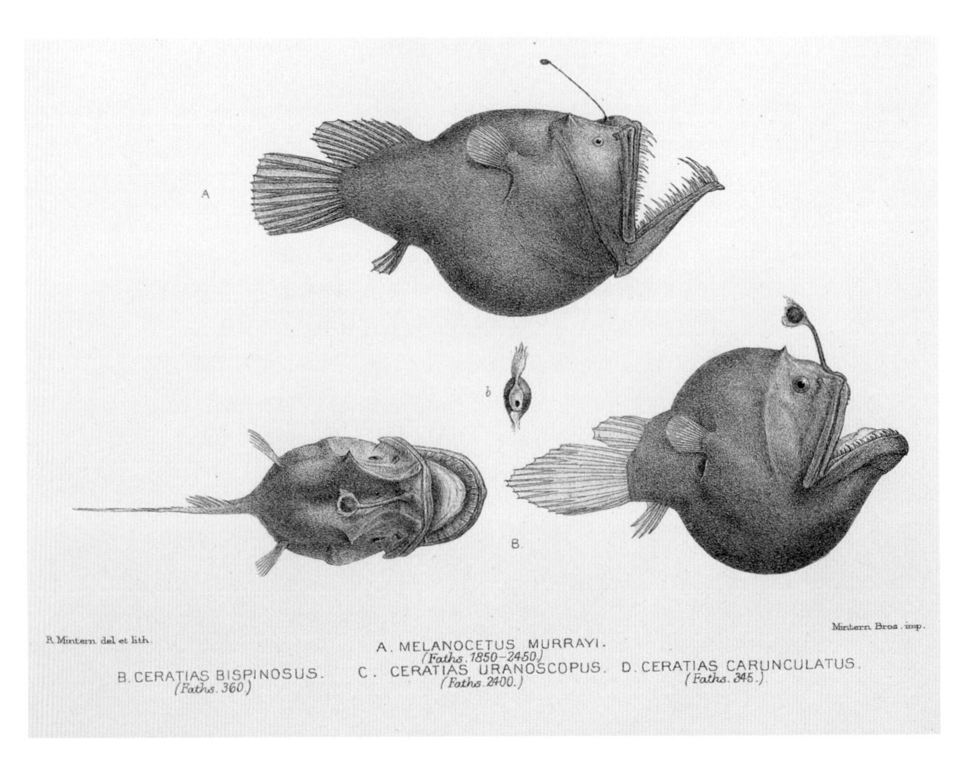

A. MELANOCETUS MURRAYI. (Faths. 1850–2450.)
B. CERATIAS BISPINOSUS. (Faths. 360.) C. CERATIAS URANOSCOPUS. (Faths. 2400.) D. CERATIAS CARUNCULATUS. (Faths. 345.)

左頁是出自挑戰者號報告書的深海魚類，位於中央的是以約翰・莫瑞命名的短炳黑角鮟（Melanocetus murrayi）。約翰・莫瑞是探險隊的動物學家，最後也成為挑戰者號科學團隊中名氣最響亮者。報告也提到像是上圖的岸邊魚類，由上而下分別是來自阿拉弗拉海的單棘魨（Paramonacanthus filcauda）、來自菲律賓的密斑短角單棘魨（Thamnaconus tessalatus）、同樣來自阿拉弗拉海的方斑狗母魚（Synodus kaianus）、以及分布於印度洋東部和西太平洋地區的貪食鱷齒魚（Champsodon vorax）。

在挑戰者號報告海膽卷中，有幾張全頁插圖專門用來描述海膽刺的形態發生。右頁這張圖是詹姆士・布萊克替哈佛大學比較動物學博物館的亞歷山大・阿加西茲（Alexander Agassiz）所繪製雕版的海膽刺橫切面，布萊克是為這份報告錦上添花的眾多藝術家之一。下圖則是出自甘瑟之淺水魚報告中的兩種澳洲南部魚類，上方為光澤深鰩（Pavoraja nitida），下方則是棘刀海龍（Solenognathus spinosissimus），一種介於海龍和海馬之間的刁海龍，主要棲息在澳洲東南部、塔斯馬尼亞和紐西蘭的泥濘淺水域。

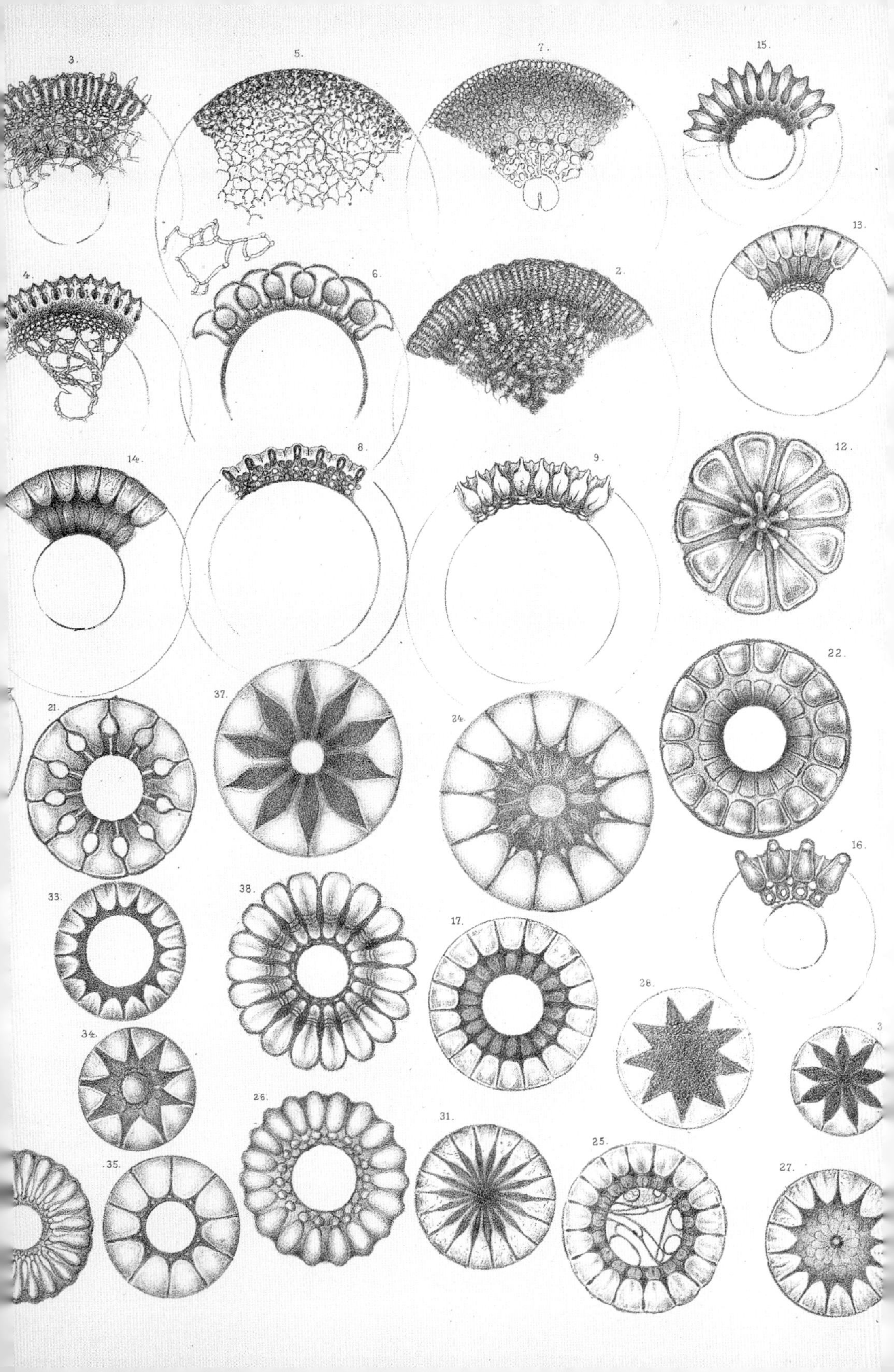
3.
5.
7.
15.
13.
4.
6.
2.
14.
8.
9.
12.
22.
21.
37.
24.
16.
33.
38.
17.
28.
34.
26.
31.
25.
.35.
27.

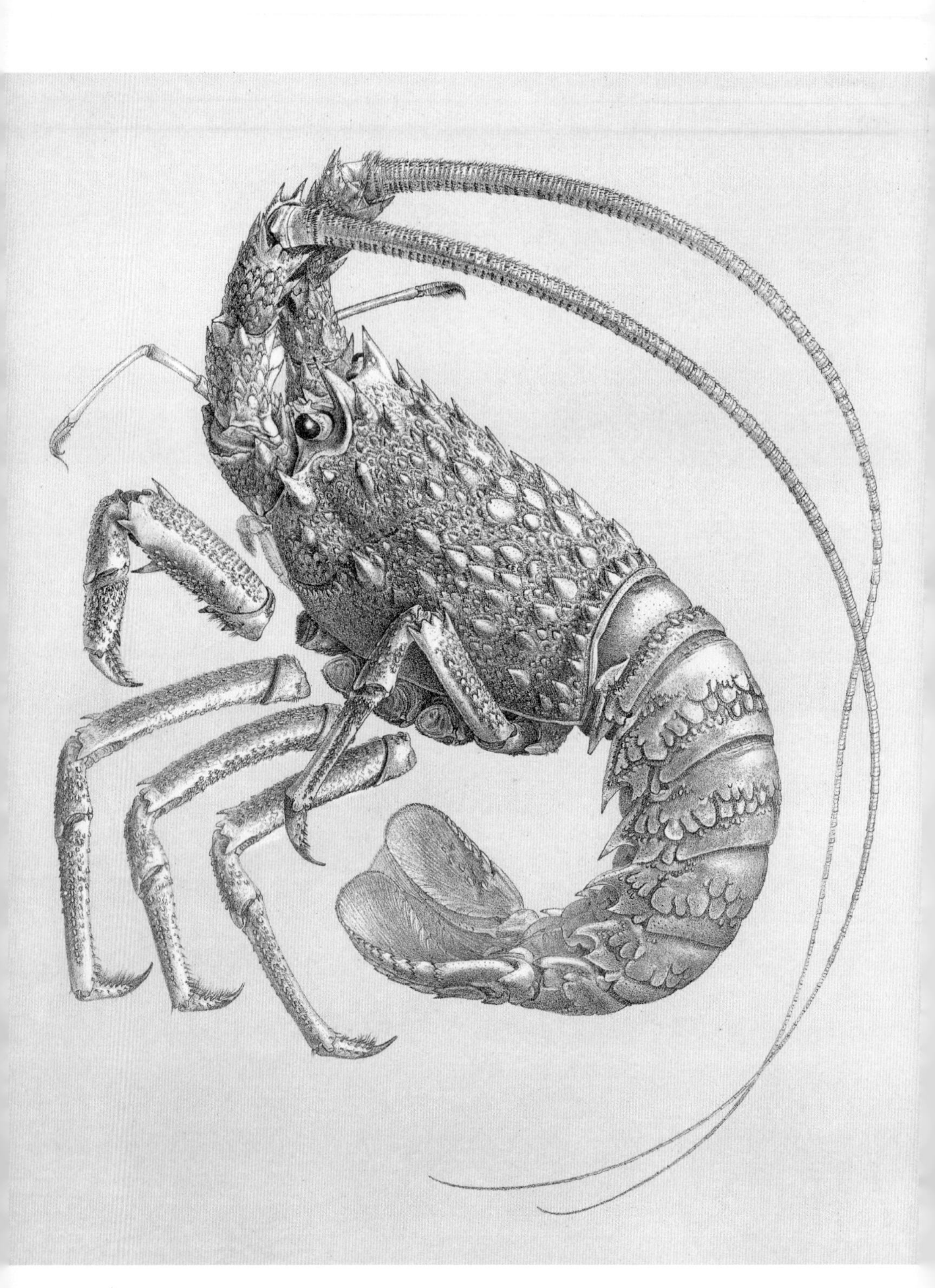

出自查爾斯·史班斯·貝特之挑戰者號報告甲殼類動物卷的一些長尾甲殼類，包括左下圖的鬥異蝦（Amphion provocatoris）、右下圖的雷氏異蝦（Amphion reynaudii）、以及左頁圖中來自特里斯坦達庫尼亞群島的龍蝦。史班斯·貝特認為這龍蝦應該屬於法國動物學家亨利·米爾那·愛德華茲所發表的蘭氏龍蝦（Palinurus lalandii），不過也認為這種龍蝦和其他種的差異足以讓牠獨立成為一個被稱為鈍龍蝦屬（Palinostus）的新屬。史班斯·貝特的新屬名稱，很快就被另一個較早存在的靜龍蝦屬（Jasus）所取代，因此，米爾那·愛德華茲所命名的龍蝦，目前的完整學名就成了南非靜龍蝦（Jasus lalandii）。然而，挑戰者號的這個龍蝦標本事實上並不是南非靜龍蝦，而是一種當時尚未發表的新種。1963年，一位來自荷蘭的甲殼類專家在仔細研究以後指出，來自特里斯坦達庫尼亞群島的龍蝦實際上是一個截然不同的種類，這當然也包括挑戰者號的標本在內，目前這種龍蝦被稱為特里斯坦靜龍蝦（Jasus tristani）。

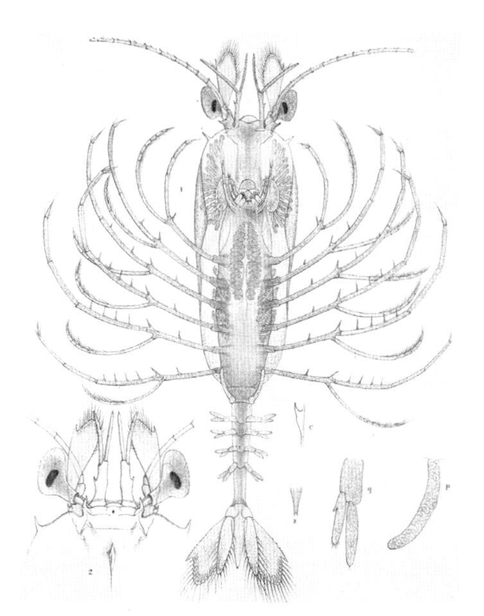

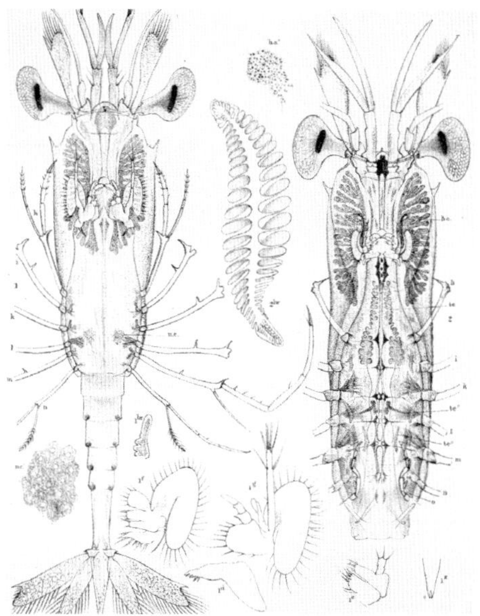

上圖的頭盤蟲（Cephalodiscus dodecalophus）是一種體積極小的櫟實蟲，屬於原索動物。牠跟海鞘一樣，是介於脊椎動物與無脊椎動物的一類，這種動物主要利用其觸手般的羽狀構造蒐集食物，雖然圖中只看得到六支羽狀構造，事實上牠總共有十二支，因而得其名[1]。和頭盤蟲的柔和線條恰相反的，是右頁中的頭帕目海膽。挑戰者號採集到的頭帕目海膽，由保盧斯・羅埃特直接用平版印刷的方式製圖。

1.指頭盤蟲（Cephalodiscus dodecalophus）學名中的「dodecalophus」，在希臘文中，「dodeca-」代表十二，「loph-」是簇或羽冠的意思。

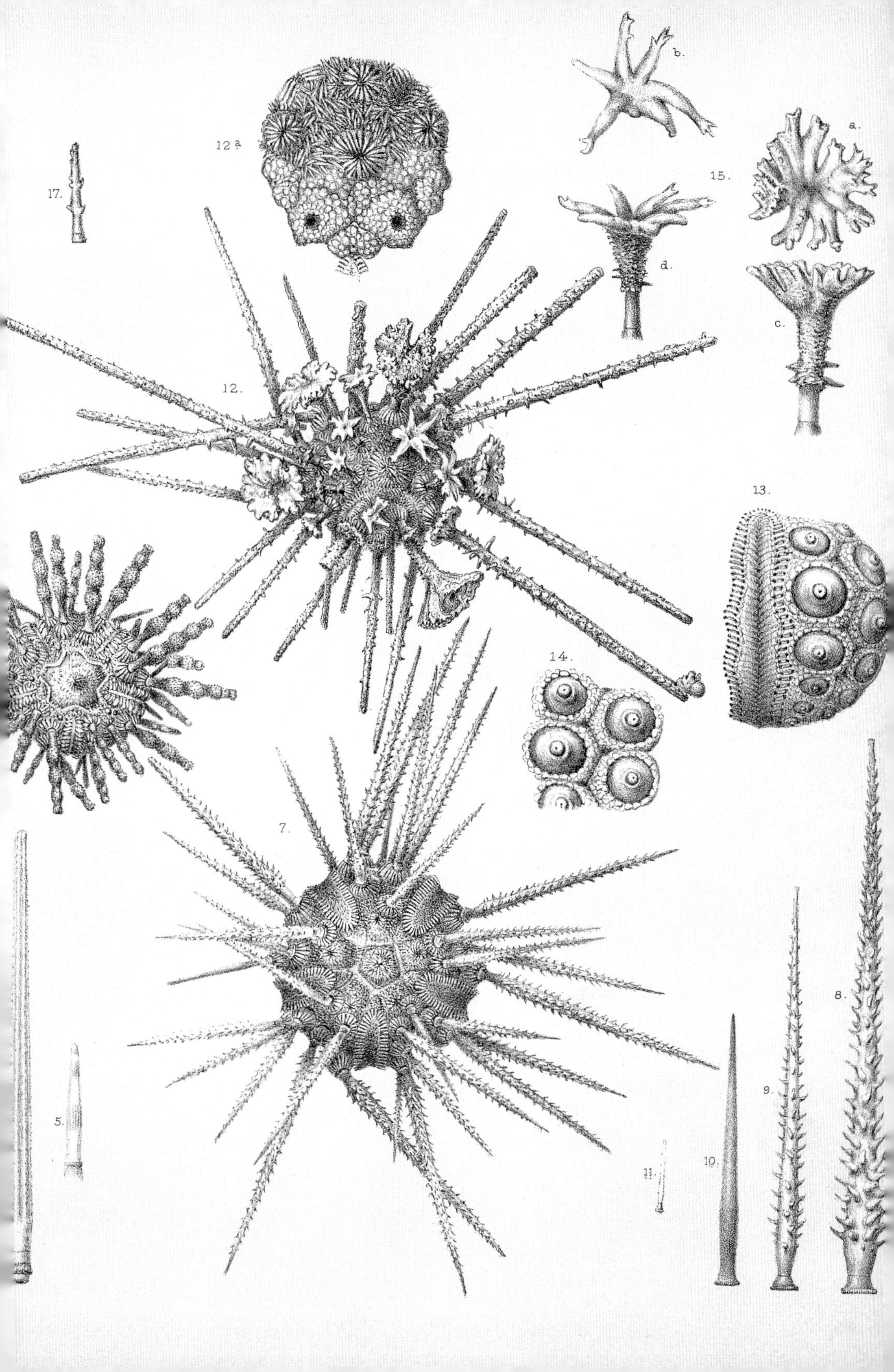

12 a
17.
b.
a.
15.
d.
c.
12.
13.
14.
7.
5.
11.
10.
9.
8.

7.

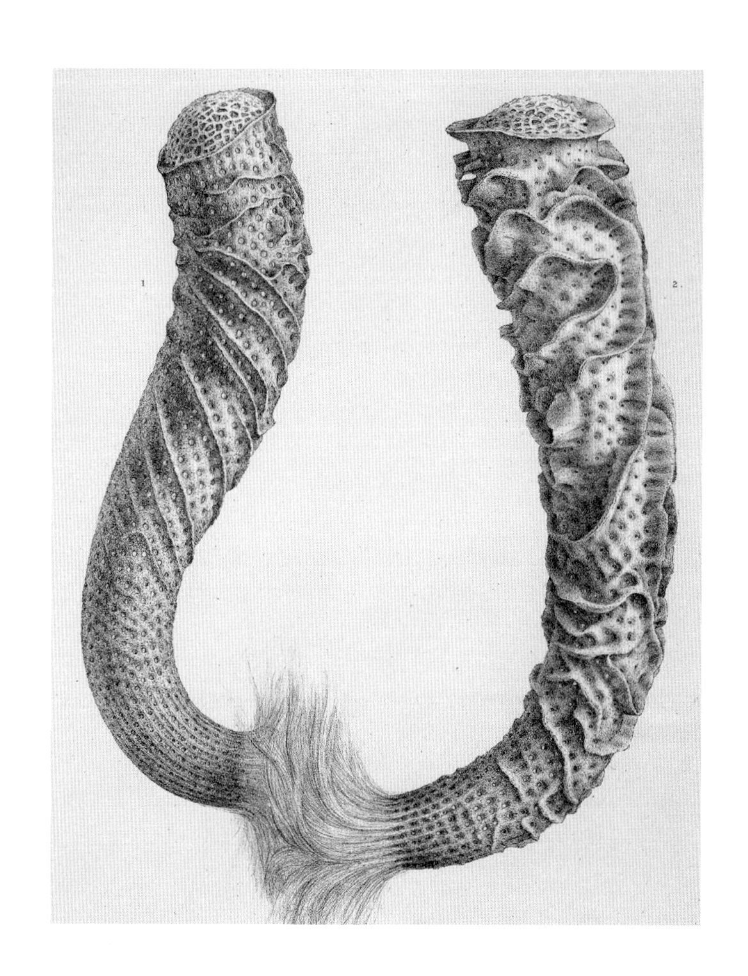

挑戰者號計畫的動物標本圖像，有許多藝術素養極高的作品。左頁圖是出沒在深海至中層水域的黑傘水母（Periphylla mirabilis），其描繪方式就好像你從水中往上觀察其自然狀態一般。上圖的兩個阿氏偕老同穴（Euplectella aspergillum）也是相當漂亮的兩個海綿標本。偕老同穴屬的海綿也稱為玻璃海綿，因為牠們形態高雅的支持骨架和將牠們固定在海床上的「根部」，是由純矽所構成的複雜針狀系統所組成。

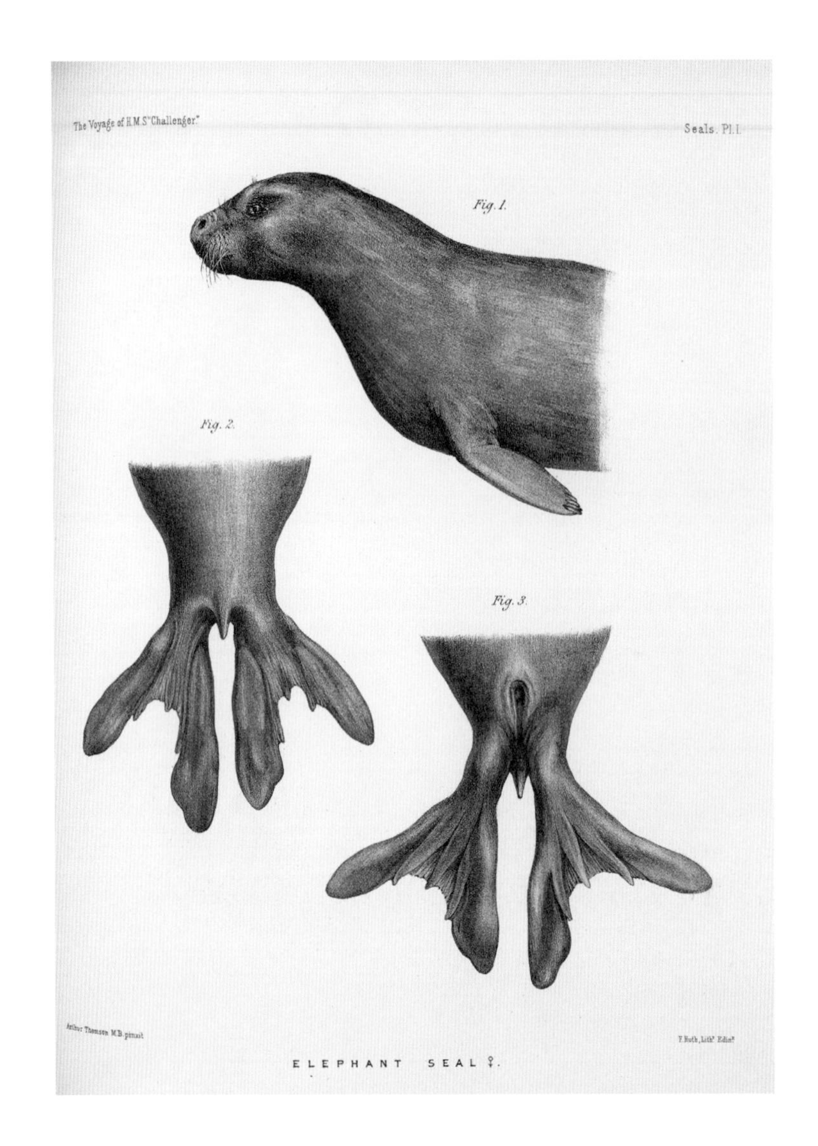

上圖是來自印度洋南方凱爾蓋朗群島的一隻雌象海豹（Macrorhinus leoninus）的前端與後肢。雖然挑戰者號以深海研究為主要目的，但研究團隊同時也採集了許多人類學標本，例如右頁圖中來自太平洋西南部阿德默勒爾蒂群島的人類頭骨。大多數人類學標本都是工具、武器、容器之類的文物，不過有些人類遺骸也被帶回英國。在阿德默勒爾蒂群島一帶，人類與動物的頭骨常被拿來掛在茅草屋頂上當作裝飾，島上土著也很樂意出售這些頭骨。

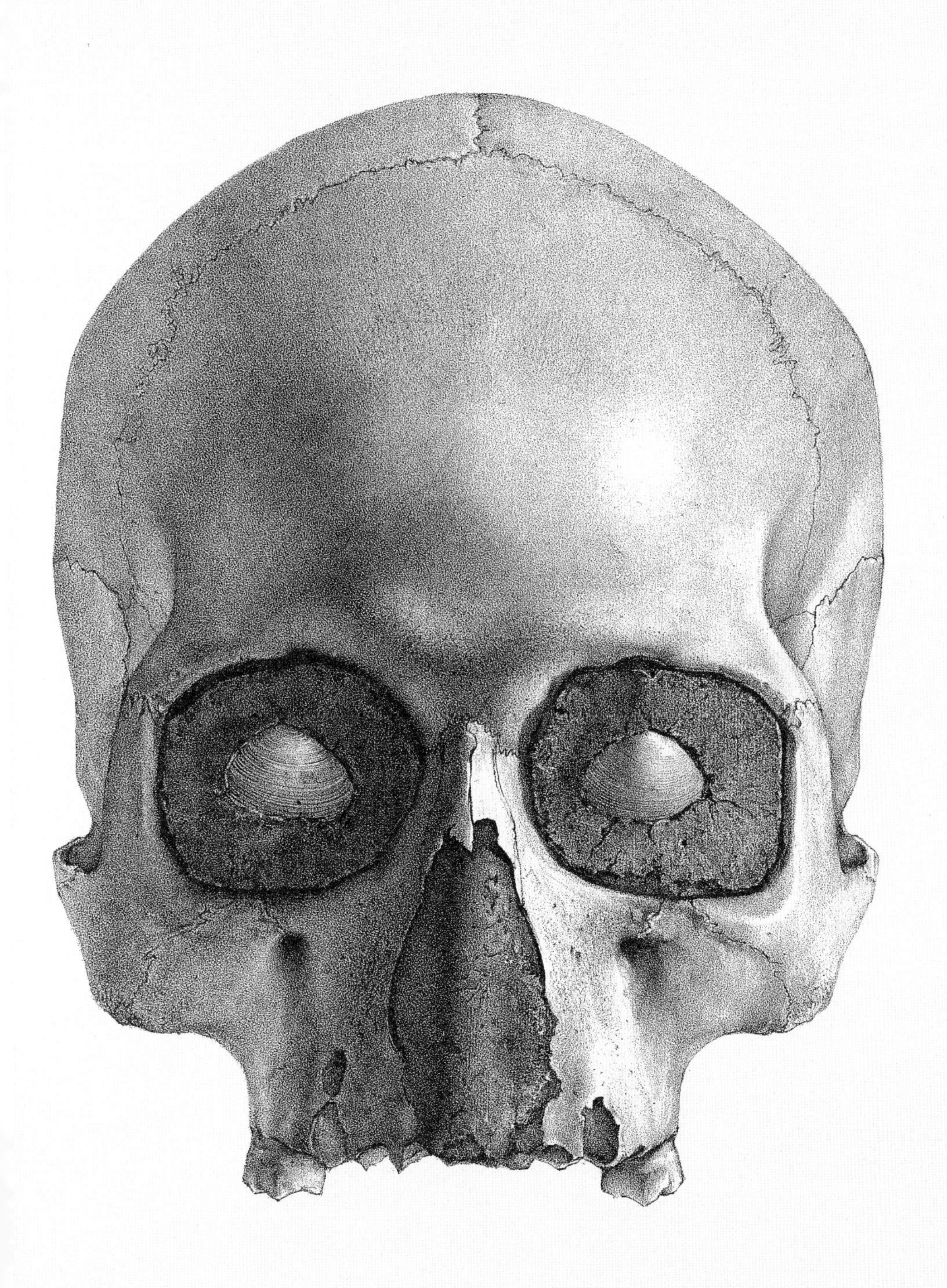

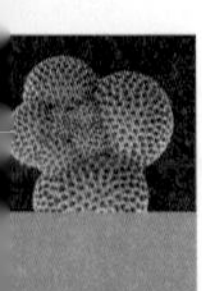

後話

本書提及的旅程，涵括了科學史上最重要也最迷人的時期，對自然史而言尤其如此。這段期間始於十七世紀末期，在中世紀結束後，人們對自然現象的觀察研究正迅速朝著理性或「客觀」的方向前進，原本獨立研究的科學家，特別是自然史學家，由於各學會如英國皇家學會（1660）與法國自然科學學院（1666）等隨之成立，而逐漸開始組織化。科學家以在專門期刊發表文章的方式，相互交流研究成果，然而，除了極少數大學教授以外，科學在許多年以後才成為一種財務上可行的職業。因此，在接下來的兩世紀間，科學這個專門領域，幾乎完全被富有的業餘愛好者，或是以神職人員和醫生為主、受過良好教育的中產階級人士所獨佔。本書最末章的時間已經來到十九世紀晚期，當時專業科學家已經成為一個讓人足以維持生計的職業，儘管在金錢報酬上鮮少能與在法律、財務、商業、娛樂或藝術等行業獲致成功者相提並論。然而，在本書所涵蓋的整段期間，有一小群非常重要的專業人士，持續不斷地從科學中獲取

金錢利益。他們就是以繪畫動植物為生的自然史畫家，他們儘管有領取報酬，卻常常是無名英雄與英雌，而本書的目的，就是要褒揚這些畫家遺留給後世的藝術遺產。

那段時期巡遊四方的植物學家與動物學家，幾乎都需要一些才華洋溢、技巧精湛的技術人員協助製作圖像，在這無數動植物新種標本還新鮮完好、尚未被製作成目前大

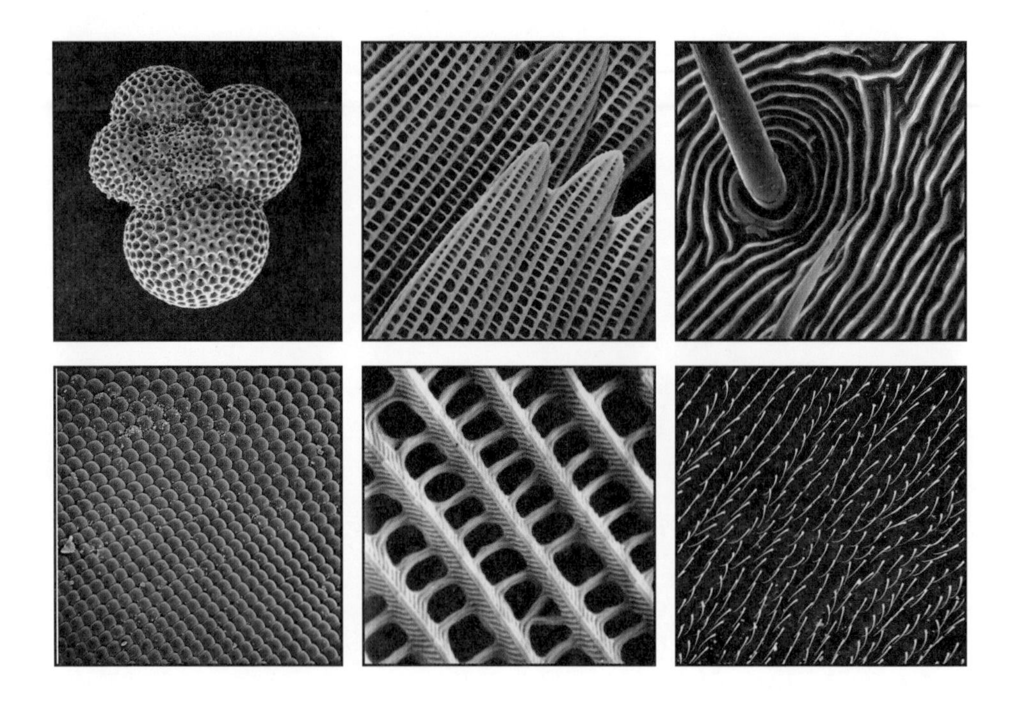

多數博物館收藏中典型的乾標本時進行繪圖。當時確實也沒有其他方法能正確無誤地提供受繪目標的相關細節，而這種正確性又恰是十八世紀啟蒙運動風潮所要求逼真特質，繪圖因而成了唯一的方法。如此以來，在隨著歐洲探險隊出發的任何科學團隊中，專業畫家便成了標準成員，他們的努力成果最後則落入西方世界中各個私人與公共收藏之手。

本書的最後一章，亦即挑戰者號的旅程，替這一整個時期劃下了句點。挑戰者號不但有藝術家隨行提供服務，更初次採用了在當時還相當新穎的照相技術。在1870年代，照相技術的適用性仍相當有限，它牽涉到龐大笨重的設備，加上或多或少必須立即替已曝光的膠片進行顯影處理，這些都嚴重限制了它的移動性。此外，當時可取得的感光劑反應很慢，這意味著照相術只能被運用在靜止物體、特定視野與對象相當僵硬的人像攝影上。

現在科學攝影能捕抓到極微小的細節，是數世紀前的博物學家和畫家很難想像的：313頁中蕁麻蛺蝶的頭部，或左頁自左上角順時針方向依序出現的有孔蟲、蝴蝶翅膀鱗片、蜘蛛表皮、綠頭蒼蠅翅膀表面、蝴蝶翅膀鱗片細節、以及綠頭蒼蠅眼部等，都是利用掃描式電子顯微鏡放大數千倍的影像。

然而，上面說到的這些都在短短幾年內就發生了很大的改變。由於更小型、更先進設備的發展，搭配感光速度較快的軟片，加上色彩和電影製作方面的進展，這新科技開始能製作出傳統畫家幾乎無法繪製的影像。約翰·古爾德若看到一台超高速攝影機，在瞬間讓他最鍾愛、每秒拍翅將近一百次的蜂鳥「暫停」了下來——這種他大概只能猜測的影像，他會怎麼反應呢？在查爾斯·威維爾·湯姆森率領挑戰者號出發的幾年以前，一般人還認為深海應該是毫無生命的地方，如果讓古爾德看到湯姆森替那些在深海海床上活動的動物所拍攝的照片，他又會做何觀感？或者，如果讓十八、十九世紀的植物學家看到顯示植物分布的衛星影像，這種在他們最瘋狂的夢想中都很難想像的畫面，他們又會怎麼想呢？

然而，照相術也沒有讓畫家因此成了多餘的累贅。一直到本世紀為止，畫家們仍然繼續伴隨著探險隊出航，即使當他們不再固定跟著探險隊上山下海進行田野調查以後，也常受聘替科學出版品繪製插畫。舉例來說，倫敦自然史博物館在1960年代仍然有全職畫家的編制。他們不再是正式編制的原因，並不是因為博物館不再需要他們的服務，而是由於研究經費的限制，使他們的工作被邊緣化，比科學家更容易被犧牲。雖然包括全像攝影和數位攝影在內的影像技術有驚人的發展，電腦科技的進步與虛擬現實也帶給人們無限驚奇，儘管如此，在必須呈現出特定形態特徵或色彩細微差異並獲得最大效果時，優秀自然史畫家的觀察力和畫筆，仍是無法被取代的。

插圖在自然科學裡仍然扮演著重要的角色。克萊兒．達爾比利用水彩與鉛筆畫出上圖與右頁中的地衣，她所捕捉到的形狀、質地與色感，是照片很難比擬的。達爾比也能在紙上以拼湊碎片的方式創造出完美的地衣標本，而照相師則必須倚賴他所能取得的標本，而且這些標本常常是已受損的不完整標本。

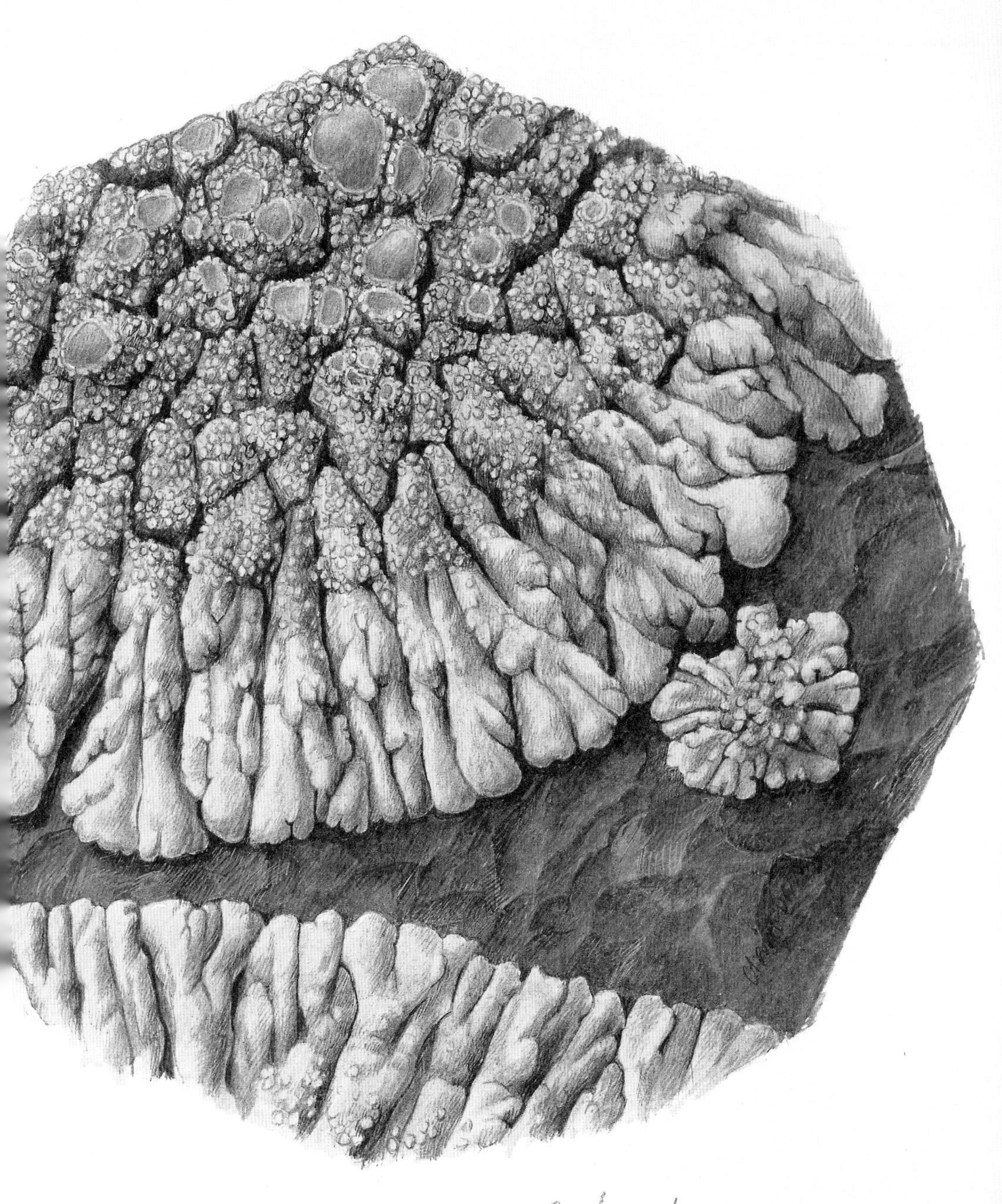

Caloplaca
verruculifera
– Claire Dalby 1981

傳記精粹

約瑟夫・班克斯

1743－1820，業餘植物學家與收藏家

班克斯生於倫敦，是家境富裕的地主之子。他曾就讀牛津大學，並在當時聘請私人教師教他植物學。班克斯曾隨著詹姆士・庫克的奮進號至澳洲旅行，儘管之後他鮮少參加遠航，他仍持續蒐集書籍、手稿、素描、繪畫與標本，尤其是植物標本。在班克斯於1820年去世以後，其收藏便託付給大英博物館處理。

約翰・巴特蘭（父）、威廉・巴特蘭（子）

1699－1777、 1739－1823，頂尖的美國園藝家

約翰・巴特蘭出生於賓夕法尼亞州，父母是虔誠的貴格會教徒。儘管約翰並未接受太多正規教育，他卻對植物學深感興趣，並在1729年於費城附近的金斯辛市成立了他自己的植物園。約翰和英國與北美的植物愛好者建立起聯繫管道，將許多北美植物引進歐洲。1743年，他幫助班傑明・富蘭克林創立了美國哲學協會。其子威廉・巴特蘭在1739年於金斯辛出生。他在十四歲時已充分展現其藝術天份，年紀輕輕就陪伴父親到卡茨基爾斯進行採集。1772年，威廉獨自前往美國東南部進行採集之旅，不過原本計畫的兩年旅行，最後卻長達五年才結束。當威廉回到金斯辛時，父親已經去世，美國也已獨立建國。

亨利・華特・貝茲

1825－1892，昆蟲學家與收藏家

貝茲自青少年時期就醉心於昆蟲學，在十八歲時就在《動物學家》發表了第一篇文章。他在1843年認識了阿弗雷德・華萊士，此後，兩人一起旅行至亞馬遜，研究當地生物。華萊士只在南美洲停留四年，而貝茲則待了十一年，蒐集超過八千種前所未見的生物，其中大多為昆蟲。貝茲在亞馬遜的觀察，讓他堅信生物演化確實存在。

斐迪南・鮑爾

1760－1826，調查者號隨船畫家

鮑爾出生於奧地利，為藝術家之子。他繼承了父親的藝術天份，而且對植物繪畫特別有興趣。鮑爾在搬到英格蘭之前，曾在維也納大學擔任植物畫家。約瑟夫・班克斯注意到鮑爾的才華，並推薦他到調查者號上擔任畫家。在回到英國以後，鮑爾花了五年的時間準備《澳洲植物圖鑑》的出版。他在1814年回到維也納，繼續從事植物繪畫。

羅伯特・布朗

1773－1858，調查者號隨船植物學家

布朗曾於愛丁堡習醫，於1795年從軍，擔任外科助手，並利用非勤務時間研究植物學。1978年，在班克斯心目中調查者號隨船博物學家第一人選決定退出後，布朗受邀擔任該職務，自1801至1805年

隨船航行。布朗自1806至1822年擔任林奈學會的「秘書兼雜勤主管」，並在1810年起開始替班克斯管理圖書館並擔任秘書。布朗繼承了班克斯的收藏，並有條件地將它們託付給大英博物館管理。在布朗的要求下，大英博物館的組織架構多出了一個以植物標本館為重心的植物部門，並由布朗擔任第一任主任研究員。

詹姆士・庫克

1728－1779，皇家海軍軍官、知名探險家、航海家與勘測專家

庫克出生於約克郡馬頓市，是農場工人之子。他在1755年進入皇家海軍，並成為一位優秀的勘測專家。庫克曾擔任三次重要航行任務的指揮官：率領奮進號到大溪地觀察金星凌日並勘查南太平洋；帶著果敢號與冒險號徹底調查假設存在的南方大陸；領著果敢號與發現者號順著北美沿岸尋找從太平洋通往大西洋的通道。庫克在最後一次任務中，並沒有成功找到預期中的北方通道，卻在1779年1月返航經過夏威夷時被土著殺害。

查爾斯・達爾文

1773－1858 小獵犬號隨船博物學家、《物種原始》作者

達爾文出生於舒茲伯利的醫師世家，父親與祖父皆執業行醫，祖父是集醫師、詩人與哲學家於一身的伊拉斯謨・達爾文，外祖父是以陶器製作聞名於世的喬賽亞・韋奇伍德。他曾在愛丁堡習醫，不過中途輟學，轉而研習自然史。達爾文被指派為小獵犬號的博物學家，陪伴船長羅伯特・費茲洛伊到南美洲進行海岸勘查。航程自1831年開始，一直到1836年結束，在這段期間，達爾文累積了龐大的自然史與地質收藏。這些收藏與達爾文同時進行的觀察，成了他最著名作品《物種原始》的理論基礎，讓他藉由該書提出以天擇為中心的演化理論。

彼得・科內利斯・迪貝維爾

約莫1733年出生的荷裔錫蘭畫家

約於1733年出生於可倫坡，是荷蘭東印度公司下級軍官之子，除了他在1752年受到當時錫蘭，即目前斯里蘭卡的殖民地總督約翰・吉迪恩・洛頓聘請，替洛頓描繪錫蘭自然史以外，人們對迪貝維爾生平所知非常有限。1757年，迪貝維爾隨著洛頓遷居巴達維亞，繼續替洛頓工作，一直到洛頓返回歐洲為止。據信迪貝維爾於1781年去世。

羅伯特・費茲洛伊

1805－1865，皇家海軍軍官、小獵犬號船長

查爾斯・費茲洛伊勳爵之子，查爾斯二世後裔。羅伯特・費茲洛伊於1819年進入皇家海軍，並且很快就受到拔擢，平步青雲。他在1828年初次擔任船長，率領小獵犬號進行南美洲海岸勘查。他在1831至1836年間再次擔任小獵犬號船長，繼續從事南美洲調查，期間，查爾斯・達爾文擔任隨船博物學家並陪伴費茲洛伊，不過費氏陰晴不定的個性與虔誠堅定的宗教信念，讓兩人因為達爾文對演化的想法產生摩擦。在小獵犬號返航後，費茲洛伊再也沒有出航，不過他繼續在皇家海軍服務了十四年。費茲洛伊於1865年自殺身亡。

馬修・弗林德斯

1774－1814，皇家海軍軍官、水道測量專家與探險家

出生於林肯郡，是外科醫師之子。弗林德斯於1790年進入皇家海軍，於1795年隨著信賴號抵達新南威爾斯，並在接下來的五年內負責調查澳洲東南部水域，證實澳洲大陸與塔斯馬尼亞之間的巴斯海峽確實存在。1801年，弗林德斯受命擔任調查者號船長，負責進行澳洲海岸的長期調查。在完成繞行澳洲的航行任務以後，弗林德斯踏上了一段坎坷的返鄉之路，花了超過七年的時間才回到英國。當他在1810年終於抵達國門以後，他開始準備正式的航行報告，不過卻在報告出版當年，也就是1814年7月身亡。

約翰・佛斯特（父）、喬治・佛斯特（子）

1729－1798、1754－1794，果敢號上的父子檔（父為博物學家、子為畫家）

約翰在1729年出生於（目前位於波蘭）但澤市附近的帝爾斯巧，曾在哈勒大學研習神學、古代與近代語言、醫學與自然史。在1776至1777年間，約翰帶著當時年十一歲的喬治到窩瓦河沿岸的新德國殖民地，替葉卡捷琳娜二世進行科學與政治調查。之後，他們舉家遷居英格蘭，最後在倫敦定居。約翰在倫敦定居後寫了幾篇論文，其中部份插圖乃由喬治所繪製。這對父子檔很快就在倫敦的科學與古董圈打響了名號，他們受邀隨著果敢號航行，並在1772至1775年航行期間製作出許多無價之寶。佛斯特父子因為果敢號航行報告該由誰來製作的問題與皇家海軍鬧翻，之後這對父子檔便返回德國。

約翰・古爾德

1804－1881，鳥類學家、畫家與鳥類圖鑑出版商

古爾德在十四歲時，就在由父親擔任園丁工頭的溫莎皇家花園擔任實習園丁，接受了包括剝製標本製作在內的訓練，因為標本製作技術，讓他在1827年於當時甫成立的倫敦動物學學會取得研究與保存專員的職位。古爾德對鳥類的興趣與研究，讓他在1833年成為該學會鳥類部門負責人。在接下來的幾十年之間，他發表了許多鳥類學論文，並且是發現來自加拉巴哥群島「達爾文地雀」之重要性的第一人。古爾德同時也從事精美書籍的出版工作，在他過世之際，他已經出版了令人印象深刻的四十一本對開本，其中包括三千張精美版畫。

保羅・賀曼

1646－1695，植物學家

人們對保羅・賀曼的所知相當有限。1672年，在賀曼甫完成在荷蘭習醫的課程以後，他就受聘成為荷蘭東印度公司在錫蘭（今斯里蘭卡）的首席醫官。他在錫蘭島停留的五年間，蒐集了大量植物標

本與附隨的相關插圖，並在他回到荷蘭以後，於1679年受聘成為萊登大學植物系主任。在他1695年去世以後，他的植物標本館被卡爾．林奈用作為許多未知物種的描述基礎。

卡爾．林奈

1707－1778，國際動植物命名法的發起人

林奈生於瑞典斯莫蘭地區。儘管習醫，其興趣與熱忱仍然是在植物學領域。他曾經獨自進行了幾次重要的植物採集之旅，不過他也有許多旅行至世界各地的學生與追隨者，他們會將植物標本寄回，讓林奈能藉由這些標本依據，發表許多地區植物相研究報告。林奈的研究導致植物分類與動植物命名方面產生重大進展，他提出的「二名法」，也就是由獨一無二的拉丁文屬名與種名所組成的動植物學名，很快就受到世界各地的動植物學者採納，是當今命名法的基礎。

約翰．吉迪恩．洛頓

1710－1789，業餘博物學家、錫蘭總督

洛頓於1710年出生於荷蘭聖馬田迪市，於1731年加入荷蘭東印度公司。在巴達維亞、三寶隴與蘇拉威西等地擔任各種職務後，洛頓於1752年被指派為錫蘭總督。在洛頓於錫蘭島停留的五年間，他聘請了當地畫家彼得．科內利斯．迪貝維爾替島上的動植物作畫。在結束錫蘭總督任期以後，洛頓回到荷蘭，之後於1759年移居倫敦，並在1760年獲選維皇家學會會員。洛頓於1765年返回荷蘭。

瑪莉亞．希比拉．梅里安

1647－1717，博物學家與畫家

出生於法蘭克福，是出版商與雕版師之女。梅里安原本從事花卉繪畫與雕版的工作，不過到後來，她越來越將焦點放在昆蟲學方面。1679年，她出版了一本以歐洲蝴蝶生活史為題的著作，書中出現的許多蝴蝶種類都和牠們的攝食植物畫在一起，在當時是非常新穎的表現手法。1699年，她旅行至蘇利南，期間畫了許多蝴蝶和牠們的寄主植物，最後都收錄在她最著名的著作《蘇利南昆蟲變態圖譜》之中。

約翰．莫瑞

1841－1914，挑戰者號專任博物學家

莫瑞出生於安大略，不過他的青少年時期是與住在蘇格蘭的祖父一起度過。他的醫學研習與對海洋生物的興趣，讓他成為挑戰者號上的助理博物學家。隨之而來的是他在海洋學領域的傑出職業生涯，讓他因此封爵、獲選為皇家學會會員並獲得世界各地知名大學的榮譽學位。

悉尼．帕金森

1745－1771，奮進號專任畫家

帕金森出生於愛丁堡，其父從事啤酒釀造，是虔誠的貴格會教徒。在舉家遷居倫敦後，帕金森開始展示他的花卉繪畫，尤其是絲畫。他的作品讓約瑟夫．班克斯印象深刻，並因此聘請他到奮進號上擔任隨船畫家，於1768至1771年隨船航行。在航程期間，帕金森畫下將近一千幅植物繪畫與四百張動物素描，卻不幸在返航途中病逝。

漢斯・史隆

1660－1753，醫師、植物學家與收藏家

史隆於1660年出生於愛爾蘭基利萊，在完成醫學課程後前往倫敦執業。在1687至1389年期間，他旅居牙買加，擔任牙買加總督的私人醫生。史隆在前往牙買加之前，就已經對自然史產生興趣，尤其對植物學展現出高度熱忱。他在停留牙買加期間蒐集了大量動物與植物標本，這些標本後來成為他在1707至1725年間出版《牙買加自然史》的根據。在史隆有生之年，他蒐集了包括自然史標本、繪畫、手稿、書籍、手冊等大量文物，在史隆於1753年去世以後，這些文物成了大英博物館的成立基礎。

查爾斯・威維爾・湯姆森

1830－1882，動物學家與挑戰者號科學團隊領導

湯姆森出生於蘇格蘭林利斯哥，是外科醫生之子。他在1845年進入愛丁堡大學習醫，不過中途放棄改而研習自然史。湯姆森參加了在英國水域的一系列航程，並在這些航程中證實了深海生物的存在。這些振奮人心的成果，直接促成了1872至1876年間由湯姆森擔任首席科學家的挑戰者號全球海洋調查。湯姆森稍後亦負責監督調查報告的出版工作。

阿弗雷德・羅素・華萊士

1823－1913，博物學家與天擇機制共同提議人

出生於英國的華萊士，在1854至1862年間於馬來群島研究動物分佈，並由此得到與查爾斯・達爾文非常類似的演化起源結論。雖然華萊士不如達爾文有名，他在科學圈仍被任定為演化天擇理論的共同提議人。

尚・賈克・懷爾德

1828－1900，挑戰者號專任畫家

懷爾德出生於瑞士，曾在蘇黎世、伯恩與萊比錫求學，之後遷居英格蘭教授語言，最後搬到貝爾法斯特並認識了當時在皇后大學教授自然史的查爾斯・威維爾・湯姆森。由於這段友誼，懷爾德受邀擔任湯姆森在挑戰者號航行期間的秘書與隨船專任畫家。他在航程期間畫下了許多素描與繪畫，部份亦被航行正式報告所採用。

參考書目

第一章

Brooks, E. St. John,
1954. Sir Hans Sloane. The Great Collector and his Circle. London, the Batchworth Press, 234pp.

de Beer, G. R.
1953. Sir Hans Sloane and the British Museum.Oxford University Press, 192pp.

MacGregor, A.
[Ed], 1994. Sir Hans Sloane. Collector, Scientist,Antiquary Founding Father of the British Museum. British Museum Press, 308pp, October 23, 1998.

第二章

Maria Sibylla Merian,
1980. Metamorphosis Insectorum. Surinamensium (Amsterdam, 1705). Facsimile Edition, Pion Ltd., London.

Rucker, E. & Stearn, W. T.
1982. Maria Sibylla Merian in Surinam. Commentary to the Facsimile Edition of Metamorphosis Insectorum. Surinamensium (Amsterdam, 1705). Based on original watercolours in the Royal Collection, Windsor Castle. Pion, London.

Stearn, W. T.
1978. The Wondrous Transformation of Caterpillars. Scolar Press, 1978.

Wettengl, Kurt
[Ed], 1997. Maria Sibylla Merian 1647–1717, Artist and Naturalist. Verlag Gerd Hatje, 275pp.

第三章

Ferguson, D.
Joan Gideon Loten, F.R.S., the naturalist Governor of Ceylon (1752–57), and the Ceylonese Artist de Bevere, J. Roy. Asiatic Soc. (Ceylon), 19: 217–268.

Trimen, H.
1887. Hermann's Ceylon herbarium and Linnaeus's 'Flora Zeylanica'. J. Linn. Soc. Botanical Series, 24: 129–155.

Blunt, W.
1984. The Compleat Naturalist. A Life of Linneus. William Collins Sons and Company Limited, 256pp.

第四章

Bartram, W.
1791. Travels Through North & South Carolina, Georgia, East & West Florida, the Cherokee Country, the extensive territories of the Muscogulges, or Creek Confederacy, and the Country of the Chactaws; containing an account of the soil and natural productions of those regions, together with observations on the manners of the Indians. Philadelphia; James and Johnson, 522pp.

Ewan, Joseph,
1968. William Bartram. Botanical and Zoological Drawings, 1756–1788. American Philosophical Society, 180pp.

Fagin, N. Bryllion,
1933. William Bartram, Interpreter of the American Landscape. Baltimore, Johns Hopkins Press, 229pp.

Reveal, James L.
1992. Gentle Conquest; the Botanical Discovery of North America with Illustrations from the Library of Congress. Starwood Publishing Inc., 160pp.

Slaughter, Thomas P.
1996. The Natures of John and William Bartram. Knopf, 304pp.

第五章

Beaglehole, J. G.
1974. The Journals of Captain James Cook IV The Life of Captain James Cook. The Hakluyt Society, London, 760pp.

Britten, J.
1900–1905. Illustrations of Australian plants collected in 1770 during Captain Cook's voyage.

Blunt, W. & Stearn, W.
1973. Captain Cook's Florilegium, Lion and Unicorn Press.

Carr, D. J.
[Ed], 1983. Sydney Parkinson; Artist of Cook's Endeavour Voyage. London and Canberra: British Museum (Natural History), in association with Australian National University Press, XVI and 300pp.

Carter, H. B.
1988. Sir Joseph Banks, 1743–1820. British Museum (Natural History), London, 671pp.

Joppien, Rüdiger & Smith, Bernard,
1985. The Art of Captain Cook's Voyages. Volume I. The Voyage of the Endeavour 1768–1771. Oxford University Press in association with the Australian Academy of Humanities, Melbourne, 247pp.

第六章

Beaglehole, J. G.
1974. The Journals of Captain James Cook IV The Life of Captain James Cook. The Hakluyt Society, London, 760pp.

Carter, H. B.
1988. Sir Joseph Banks, 1743–1820. British Museum (Natural History), London, 671pp.

Joppien, Rüdiger & Smith, Bernard,
1985. The Art of Captain Cook's Voyages, Vol 2, The Voyage of the Resolution and Adventure 1772–1775. Melbourne, Oxford University Press in association with the Australian Academy of the Humanities, 274pp.

Whitehead, P.
1969. Zoological specimens from Captain Cook's voyages. Journal Society Bibliography of Natural History, 5 (3): 161–201.

Whitehead, P.
1978. The Forster collection of zoological drawings in the British Museum (Natural History). Bulletin British Museum Natural History (historical series), 6 (2): 25–47.

第七章

Brosse, Jacques,
1983. Great Voyages of Exploration. The Golden Age of Discovery in the Pacific. David Bateman Ltd., 232pp.

Edwards, P. I.
1976. Robert Brown (1773–1858) and the natural history of Matthew Flinders's voyage in H.M.S. Investigator 1801–1805. J. Soc. Biblphy nat. Hist. 7: 385–407.

Flinders, M.
1814. A Voyage to Terra Australis ... in the years 1801, 1802, and 1803, in His Majesty's Ship the Investigator ... 2 vols. and atlas. G. and W. Nicol, London.

Norst, Marlene J.
1989. Ferdinand Bauer; The Australian Natural History Drawings. British Museum (Natural History), 120pp.

Vallance, T. G. & Moore, D.T.
1982. Geological aspects of the voyage of HMS Investigator in Australian waters, 1801–1805. Bulletin of the British Museum (Natural History) Historical Series, 10 (1): 1–43.

第八章

Desmond, A. & Moore, J.
1991. Darwin. Michael Joseph Ltd., 850pp.

Keynes, R. D.
1979. The Beagle Record. Selections from the original pictorial records and written accounts of the voyage of H.M.S. Beagle. Cambridge University Press, 409pp.

Moorehead, A.
1969. Darwin and the Beagle. Hamish Hamilton, London, 280pp.

Tree, I.
1991. The Ruling Passion of John Gould. A biography of the bird man. Barry and Jenkins Ltd., 250pp.

第九章

Bate, H. W.
1863. The Naturalist on the River Amazons. London, John Murray.

Beddall, B. G.
1969. Wallace and Bates in the Tropics. London, Macmillan and Co., 241pp.

George, W.
1964. Biologist Philosopher; a study of the life and writings of Alfred Russel Wallace. Abelard-Schuman, London, 320pp.

Moon, H. P.
1976. Henry Walter Bates F.R.S. 1825–1892. Explorer, Scientist and Darwinian. Leicestershire Museums, Art Galleries and Records Services, 95pp.

Wallace, A. R.
1853. A Narrative of Travels on the Amazon and Rio Negro, with an Account of the Native Tribes, and Observations on the Climate, Geology, and Natural History of the Amazon Valley. London, Reeve and Co., 539pp.

Wallace, A. R.
1869. The Malay Archipelago: the Land of the Orang-utan and the Bird of Paradise; a Narrative of Travel with Studies of Man and Nature. London, Macmillan and Co., 653pp.

第十章

Linklater, E.
1972. The Voyage of the Challenger, London, John Murray, 288pp.

Murray, J.
1895. A summary of the scientific results ...... Report on the Scientific Results of the Voyage of H.M.S. Challenger during ......

1873–76, Summary, 1608pp, in 2 volumes, Stationery Office, London.

Wild, J. J.
1878. At Anchor: A narrative of experiences afloat and ashore during the voyage of H.M.S. "Challenger" from 1872–76. London and Belfast, Marcus Ward and Co., 198pp.

索引

謝辭

本書感謝倫敦自然史博物館所有館員的支持與專業協助，尤其感謝館長尼爾·查默斯、博物館出版部門的珍·霍格與琳·米爾豪斯、攝影部的派特·哈特、圖庫部的馬丁·普爾斯弗德與洛德維娜·馬斯卡倫哈斯、馬爾科姆·比斯利、尼爾·錢柏斯、安·達塔、卡羅·格克切、朱莉·哈維、安·盧恩、克里斯托福·米爾斯、約翰·薩克里以及其餘圖書館工作人員。在此亦感謝在館內服務的拜瑞·克拉克、奧力佛·克里門、查理·賈維斯、桑德拉·柯納普、丹尼斯·亞當斯、科林·麥卡錫、奈傑爾·梅瑞特、艾莉森·保羅、菲爾·藍柏、羅伊·維克里和約翰·惠塔克等諸位科學家。

此外，還要特別向下列諸位致謝：大衛·貝拉米博士、艾琳·布倫頓、法蘭克·史泰因海默、尤特·赫克、湯姆·藍柏與大衛·摩爾。

圖像版權

除非另有說明，所有圖像皆來自倫敦自然史博物館附屬圖書館。

請注意，部份出現在本書的圖像是現存藝術作品的局部。

第2、7、8、13頁 : Pencil drawings by Alfred Waterhouse.

第14-15頁 : Water colour of The Natural History Museum by Alfred Waterhouse, Victoria and Albert Museum, London.

第1章

第17、24-47頁: ink drawings by various artists and original specimens collected by Hans Sloane from Volumes 1-7 of Sloane's Herbarium, Botany Dept.

第18頁: artifact from the General Library.

第21頁: from A Voyage to Jamaica, Botany Library.

第23 頁 printed plates from The Natural History of Jamaica, Vol. 1-2, Botany Library.

第2章

第55、59、64-71頁: pencil drawings from Paul Hermann's Herbarium, Vol. 5, Botany Dept.

第56、60、62、63、72-87頁: watercolours by Pieter de Bevere, General Library.

第3章

第89、101、106、110頁: Facsimile 1981 edition of Metamorphosis Insectorum Surinamensium 1981, from original watercolours held in the Royal Collection, Windsor.

第92頁: map library at British Library.

第93頁: title pages 1705 and 1719 edition Metamorphosis.

第94-95、98-115頁: Hand-coloured plates from 1705 and 1719 editions Metamorphosis.

第112-115頁: Plates appear only in 1719 edition.

第96-97頁: Hand-coloured plates from 1680 edition Neues Blumenbuch, Botany Library.

第4章

第117-139頁: drawings & watercolours by William Bartram, Botany Library.

第5章

第141頁: ink and watercolour, attr. Port Jackson Painter, General Library,

第143頁: ink and watercolour by Thomas Watling, General Library.

第144頁pages from Daniel Solander's handwritten journal Plantae Novae Hollandiae, Botany Library.

第148頁: oil painting, self-portrait of Sydney Parkinson, Zoology Library.

第149頁: title page, Daniel Solander's handwritten journal Plantae Novae Hollandiae, Botany Library. Engraving of Daniel Solander, 1784: drawn by James Sowerby, engraved by James Newton.

第149頁: original specimen from Cryptogamic Herbarium.

第150-165頁: drawings and watercolours by Sydney Parkinson and related engravings, Botany Library.

第6章

第167、170-193頁: watercolours by George Forster, Zoology Library.

第169頁 : catalogue handwritten by Johann Forster, General Library.

第7章

第195、203-216、218-223頁: watercolours by Ferdinand Bauer, Botany Library.

第196頁: plates by various artists from A Voyage to Terra Australis by Matthew Flinders, General Library.

第198頁: ink plan of HMS Investigator, National Maritime Museum Greenwich.

第201頁: Engraved print of Captain Flinders, National Maritime Museum Greenwich.

第217頁 pencil drawing by Ferdinand Bauer, Naturhistorisches Museum Wien.

第8章

第225、234-251頁: plates by various artists, including John and Elizabeth Gould, from Zoology of the Voyage of the Beagle. Vol. 1-3.

第227頁: handwritten notes by Charles Darwin, General Library.

第228頁: watercolour by Owen Stanley of HMS Beagle, 1841, National Maritime Museum Greenwich.

第232頁: plate from 1870 edition Darwin's Journal of Researches, General Library.

第233頁: plan of HMS Beagle from General Library.

第9章

第253、255、268-281頁: pencil and watercolour illustrations by Henry Walter Bates, Entomology Library.

第254頁: Letter to John Gould from Alfred Russel Wallace, General Library.

第257頁: Notebooks of Alfred Russel Wallace, General Library .

第260頁: Photograph of Alfred Russel Wallace, General Library.

第262-265頁: Plates illustrated by John and Elizabeth Gould for John Gould's Birds of New Guinea, Vol. 1.

第261、260-267頁: pencil drawings by Alfred Russel Wallace, General Library.

第10章:

第292-293頁: glass plate negatives by Caleb Newbold/Frederick Hodgeson/Jesse Lay, Palaeontology/Mineralogy Library.

第294-295頁: Drawings by J. J. Wild, National Maritime Museum Greenwich.

第293、296、298-309頁: plates by various artists from The Challenger Reports.

第285頁: painting of 'HMS Challenger In The Ice' by W. F. Mitchell, National Maritime Museum Greenwich.

第286頁: Royal Photographic Society.

第289、291頁: National Maritime Museum Greenwich.

第290頁: artifacts, Palaeontology/ Mineralogy Library.

後話

第311頁: computer-coloured photographic magnification, Picture Library.

第312頁: scanning electron microscope images, Picture Library.

第314-315頁: watercolour and pencil, 1981, by Claire Dalby, Botany Library, reproduced courtesy of Claire

Dalby.

第317頁, from left: photograph, Picture Library; frontispiece of The Naturalist on the River Amazons, vol. 1, 1863 by Henry Walter Bates, Entomology Library; oil by Nathaniel Dance, National Maritime Museum Greenwich; crayon on paper drawing by Marion Walker, 1875, Zoology Library; photograph, Picture Library.

國家圖書館出版品預行編目(CIP)資料

發現之旅 / 東尼.萊斯(Tony Rice)編著；林潔盈譯. --
初版. -- 臺中市：好讀, 2010.09
面；　公分. -- (圖說歷史；31)
參考書目:面
含索引
譯自：Voyages of discovery
ISBN 978-986-178-163-1(平裝)

1.自然史 2.航海
300.8　　　　99013998

圖說歷史31

發現之旅 VOYAGES OF DISCOVERY

編　　著／東尼．萊斯 Tony Rice
譯　　著／林潔盈
總 編 輯／鄧茵茵
文字編輯／莊銘桓
內頁編排／鄭年亨

發 行 所／好讀出版有限公司
台中市407西屯區何厝里19鄰大有街13號
TEL:04-23157795　FAX:04-23144188
http://howdo.morningstar.com.tw
法律顧問／甘龍強律師
承製／知己圖書股份有限公司　TEL:04-23581803

總經銷／知己圖書股份有限公司
http://www.morningstar.com.tw
e-mail:service@morningstar.com.tw
郵政劃撥：15060393　知己圖書股份有限公司
台北公司：台北市106羅斯福路二段95號4樓之3
TEL:02-23672044　FAX:02-23635741
台中公司：台中市407工業區30路1號
TEL:04-23595819　FAX:04-23597123
(如有破損或裝訂錯誤，請寄回知己圖書更換)

初版／西元2010年9月15日
定價：450元

Voyages of Discovery was published in England in 2008 by The Natural History Museum, London.
Copyright © 2008 Co & Bear Productions (UK) Ltd.
Text copyright © 2008 Co & Bear Productions (UK) Ltd and the Natural History Museum, London.
Photographs and illustrations copyright © 2008 Various (see picture credits).
This Edition is published by Howdo Publishing Co. Ltd by arrangement with The Natural History Museum, London.

Published by HowDo Publishing Co. Ltd.
2010 Printed in Taiwan
All rights reserved.
ISBN 978-986-178-163-1

讀者回函

只要寄回本回函，就能不定時收到晨星出版集團最新電子報及相關優惠活動訊息，並有機會參加抽獎，獲得贈書。因此有電子信箱的讀者，千萬別吝於寫上你的信箱地址

書名：發現之旅

姓名：________________性別：□男 □女　生日：_______年_______月_______日

教育程度：____

職業：□學生　□教師　□一般職員　□企業主管

□家庭主婦　□自由業　□醫護　□軍警　□其他 _________________________

電子郵件信箱（e-mail）：__________________________________ 電話：__________

聯絡地址：□□□ ____

你怎麼發現這本書的？

□書店　□網路書店（哪一個？）______________________□朋友推薦　□學校選書

□報章雜誌報導　□其他 ____

買這本書的原因是：____

□內容題材深得我心　□價格便宜　□ 面與內頁設計很優　□其他 ________________

你對這本書還有其他意見嗎？請通通告訴我們：

____

你買過幾本好讀的書？（不包括現在這一本）

□沒買過　□1～5本　□6～10本　□11～20本　□太多了

你希望能如何得到更多好讀的出版訊息？

□常寄電子報　□網站常常更新　□常在報章雜誌上看到好讀新書消息

□我有更棒的想法 ____

最後請推薦五個閱讀同好的姓名與E-mail，讓他們也能收到好讀的近期書訊：

1. ____

2. ____

3. ____

4. ____

5. ____

我們確實接收到你對好讀的心意了，再次感謝你抽空填寫這份回函

請有空時上網或來信與我們交換意見，好讀出版有限公司編輯部同仁感謝你！

好讀的部落格：http://howdo.morningstar.com.tw/

請填妥後對折黏貼，直接投郵即可，無須貼郵票。

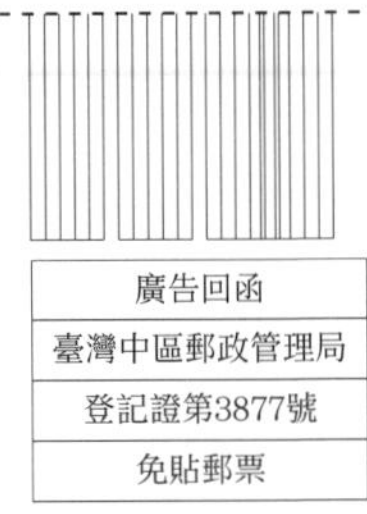

好讀出版有限公司　編輯部收

407 台中市西屯區何厝里大有街13號

電話：04-23157795-6　傳真：04-23144188

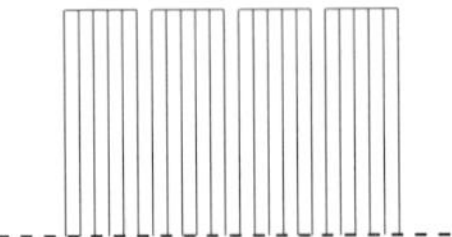

沿虛線對折

購買好讀出版書籍的方法：

一、先請你上晨星網路書店http://www.morningstar.com.tw檢索書目或直接在網上購買

二、以郵政劃撥購書：帳號15060393　戶名：知己圖書股份有限公司並在通信欄中註明你想買的書名與數量

三、大量訂購者可直接以客服專線洽詢，有專人為您服務：客服專線：04-23595819轉230　傳真：04-23597123

四、客服信箱：service@morningstar.com.tw

99. 9. 11